INDUSTRIAL ENGINEER AIR-CONDITIONING AND REFRIGERATING MACHINERY

KB153426

# 공조냉동 기계산업기사 실기

권오수 · 신인철 · 신은배

PART 01 공조냉동 | PART 02 냉동설비 | PART 03 공기조화
PART 04 공조냉동 전기설비 · 자동제어
PART 05 참고자료(작업형 동영상 실기시험 이전 유형)
PART 06 부록 기출문제(동영상 필답형/작업형)

질의응답 Cafe안내

NAVER 카페 가냉보열 검색

Daum 카페 에너지관리자격증취득연대 검색

# PREFACE
## 머리말

Air-Conditioning

2018년 후반기부터 공조냉동기계(기능사/산업기사)의 실기시험 방법이 변경되었다.

새로 변경된 내용이란, 기존의 실기시험에서 시퀀스제어회로 조립하기 및 동관 벤딩작업에서 벤딩작업은 그대로 시행하지만, 시퀀스제어회로 작업은 제외하고 필답형 동영상 시험으로 대체하는 것이었다.

특히 기능사 과정에서는 2018년 11월 28일 실기시험부터 시퀀스 실기 대신에 필답형 동영상 실기 시험문제가 출제되었고, 산업기사는 2019년 제1회 실기시험일인 4월 13일부터 시행이 되었다.

이 책은 이러한 현실적 변화들을 염두에 두고 앞으로 진행될 실기시험에 대비하여 가장 효과적인 준비를 할 수 있도록 기획되었다. 물론 아직 시간이 얼마 되지 않아 기출문제가 많지 않은 상태이므로 문제의 다양성이나 경향을 살펴보기에 다소 부족한 면이 없지 않지만, 이런 부분에 대해서는 추후 시행될 실기시험 문제들을 추가하면서 보완해 가도록 할 것이다.

공조냉동기계산업기사 실기에서는 동관벤딩 작업형 예시문제를 한국산업인력공단 자료실에서 사전에 공개하였기에 그것만으로도 시험대비가 될 수 있을 것이나 동영상 필답형 시험은 2019년 처음 시행하였으므로 기출문제 부족으로 인한 어려움은 당분간 어쩔 수 없으리라 생각된다.

때문에 우리 저자들은 기능사, 산업기사 구분 없이 포괄적으로 냉동분야, 공조분야, 전기기초분야 시험에 대비할 수 있는 문제들을 고르게 구성하였으므로 실기시험을 준비하는 데 큰 불편은 없을 것이라 자부한다.

끝으로 이 한 권의 책이 밑알이 되어 실기시험 수험자 여러분들의 길잡이가 되기를 바라며 출간에 도움을 주신 분들께 감사의 뜻을 전한다.

저자 일동

# INFORMATION
## 시험정보



| 직무분야 | 기계 | 중직무분야 | 기계장비설비 · 설치 | 자격종목 | 공조냉동기계 산업기사 | 적용기간 | 2020. 1. 1~2021. 12. 31 |
|---|---|---|---|---|---|---|---|
| ○ 직무내용 : 건축물 및 기타공작물, 산업공장의 기반시설과 현장조건을 바탕으로 최적의 실내 환경을 조성함과 더불어 생산제품의 냉각가열공정과 제품의 위생적 관리 및 물류를 위해 냉동냉장설비를 주어진 조건으로 유지하는 동시에 신 · 재생에너지의 적용 등 에너지를 절약할 수 있는 방안을 구축하기 위하여 건축물 및 공작물과 산업공장의 공조냉동, 유틸리티 등 필요한 설비를 시공하고 유지관리 하는 일<br>○ 수행준거 : 1. 덕트 배관시공 및 관리 점검을 할 수 있다.<br>2. 공조냉동 자동제어장치 점검 및 수리를 할 수 있다.<br>3. 냉난방장치 가동 및 수리보수를 하며, 냉동장치를 운전할 수 있다. | | | | | | | |
| 실기검정방법 | 작업형 | | | 시험시간 | 3시간 50분 정도 | | |

| 실기과목명 | 주요항목 | 세부항목 | 세세항목 |
|---|---|---|---|
| 공조냉동기계 실무 | 1. 시운전 | 1. 공조설비 시운전하기 | 1. 공조설비의 시운전 계획을 수립하고 준비할 수 있다.<br>2. 공조설비가 정상적으로 설치되었는지 확인할 수 있다.<br>3. 공조설비의 밸브 등의 개폐상태가 정상인지 확인할 수 있다.<br>4. 공조설비의 제어밸브 및 댐퍼, 센서 등이 정상적으로 설치 완료되었는지 확인할 수 있다.<br>5. 급수, 온수, 증기, 냉수, 냉각수, 공기, 냉매, 가스, 전기 등의 공급상태가 정상인지 판단할 수 있다. |
| | | 2. 냉동설비 시운전하기 | 1. 냉동설비의 시운전 계획을 수립하고 준비할 수 있다.<br>2. 냉동설비의 설치가 정상적으로 설치되었는지 확인할 수 있다.<br>3. 냉동설비의 밸브 등의 개폐상태가 정상인지 확인할 수 있다.<br>4. 냉동설비의 제어밸브, 센서 등이 정상적으로 설치 완료되었는지 확인할 수 있다.<br>5. 급수, 온수, 증기, 냉수, 냉각수, 공기, 냉매, 가스 및 전기 등의 공급상태가 정상인지 확인할 수 있다. |
| | | 3. 급배수설비 시운전하기 | 1. 급배수설비의 시운전 계획을 수립하고 준비할 수 있다.<br>2. 급배수설비가 정상적으로 설치되었는지 확인할 수 있다.<br>3. 급배수설비의 밸브 등의 개폐상태가 정상인지 확인할 수 있다.<br>4. 급배수설비의 제어밸브, 센서 등이 정상적으로 설치 완료되었는지 확인할 수 있다.<br>5. 급수 등의 공급상태가 정상인지 판단할 수 있다. |
| | 2. 설치안전 관리 | 1. 관련법규 파악하기 | 1. 공조기기 및 열원장치, 사용 연료 등과 관련된 법규를 파악할 수 있다.<br>2. 산업안전보건기준을 파악할 수 있다. |

| 실기과목명 | 주요항목 | 세부항목 | 세세항목 |
|---|---|---|---|
| | | 2. 안전관리하기 | 1. 작업 전 현장을 점검하여 안전사고를 예방할 수 있다.<br>2. 공종별 위험요소를 예측하고 사전에 제거하고 교육하여 안전사고를 예방할 수 있다.<br>3. 현장에서 필요한 안전관리시설 및 안전용품을 파악하고 관리할 수 있다. |
| | 3. 자동제어 설비 설치 | 1. 공조제어설비 설치하기 | 1. 공조기 및 공조설비의 제어시스템을 파악할 수 있다.<br>2. 공조제어설비의 설계도서, 설계도면, 구성장치의 기능을 파악 및 검토할 수 있다.<br>3. 공조제어설비의 설치계획을 수립할 수 있다.<br>4. 공조제어설비를 도면대로 제작 및 설치할 수 있다.<br>5. 공조제어설비 설치에 따른 설계의 적합성을 검토할 수 있다. |
| | | 2. 냉동제어설비 설치하기 | 1. 냉동기 및 냉동설비 제어시스템을 파악할 수 있다.<br>2. 냉동제어설비의 설계도서, 설계도면을 파악 및 검토할 수 있다.<br>3. 냉동제어설비의 설치계획을 수립할 수 있다.<br>4. 냉동제어설비의 구성장치 기능을 파악할 수 있다.<br>5. 냉동제어설비를 도면대로 제작 및 설치할 수 있다.<br>6. 냉동제어설비 설치에 따른 설계의 적합성을 검토할 수 있다. |
| | | 3. 급배수제어설비 설치하기 | 1. 급수설비, 배수설비의 제어시스템을 파악할 수 있다.<br>2. 급배수제어설비의 설계도서, 설계도면을 파악 및 검토할 수 있다.<br>3. 급배수제어설비의 설치계획을 수립할 수 있다.<br>4. 급배수제어설비의 구성장치의 기능을 파악할 수 있다.<br>5. 급배수제어설비를 도면대로 제작 및 설치할 수 있다.<br>6. 급배수제어설비 설치에 따른 설계의 적합성을 검토할 수 있다. |
| | 4. 열원설비 설치 | 1. 냉동, 냉방장치 설치하기 | 1. 설치할 냉동, 냉방장치의 특성을 파악할 수 있다.<br>2. 냉동장치의 설치장소의 여건을 파악할 수 있다.<br>3. 냉동장치의 반입계획을 수립할 수 있다.<br>4. 냉동, 냉방장치 설치 시 주변장치와의 연결에 대한 설계의 적합성을 검토할 수 있다.<br>5. 냉동, 냉방장치를 도면대로 설치할 수 있다. |
| | | 2. 급수설비 설치하기 | 1. 급수 방식을 파악하고 급수설비의 배관재료, 시공법을 파악할 수 있다.<br>2. 급수설비를 적산할 수 있다.<br>3. 급수배관을 설계도서대로 설치하고 배관 및 용접, 기밀시험, 보온 등을 할 수 있다.<br>4. 급수설비 설치에 따른 설계의 적합성을 검토할 수 있다. |
| | | 3. 연료설비 설치하기 | 1. 사용하는 연료(위험물 및 LNG, LPG, 도시가스 등)의 특성 및 위험성을 확인하여 공급방식과 시공방법을 파악할 수 있다.<br>2. 연료설비를 적산할 수 있다.<br>3. 연료설비를 설계도서대로 설치하고 배관 및 용접, 기밀시험, 보온 등을 할 수 있다.<br>4. 연료설비 설치에 따른 설계의 적합성을 검토할 수 있다. |

| 실기과목명 | 주요항목 | 세부항목 | 세세항목 |
|---|---|---|---|
| | | 4. 통풍장치 설치하기 | 1. 통풍방식에 따른 현장 설치여건 및 설계도서를 파악하여 공정계획서를 작성할 수 있다.<br>2. 통풍장치를 적산할 수 있다.<br>3. 통풍장치를 설계도서대로 설치하고 설계의 적합성을 검토할 수 있다.<br>4. 송풍기 및 덕트, 연돌 등의 설치에 따른 문제점을 사전에 검토할 수 있다. |
| | | 5. 송기장치 설치하기 | 1. 증기의 특성을 파악할 수 있다.<br>2. 송기장치를 적산할 수 있다.<br>3. 송기장치를 설계도서대로 설치하고 배관 및 용접, 기밀시험, 보온 등을 할 수 있다.<br>4. 송기장치 설치에 따른 설계의 적합성을 사전에 검토할 수 있다. |
| | | 6. 에너지절약장치 설치하기 | 1. 각종 에너지절약장치의 특성을 확인하고 현장 설치여건을 파악할 수 있다.<br>2. 에너지절약장치를 적산할 수 있다.<br>3. 에너지절약장치를 설계도서대로 설치하고 설계의 적합성을 검토할 수 있다. |
| | | 7. 증기설비 설치하기 | 1. 압력에 따른 증기의 특성을 확인하고 증기설비의 시공방법 및 설계도서를 파악할 수 있다.<br>2. 증기설비를 적산할 수 있다.<br>3. 증기설비를 설계도서대로 설치하고 배관 및 용접, 기밀시험, 보온 등을 할 수 있다.<br>4. 응축수 발생에 따른 문제점을 사전에 검토할 수 있다.<br>5. 증기설비 설치에 따른 설계의 적합성을 검토할 수 있다. |
| | | 8. 난방설비 설치하기 | 1. 각 난방방식의 특성과 시공법을 확인하고 난방설비의 설계도서를 파악할 수 있다.<br>2. 난방설비를 적산할 수 있다.<br>3. 난방설비를 설계도서대로 설치하고 배관 및 용접, 기밀시험, 보온 등을 할 수 있다.<br>4. 난방설비 설치에 따른 설계의 적합성을 검토할 수 있다. |
| | | 9. 급탕설비 설치하기 | 1. 급탕방식 및 배관방식을 확인하고 급탕설비의 배관재료 및 시공방법을 파악할 수 있다.<br>2. 급탕설비를 적산할 수 있다.<br>3. 급탕탱크 및 펌프, 배관 등을 설계도서대로 설치하고 배관 및 용접, 기밀시험, 보온 등을 할 수 있다.<br>4. 급탕설비 설치에 따른 설계의 적합성을 검토할 수 있다. |
| | 5. 공조설비 설치 | 1. 공조장치 설치하기 | 1. 공조장치의 특성을 파악하고 설치장소의 여건을 파악할 수 있다.<br>2. 공조장치의 설치 및 반입계획을 수립할 수 있다.<br>3. 공조장치 설치 시 주변장치와의 연결에 대한 설계의 적합성을 검토할 수 있다.<br>4. 공조장치를 도면대로 설치하고 설계의 적합성을 검토할 수 있다. |

| 실기과목명 | 주요항목 | 세부항목 | 세세항목 |
|---|---|---|---|
| | | 2. 공조배관 설치하기 | 1. 공조배관설비의 설계도서를 파악하고 공조배관의 설치계획을 수립할 수 있다.<br>2. 배관의 자재물량과 인건비 등을 산출할 수 있다.<br>3. 배관재료와 부속품 및 공구 등을 준비할 수 있다.<br>4. 배관 및 용접, 기밀시험, 보온 등을 할 수 있다.<br>5. 공조배관 설치에 따른 설계의 적합성을 검토할 수 있다. |
| | | 3. 덕트설비 설치하기 | 1. 덕트설비의 설계도서를 파악하고 설치계획을 수립할 수 있다.<br>2. 덕트의 자재물량과 인건비 등을 산출할 수 있다.<br>3. 덕트의 재료와 부속품 및 공구 등을 준비할 수 있다.<br>4. 덕트의 제작 및 설치, 지지, 보온 등을 할 수 있다.<br>5. 덕트설비 설치에 따른 설계의 적합성을 검토할 수 있다. |
| | | 4. 환기설비 설치하기 | 1. 환기설비의 설계도서를 파악하고 설치계획을 수립할 수 있다.<br>2. 자재물량과 인건비 등을 산출할 수 있다.<br>3. 재료와 부속품 및 공구 등을 준비할 수 있다.<br>4. 송풍기 설치 및 덕트지지, 보온 등을 할 수 있다.<br>5. 환기설비의 설치에 따른 설계의 적합성을 검토할 수 있다. |
| | | 5. 급수설비 설치하기 | 1. 급수설비의 급수방식 및 배관방식을 파악하고 설치계획서를 수립할 수 있다.<br>2. 급수설비의 배관재료, 시공법을 파악할 수 있다.<br>3. 급수설비의 설계도서 및 도면을 파악할 수 있다.<br>4. 급수설비를 적산할 수 있다.<br>5. 급수탱크 및 펌프, 배관 등을 설계도서대로 설치하고 배관 및 용접, 기밀시험, 보온 등을 할 수 있다.<br>6. 급수설비 설치에 따른 설계의 적합성을 검토할 수 있다. |
| | | 6. 배수 · 통기 설비 설치하기 | 1. 배수 · 통기설비 방식을 파악하고 설치계획을 수립할 수 있다.<br>2. 배수 · 통기설비의 설계도서 및 도면을 파악할 수 있다.<br>3. 배수 · 통기설비를 적산할 수 있다.<br>4. 배수 · 통기설비를 설계도서대로 설치하고 배관 및 기밀시험, 보온 등을 할 수 있다.<br>5. 배수 · 통기설비 설치에 따른 설계의 적합성을 검토할 수 있다. |
| | | 7. 가스설비 설치하기 | 1. 사용되는 가스의 특성을 확인하고 공급설비방식과 배관방식을 파악할 수 있다.<br>2. 가스설비의 설계도서 및 도면을 파악하고 설치계획서를 수립할 수 있다. |

# CONTENTS
목차

## PART 04 공조냉동 전기설비, 자동제어



## PART 05 참고자료(작업형 동영상 실기시험 이전 유형)

## PART 06 부록 – 기출문제

PART

# 01

# 공조냉동

Air-Conditioning and Refrigerating Machinery

# [부속기기]

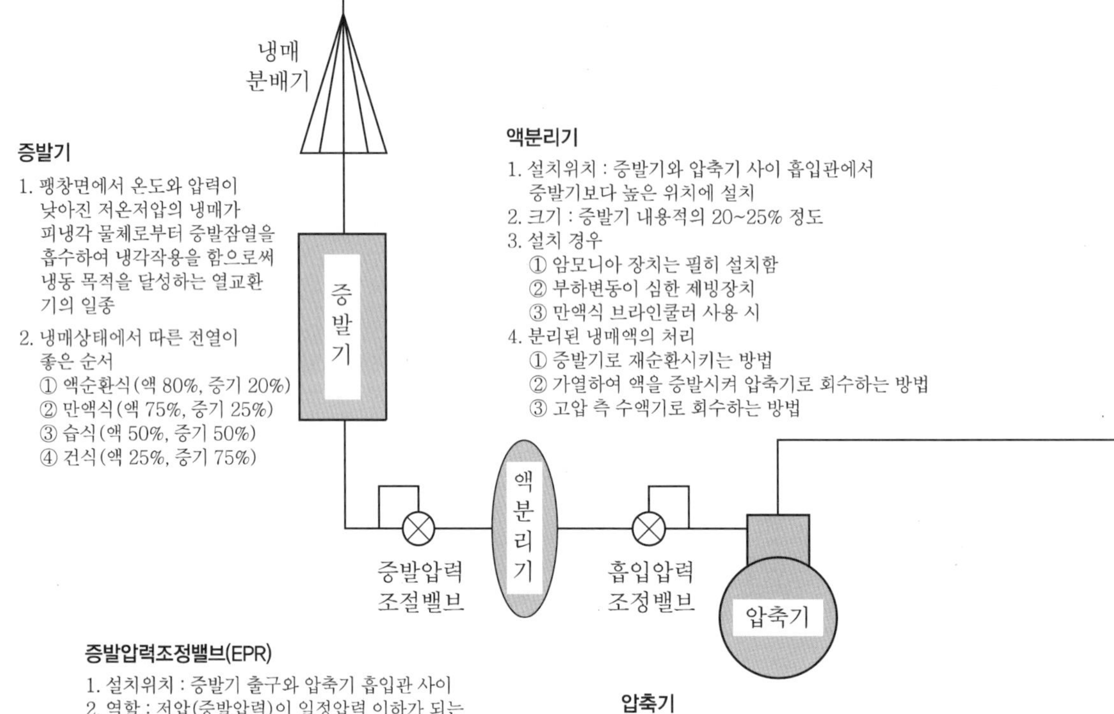


**냉매분배기**

1. 최대의 냉매 분배로 최소의 압력강하를 얻기 위함
2. 증발기로의 냉매공급을 균등케 한다.
3. 압력강하의 영향을 방지한다.
4. 자동제어 장치는 아니다.

**증발기**

1. 팽창면에서 온도와 압력이 낮아진 저온저압의 냉매가 피냉각 물체로부터 증발잠열을 흡수하여 냉각작용을 함으로써 냉동 목적을 달성하는 열교환기의 일종
2. 냉매상태에서 따른 전열이 좋은 순서
   ① 액순환식(액 80%, 증기 20%)
   ② 만액식(액 75%, 증기 25%)
   ③ 습식(액 50%, 증기 50%)
   ④ 건식(액 25%, 증기 75%)

**액분리기**

1. 설치위치 : 증발기와 압축기 사이 흡입관에서 증발기보다 높은 위치에 설치
2. 크기 : 증발기 내용적의 20~25% 정도
3. 설치 경우
   ① 암모니아 장치는 필히 설치함
   ② 부하변동이 심한 제빙장치
   ③ 만액식 브라인쿨러 사용 시
4. 분리된 냉매액의 처리
   ① 증발기로 재순환시키는 방법
   ② 가열하여 액을 증발시켜 압축기로 회수하는 방법
   ③ 고압 측 수액기로 회수하는 방법

**증발압력조정밸브(EPR)**

1. 설치위치 : 증발기 출구와 압축기 흡입관 사이
2. 역할 : 저압(증발압력)이 일정압력 이하가 되는 것을 방지한다.
3. 작동압력 : 증발기출구밸브(EPR) 입구 압력에 의해 작동한다.
4. 설치 경우
   ① 1대의 압축기로 여러 대의 증발기 사용 시 고온 측 증발기에 설치
   ② 냉수브라인의 동결 방지용
   ③ 야채냉장고에서 동결 방지용
   ④ 냉장고에서 지나치게 제습이 되는 경우

**압축기**

1. 기능
   ① 저온저압의 기체냉매를 고온고압으로 만든다.
   ② 응축액화를 쉽게 한다.
   ③ 장치 내로 냉매를 순환시킨다.
2. 압축기 3대 안전장치
   ① 안전두(작동압력=정상고압+3kg/cm$^2$)
   ② 고압차단스위치(작동압력=정상고압+4kg/cm$^2$)
   ③ 안전밸브(작동압력=정상고압+5kg/cm$^2$)

**흡입압력조정밸브(SPR)**

1. 설치위치 : 증발기와 압축기 사이 흡입관에서 압축기 쪽에 설치
2. 역할 : 흡입압력이 소정의 압력 이상이 되는 것을 방지한다.
3. 작동압력 : 밸브(SPR) 출구 압력에 의해 작동한다.
4. 설치 경우
   ① 흡입압력의 변동이 심한 경우
   ② 압축기가 높은 흡입압력으로 기동할 때
   ③ 저전압에서 높은 흡입압력으로 기동할 때
   ④ 고압가스에 의해 제상시간이 길어질 때
   ⑤ 증발기로부터 리퀴드백이 발생될 때

**팽창밸브**

1. 작용 : 단열교축팽창
2. 역할
   ① 온도와 압력을 낮춘다.
   ② 냉동부하에 따라 냉매량을 조절한다.

**전자밸브**

1. 작동원리 : 2위치 동작으로 전류가 흐르면 밸브가 열리고, 전류가 차단되면 밸브는 닫힌다.
2. 용도 : 용량 및 액면제어, 온도제어, 리퀴드백 방지, 냉매 및 브라인 등의 흐름 제어

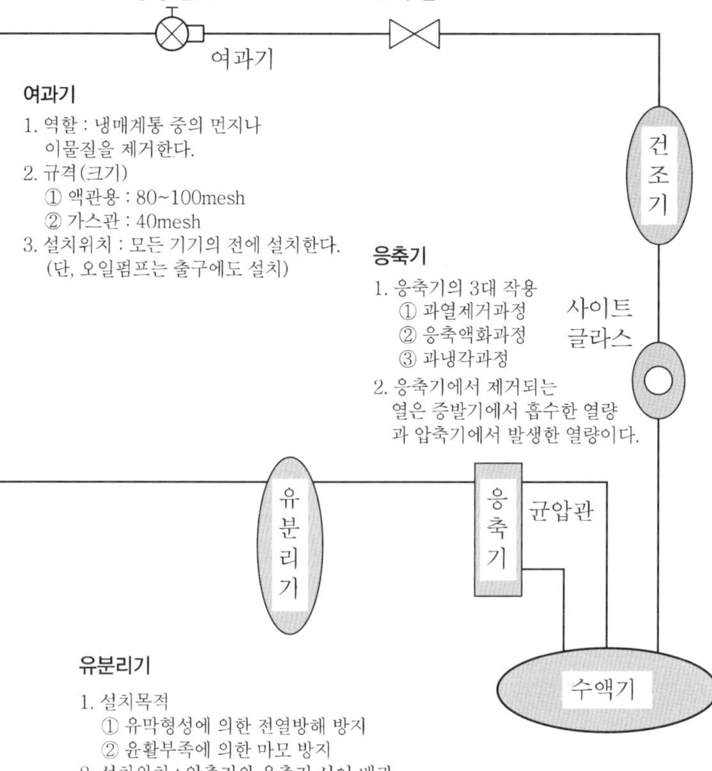


**여과기**

1. 역할 : 냉매계통 중의 먼지나 이물질을 제거한다.
2. 규격(크기)
   ① 액관용 : 80~100mesh
   ② 가스관 : 40mesh
3. 설치위치 : 모든 기기의 전에 설치한다.
   (단, 오일펌프는 출구에도 설치)

**응축기**

1. 응축기의 3대 작용
   ① 과열제거과정
   ② 응축액화과정
   ③ 과냉각과정
2. 응축기에서 제거되는 열은 증발기에서 흡수한 열량과 압축기에서 발생한 열량이다.

**건조기**

1. 설치목적 : 냉동장치를 순환하여 냉매 중의 수분을 제거한다.
2. 건조제의 종류 : 실리카겔, 활성알루미나겔, 소바비드, 몰레큘러시브
3. 수분침입 시 영향
   ① 프레온용 : 팽창면의 동결폐쇄, 산의 생성, 장치부식, 동부착현상 발생
   ② 암모니아용 : 유탁액현상 발생 증발온도 상승, 흡입압력 저하

**사이트글라스**

1. 설치목적
   ① 냉매에 대한 수분혼입 상태
   ② 충전된 냉매의 적정여부 확인
2. 설치위치 : 고압의 액관으로 수액기 또는 응축기에 가까운 곳
3. 수분침입 시 변화
   ① 정상시 : 녹색
   ② 주의를 요할 시 : 황록색
   ③ 다량침입 시 : 황색
4. 정상적인 냉매량일 때의 변화
   ① 기포가 있어도 움직이지 않을 때
   ② 입구에만 기포가 있고 출구에는 없을 때
   ③ 기포가 때때로 보일 때

**유분리기**

1. 설치목적
   ① 유막형성에 의한 전열방해 방지
   ② 윤활부족에 의한 마모 방지
2. 설치위치 : 압축기와 응축기 사이 배관
   ① 암모니아용 : 비열비가 커서 응축기 3/4 지점에 설치
   ② 프레온용 : 온도가 높으면 용해를 잘 하므로 압축기 쪽 1/4 지점에 설치
3. 설치 경우
   ① 암모니아 장치는 필수
   ② 증발온도가 낮은 저온장치
   ③ 만액식 증발기를 사용하는 경우
   ④ 토출가스 배관이 길어질 때
4. 종류 : 원심분리형, 가스충돌형, 유속감소분리형

**수액기**

1. 기능
   ① 냉매를 일시 저장함
   ② 냉동기를 장기간 정지 시 장치 내 냉매 회수
2. 설치 시 주의사항
   ① 냉매충전량은 직경의 3/4(75%)
   ② 크기 : 암모니아용은 충전냉매의 1/2을 회수할 수 있는 크기
   ③ 크기가 다른 수액기는 병렬로 설치 (수액기 상단을 일치시킴)
   ④ 용접계수 간 폭은 판두께의 10배 이상으로 함
   ⑤ 폭발방지를 위해 안전밸브 설치 (프레온용은 가용전식으로 설치)
   ⑥ 암모니아용 수액기로 내용적 1,000L 이상 시에는 주위에 방류둑 설치

# 제1장 냉동공학

## 01 냉매 사이클 순서

냉매액－[증발기]－[증발압력 조정밸브]－[냉매액 분리기]－[흡입압력 조정밸브]－[압축기]－[유분리기]－[응축기]－[수액기]－[사이트글라스]－[건조기]－[전자밸브]－[여과기]－[팽창밸브]－[냉매 분배기]－냉매액－(증발기로 되돌아와서 냉매 사이클 완성)

## 02 부속장치

### 1 압축기

#### (1) 왕복동식 압축기(체적식)

① 특징

- 기통에서 피스톤이 일정한 거리를 두고 왕복운동을 하면서 냉매 가스를 흡입, 배출하는 방식으로 압축능력이 크다.
- 회전수가 300~700[rpm] 정도인 중속 압축기이다.
- 압축기 상부에 안전두를 설치하고 안전두와 피스톤의 간격을 1[mm] 이하로 할 수 있어 간극체적이 작아서 체적효율이 높다.
- 암모니아용 입형 압축의 경우 흡입밸브는 피스톤에 설치된다.
- 입형 압축기 크랭크실은 대기 중에 노출되어 있지 않고 밀폐되어 있다.(흡입밸브는 플레이트밸브가 사용된다. 소형의 프레온 냉동기에는 리드밸브가 사용된다.)
- 암모니아용 압축기는 암모니아 냉매의 비열비가 커서 압축 후 온도가 높아지므로 실린더 상부에 워터재킷(물재킷)을 두어 수랭식으로 만든다.
- 크랭크실 내부압력은 저압이다.

② 부속장치

- 본체 및 실린더
- 피스톤 : 플러그형, 싱글트링크형, 더블트렁크형

- 피스톤링 : 압축링, 오일링
- 피스톤핀 : 고정식, 유동식
- 연결봉 : 피스톤과 크랭크샤프트를 연결시켜 주는 부분으로 축의 회전운동을 피스톤의 왕복운동으로 바꾸는 일을 하며, 일체형, 분할형이 있다.
- 크랭크샤프트 : 전동기 모터의 회전운동을 연결봉을 통해 피스톤의 왕복운동으로 전달하는 압축기의 주축이다. 종류는 크랭크형, 편심형, 스카치요크형 등이 있다.(스카치요크형 : 가정용 소형 밀폐형 압축기에 설치되며 연결봉 없이 직접 피스톤에 이어진다.)
- 축봉장치(샤프트 실) : 개방형 압축기에서 크랭크샤프트가 밖으로 나오는 부분을 통하여 냉매나 오일의 누설, 공기침입을 방지하여 기밀을 유지하기 위한 장치이다.
- 흡입 토출밸브 : 포펫밸브, 플레이트밸브, 리드밸브, 와셔밸브
- 서비스밸브 : 주로 프레온 냉매 압축기의 흡입, 토출 측에 부착하며, 냉매의 통로조절, 냉매충전 및 퍼지압력 측정으로 고장탐구, 오일충전 및 퍼지역할을 한다.

### (2) 고속다기통 압축기(체적식)

① 특징
- 기통은 동적 밸런스를 잡기 위해 4, 6, 8, 12, 16 등 짝수로 되어 있다.
- 실린더 직경이 행정보다 크거나 같다.

② 장점
- 실린더수가 많고 고속이므로 동적 밸런스가 양호하다.
- 진동이 적어 기초공사가 용이하다.
- 다기통이므로 능력에 비해 소형이며 경량이라서 설치 면적이 적다.
- 부품의 공동화를 기할 수가 있어 생산성이 높고 생산가격을 절감할 수가 있다.
- 부품의 호환성이 있어서 수리가 용이하다.
- 무부하 기동이 가능하고 자동제어 운전이 가능하여 경제적이다.

③ 단점
- 체적효율이 낮다.
- 저압 측을 고진공으로 하기가 어렵다.
- 속도가 빠르고 다기통이라서 오일의 소모량이 많다.
- 마찰부 및 베어링 등의 마모율이 크다.
- 작동 시 소음으로 고장 발견이 어렵고 이상 운전 시 장치에 미치는 영향이 입형(단기통)에 비해 크다.

> **참고** 각종 압축기의 사용용도
> ① 저온 · 저압의 냉매기체를 고온 · 고압의 냉매기체로 만든다.
> ② 냉동기 장치 내로 냉매를 순환시킨다.
> ③ 냉매기체의 비체적($m^3/kg$)을 줄여서 냉매액으로 만드는 데 용이하게 한다.
> ④ 안전장치는 작동압력에 따라서 3가지가 있다.
> • 안전두 : 정상고압+3[$kg/cm^2$]
> • 고압차단스위치 : 정상고압+4[$kg/cm^2$]
> • 안전밸브 : 정상고압+5[$kg/cm^2$]

### (3) 로터리 압축기(회전식 = 체적식)

① 특징
- 회전자인 로우터가 실린더 내를 회전하면서 냉매기체를 압축한다.
- 종류는 고정 브레이드형, 회전 브레이드형이 있다.
- 크랭크케이스 내 내부압력이 고압이다.

② 장점
- 직결구동에 용이하며 왕복동에 비해 부품수가 적고 구조가 간단하다.
- 연속적 압축이라서 고진공을 얻을 수 있다.
- 기동 시 무부하로 기동이 가능하며 전력소비가 적다.
- 소용량에 많이 쓰이며 흡입밸브가 없다.
- 오일냉각기 콘덴서가 있다.
- 잔류가스의 재팽창에 의한 체적효율 저하가 적다.
- 진동이나 소음이 적다.

### (4) 스크루식 압축기(체적식)

① 특징
- 숫로터, 암로터가 있다.
- 로터가 서로 맞물려 회전하면서 냉매가스를 압축시킨다.
- 흡입 및 토출밸브가 없다.
- 운전정지 중에 고압냉매가스가 저압 측으로 역류하는 현상을 방지하기 위하여 흡입 및 토출 측에 역류방지 밸브를 설치한다.
- 독립된 압축기 오일펌프가 필요하다.

② 장점
- 크랭크샤프트, 피스톤링, 커넥팅로드 등 마모부분이 없다.
- 고장이 적다.
- 왕복동식에 비하여 동일 용량이라면 압축기 체적이 작아도 된다.

- 냉매의 압력손실이 없어서 체적효율이 향상된다.
- 무단계 용량제어가 가능하여 연속적 압축이 가능하다.

### (5) 스크롤형 압축기

① 특징
- 밀폐형 압축기이다.
- 고정자와 회전자로 구별하며 회전자가 회전하면서 압축된다.
- 소용량, 중용량의 냉동기용이다.

② 장점
- 흡입, 토출행정이 부드러워서 토크변동이 적다.
- 부품수가 적고 콤팩트하다.
- 왕복동형에 비해 액압축인 리퀴드해머에 강하다.
- 왕복동형보다 압축효율이 높다.
- 진동이나 소음이 왕복동형에 비해 적다.

③ 단점
- 배관 내 이물질에 취약하다.
- 역상으로 작동하면 몇 초 후에는 압축기가 파손된다.

**참고** 압축기의 용량제어

용량제어의 목적은 부하변동 시 대응하여 경제적인 운전을 가능하게 하는 데 있다.

| 왕복동식 압축기 용량제어 | 원심식 압축기 용량제어 |
|---|---|
| • 회전수 가감법<br>• 바이패스법<br>• 클리어런스(간극) 증대법<br>• 일부 실린더를 놀리는 언로드법(고속다기통용 제어) | • 베인조정법<br>• 회전수 가감법<br>• 바이패스법<br>• 흡입댐퍼 조절법<br>• 냉각수량 조절법 |

### (6) 원심식 터보형 압축기(비용적)

① 특징
- 임펠러의 고속회전에 의한 원심력으로 냉매가스를 압축한다.
- 임펠러 주위의 고정된 디퓨저에 의하여 속도에너지를 압력에너지로 바꾼다.
- 압축비가 커지면 임펠러를 하나 이상 갖게 되며 1단 혹은 2단 압축이라고 한다.

② 부속장치
- 임펠러(깃바퀴)
- 헤리컬기어(고속회전용 증속기어)

• 흡입가이드베인(용량제어용)
• 추기회수장치(불응축가스 제거용)

③ 장점
• 피스톤 등 마찰부분이 없고, 고장이 적으며 마모에 의한 손상이나 성능저하가 없다.
• 수명이 길고 보수가 용이하다.
• 회전운동으므로 동적인 밸런스를 잡기 쉽고 진동이 적다.
• 중용량 이상에서는 단위 냉동톤당 설치면적이 적어도 된다.
• 저압냉매를 사용하므로 취급이 간편하고 위험이 적다.
• 부하변동 시 용량제어가 간단하고 제어범위 또한 넓으며 정밀제어가 가능하다.
• 대형화하면 제작 시 냉동톤당 가격이 싸다.

④ 단점
• 서징현상이 발생한다.(한계치 이하로 가스량을 운전한 경우 소음, 진동 발생)
• 적은 용량을 제작하면 제작상 한계가 있고 가격이 비싸진다.
• 저온장치에서는 압축단수가 증가하고 간접식이란 점에서 불리하다.

참고 밀폐형 압축기와 개방형 압축기의 비교

| 구분 | 밀폐형 압축기 | 개방형 압축기 |
|---|---|---|
| 장점 | • 소형, 경량이다.<br>• 소음이 적다.<br>• 누설의 염려가 적다.<br>• 과부하 운전이 가능하다.<br>• 대량생산 시 제작비가 저렴하다. | • 분해, 조립이 가능하여 수리가 용이하다.<br>• 압축기 회전수의 가감이 가능하다.<br>• 전원이 없어도 타 구동원으로 운전이 가능하다.<br>• 서비스밸브를 이용하여 냉매 윤활유의 충전이나 회수가 가능하다. |
| 단점 | • 전원이 없으면 운전이 불가능하다.<br>• 수리, 보수가 불편하다.<br>• 회전수 가감이 불가능하다.<br>• 윤활유나 냉매의 교환이 어렵다. | • 외형이 크며 설치면적을 크게 차지한다.<br>• 소음이 커서 고장 시 발견이 어렵다.<br>• 누설의 염려가 많다.<br>• 가격이 비싸다. |

## 2 유분리기

### (1) 설치목적

① 계통 내에서 유막형성에 의한 전열방해를 방지한다.
② 윤활부족에 의한 마모를 방지한다.

### (2) 설치위치

① 압축기와 응축기 사이에 설치한다.
- 암모니아용 : 비열비가 커서 응축기의 (3/4)지점에 설치한다.
- 프레온용 : 온도가 높으면 용해를 잘 하므로 압축기 쪽 (1/4)지점에 설치한다.

② 유분리기가 필요한 곳
- 암모니아 냉동기에서는 필수적으로 설치한다.
- 증발온도가 낮은 저온장치에 설치한다.
- 만액식 증발기를 사용하는 경우에 설치한다.
- 냉매 토출가스 배관이 길 경우에 설치한다.

### (3) 종류

① 원심분리형
② 가스충돌형
③ 유속감소분리형

**참고** 압축기 윤활의 목적

① 운동면에 유막을 형성하여 마찰을 감소시켜 마모를 방지한다.
② 마찰부의 열을 제거하여 기계효율을 높이고 소손을 방지한다.
③ 누설의 우려가 있는 부분에 유막을 형성하여 누설을 방지하고 기밀작용을 한다.
④ 응력분산 및 개스킷, 패킹재료 등을 보호한다.
⑤ 마찰로 인한 동력손실을 방지한다.

**참고** 냉동기용 오일의 구비조건

① 응고점이 낮고 인화점이 높을 것
② 점도가 적당할 것
③ 냉매와 분리성이 좋고 화학반응이 없을 것
④ 산에 대한 안전성이 좋고 왁스성분이 적을 것
⑤ 항유화성이 있을 것
⑥ 수분 및 산류 등의 불순물이 적을 것
⑦ 유막의 강도가 크고 전기 절연성능이 있을 것
⑧ 장기휴지 중 방청능력이 있고 오일포밍에 대한 소포성이 있을 것

## 3 응축기

### (1) 설치목적

① 과열제거 과정이다.
② 냉매기체를 응축액화시킨다.
③ 응축기에서 제거되는 열량은 증발기에서 냉매가 흡수한 열량과 압축기 전동기의 발생열량을 합친 것이다.(쿨링타워 등 냉매기체를 냉매액으로 만들기 위한 장치와 연결한다.)

### (2) 종류

① 수랭식(냉각탑 이용)
② 공랭식
③ 대기식(암모니아용)
④ 증발식

> **참고** 냉각탑 – 쿨링타워
>
> ① 종류
> - 개방식 : 평행류형, 직교류형, 역류형(대향류형)
> - 밀폐식
>
> ② 능력 : 1[RT] = 3,900[kcal/h]
> ③ 용도 : 물이나 공기의 현열을 이용하여 응축기 내 냉매가스를 냉매액으로 변환시킨다.

## 4 수액기

### (1) 설치목적

① 부하에 따라서 냉매액을 일시 저장한다.
② 충전된 냉매의 적정여부를 확인한다.

### (2) 설치위치

① 고압의 액관으로부터 수액기 또는 응축기에서 가까운 곳에 설치한다.
② 냉매액 충전량 : 수액기 통의 (3/4) 정도, 즉 75(%) 정도 저장한다.

③ 수액기 크기
- 암모니아용 : 충전냉매의 (1/2)을 회수할 수 있어야 한다.
- 프레온용 : 충전냉매 전량을 회수할 수 있어야 한다.

④ 수액기가 2개로서 그 크기가 다르면 병렬로 설치하되 수액기 상단을 서로 일치시킨다.
⑤ 수액기 폭발이나 팽창방지를 위한 안전장치
- 암모니아용 : 안전밸브 설치
- 프레온용 : 가용전(가용마개)

⑥ 암모니아 독성냉매 수액기는 10,000[L] 이상이면 주위에 방류둑을 설치한다.
⑦ 응축기 상부나 수액기 상부에서 공기 등 불응축가스가 발생한다.

## 5 사이트글라스(냉매흐름측정기)

### (1) 설치목적

① 냉매에 대한 수분혼입 여부를 확인한다.
② 충전된 냉매의 적정 여부를 확인한다.

### (2) 설치위치

고압액관, 즉 수액기 또는 응축기에 가까운 액관에 설치한다.

### (3) 수분침입 시 나타나는 현상

① 정상 냉매 : 녹색 상태
② 수분이 일부 침입 시 : 황록색 상태
③ 수분이 다량 침입 시 : 황색 상태

### (4) 정상적인 냉매흐름 상태 확인

① 기포가 있어도 움직이지 않는다.
② 입구에만 기포가 있고 출구에는 없다.
③ 기포가 가끔 보인다.

## 6 건조기(드라이어)

### (1) 설치목적 및 위치

설치목적은 냉동장치를 순환하는 냉매 중의 수분제거가 목적이며, 설치위치는 수액기와 팽창밸브 액관 사이에 설치한다.

### (2) 건조제 종류

① 실리카겔
② 활성알루미나
③ 소바비드
④ 몰레큘러시브

### (3) 수분침입 시 장해현상

① 프레온에서는 팽창밸브의 동결폐쇄 및 산의 생성, 동부착 현상이 발생한다.
② 암모니아의 경우 유탁액 현상, 증발온도 상승, 흡입압력 저하가 발생한다.

## 7 전자밸브

### (1) 작동원리

2위치 동작으로 전류가 흐르면 밸브가 열리고, 전류가 차단되면 밸브가 닫힌다.

### (2) 사용용도

① 냉매용량 및 액면제어
② 온도제어
③ 냉매액 리퀴드백 제어
④ 냉매 및 브라인 등의 제어

## 8 여과기(스트레이너)

### (1) 역할

여과기는 냉매계통 중의 먼지나 이물질을 제거하는 역할을 한다.

### (2) 설치위치

① 액관여과기 : 팽창밸브 직전에 설치(80~100메시용)
② 흡입여과기(석션용 스트레이너) : 흡입관에 설치(40메시 정도)
③ 오일펌프 출구에도 설치

## 9 팽창밸브

### (1) 역할

① 단열교축 팽창작용을 한다.
② 온도 및 압력을 하강시킨다.
③ 냉동부하에 따라 냉매량을 조절한다.

### (2) 팽창밸브를 과도하게 잠그면 나타나는 현상

① 저압이 저하한다.
② 흡입가스 과열로 압축기가 과열된다.
③ 오일의 탄화 및 열화로 오일 윤활불량을 초래한다.
④ 압축비 증가 및 토출가스 온도가 상승한다.
⑤ 장치 내 온도가 상승한다.
⑥ 축마력이 감소한다.
⑦ 능력당 소요동력이 증가한다.

### (3) 팽창밸브 종류

① 정압식 팽창밸브(AEV)
- 벨로스, 다이어프램 등을 사용한다.
- 증발압력이 높아지면 밸브가 닫히고 증발압력이 낮아지면 밸브가 열려서 증발압력을 일정하게 한다.
- 부하변동 시 유량제어가 불가능하다.
- 소용량 냉동장치용이다.
- 냉동기 정지 시 증발기 내의 압력이 높아지므로 팽창밸브가 닫힌다.

② 온도식 자동팽창밸브(TEV)
- 공기조화용 냉동기에 사용하며 주로 프레온용이다.
- 부하변동 시 냉매유량 제어가 가능하다.
- 증발기 출구의 과열도에 의하여 개폐되며 출구의 과열도를 일정하게 3~8[℃]로 유지한다.

**참고** 팽창밸브 감온통 설치

① 설치위치
- 증발기 출구 측 흡입관 수평부에 설치한다.
- 20[mm] 이하 파이프에서는 흡입관 상부에 부착한다.
- 20[mm] 이상에서는 흡입관 수평에서 45° 아래에 부착한다.

② 감온통 내 냉매충전 종류
- 가스 충전 : 감온통 내 냉매는 사용냉매와 동일하다.
- 액 충전 : 감온통 내 냉매는 사용냉매와 동일하다.
- 크로스 충전 : 사용하는 냉매와 다른 액 또는 가스가 충전되어 있다.

### (4) 파이로트식 팽창밸브

① 주 팽창밸브와 파이로트를 사용하는 온도식 팽창밸브로 구성한다.
② 주 팽창밸브 상부의 압력이 증가하면 밸브가 열리면서 증발기로의 냉매유량이 증가한다.
③ 과열도가 감소하면 온도식 자동팽창밸브가 닫히게 되어 냉매공급이 감소한다.

### (5) 모세관 팽창밸브

① 전기냉장고, 룸에어컨, 쇼케이스 등에 사용한다.
② 모세관은 길이 1[m] 정도, 지름 0.8~2[mm] 정도의 작은 관을 사용한다.
(냉매증기압축식 냉동기의 1RT=3,320[kcal/h]로 한다.)

## 10 냉매 분배기

### (1) 설치목적

① 직접팽창식 증발기에서 팽창밸브와 증발기 입구 사이에 설치하여 증발기로의 냉매공급량을 균등하게 한다.
② 압력강하의 영향을 방지하고 최소의 압력강하로 하기 위함이다.

### (2) 특징

① 최대의 냉매분배 효율로 최소의 압력강하를 얻는다.
② 증발기로의 냉매공급량을 균등하게 한다.
③ 압력강하의 영향을 방지한다.
④ 자동제어 장치로 사용하지는 않는다.

### (3) 냉매액면 유지용 종류

저압 측 플로트밸브, 파이로트 플로트밸브, 고압 측 플로트밸브, 전기식, 온도식

## 11 증발기

### (1) 설치목적

팽창밸브에서 온도와 압력이 낮아진 저온 저압의 냉매액이 피냉각물체로부터 냉매증발잠열을 흡수하여 냉각작용을 함으로써 냉동목적을 달성하는 일종의 열교환기이다.(증발기 내부에 냉매액이 많으면 더 효과적이다.)

### (2) 전열이 좋은 순서 및 증발기 내 냉매상태

① 액순환식(냉매액 80%, 냉매증기 20%)
② 만액식(냉매액 75%, 냉매증기 25%)
③ 습식(냉매액 50%, 냉매증기 50%)
④ 건식(냉매액 25%, 냉매증기 75%)

## 12 증발압력 조정밸브(EPR)

### (1) 설치위치

① 증발기 출구와 압축기 흡입관 사이에 설치한다.

② 설치가 필요한 곳

- 1대의 압축기로 여러 대의 증발기를 사용하는 경우에는 고온 측 증발기를 기준으로 하여 설치한다.
- 냉수브라인의 동결방지용으로 설치한다.
- 야채냉장고에서 동결방지용으로 설치한다.
- 냉장고에서 지나치게 제습이 되는 장소에 설치한다.

### (2) 역할

① 증발압력, 즉 저압이 일정압력 이하가 되는 것을 방지한다.
② 작동압력은 증발기 출구의 증발압력조정밸브, 입구압력에 의해 작동한다.

## ⓭ 냉매액 분리기

### (1) 설치위치

① 증발기와 압축기 사이 흡입관에서 증발기보다 높은 위치에 설치한다.
② 크기는 증발기 용량의 20~25% 정도 크기로 한다.

③ 설치가 필요한 곳
- 암모니아 냉동장치
- 부하변동이 심한 제빙장치
- 만액식 브라인쿨러 사용 시

### (2) 분리된 냉매액 처리 조치사항

① 증발기로 재순환시키는 방법
② 가열하여 증발시켜 압축기로 회수하는 방법
③ 고압 측 수액기로 회수하는 방법

## ⓮ 흡입압력 조정밸브(SPR)

### (1) 설치위치

① 증발기와 압축기 사이의 흡입관에 설치한다.

② 설치가 필요한 곳
- 냉매기체 흡입압력의 변동이 심한 경우
- 압축기가 높은 흡입압력으로 기동할 경우
- 저전압에서 높은 흡입압력으로 기동할 경우
- 고압가스(핫가스) 제상시간이 길어질 경우
- 증발기로부터 리퀴드백(액해머)이 발생하는 경우

### (2) 역할

① 냉매흡입압력이 소정의 압력 이상이 되는 것을 방지한다.
② 흡입압력조정밸브 출구압력에 의해 작동한다.

# 제2장 공기조화

## 01 공기조화 기초

### (1) 보건용 공기조화

① 주거환경, 보건, 위생 및 근무환경 향상, 사무소, 각종 점포, 오락실, 병원, 교통기관, 작업장 등의 환경
② 냉난방 온도조건 및 쾌감용 공기조화(온도, 습도, 기류, 청정도 포함)

### (2) 산업용 공기조화

정밀기계공업, 반도체산업, 전산실, 제약, 제과, 양조, 섬유, 제지공업 등

### (3) 공기조화 설비

① **열원장치** : 보일러, 냉동기 등
② **열운반장치** : 송풍기, 덕트, 펌프, 배관 등
③ **공기조화기** : 공기혼합실, 가열 및 냉각코일, 필터, 가습노즐 등
④ **자동제어장치** : 각종 기기의 안전운전 및 정지, 유량조절

### (4) 유효온도(ET ; Effective Temperature)

① 실내환경을 평가하는 척도이다.
② 온도, 습도, 기류를 하나로 조합하여 온도감각을 상대습도 100%, 풍속 0[m/s]일 때에 느껴지는 온도감각으로 표시한 것이다.
③ 동일한 온도 및 습도에서 풍속이 1[m/s] 증가하면 유효온도는 1[℃] 정도 내려간다.
④ 유효온도선도에 복사온도의 영향은 고려되고 있지 않으므로 세로축의 건구온도 대신 글로브(globe) 온도계의 온도로 대치시켜서 같은 방법으로 읽는 경우를 수정유효온도(CET ; Corrected Effective Temperature)라고 한다.

### (5) 신유효온도(NET ; New Effective Temperature)

유효온도(ET)선은 상대습도 100%점을 기점으로 하였으나 이 선도에서는 25[℃], 상대습도 50%, 풍속 0.15[m/s]를 통과하는 점을 생리적 중립점으로 한다.

### (6) 불쾌지수(UI ; Uncomfort Index)

① 불쾌지수란 공기의 온도와 습도만을 쾌감의 지표로 한 것이다.

② 계산 방법

불쾌지수(UI)=0.72(건구온도+습구온도)+40.6

(값이 75 이상이면 덥다, 80 이상이면 불쾌감 증가, 85 이상이면 매우 덥다.)

### (7) 클린룸(clean room)

① 1[ft³]의 공기체적 내에 0.5[$\mu$m] 크기의 입자수로 나타낸다.

② 공업용클린룸(ICR) : 정밀측정실, 반도체산업, 필름공업 등에서 주로 부유먼지의 미립자인 경우에 적용

③ 바이오클린룸(BCR) : 분진미립자, 세균, 곰팡이, 바이러스 등에 적용하며 제약공장의 유전공학 등에 적용

### (8) 상당외기온도($t_e$)

① $t_e$ ={(벽체표면의 일사흡수율/표면열전달률)×벽체표면이 받는 전일사량}+외기온도

② 상당외기온도차(ETD)=실효온도차=상당외기온도－실내온도

### (9) 도일(D)

① 냉방도일(CD), 난방도일(HD)

② 1년 동안 냉난방에 소요되는 열량과 이에 따른 연료비용을 산출해야 하며 그 비용은 냉난방 기간에 걸쳐서 정산한 기간 냉난방에 비례한다.

③ 도일(D)=냉난방기간×(설정한 실내온도－냉난방기간 동안의 매일평균 외기온도)

### (10) 결로현상

① 결로란 습공기가 차가운 벽이나 천장, 바닥 등에 닿으면 공기 중에 함유된 수분이 응축하여 그 표면에 이슬이 맺히는 현상을 말한다.

② 벽체 표면에서 발생하면 표면결로, 벽체 내부에서 발생하면 내부결로이다.

③ 결로현상방지 방법

- 난방 시 외벽을 통해서 이동하는 열전달량과 열통과율이 동일한 열량이며 벽체 표면의 온도가 노점온도보다 높으면 표면결로는 일어나지 않는다.
- 공기와의 접촉면 온도를 노점온도보다 높게 한다.
- 유리창을 2중창으로 한다.
- 벽체를 단열처리 한다.

• 실내에서 수증기량을 억제한다.
• 다습한 외기를 도입하지 않는다.

### (11) 건구온도, 습구온도

① 건구온도(DB) : 온도계의 감열부(알콜, 수은 등)가 건조된 상태에서 측정한 온도
② 습구온도(WB) : 감열부에서 물이 증발할 때 잠열과 주위 공기로부터 열전달에 의한 현열의 균형을 이룬 상태의 온도

### (12) 포화공기, 노점온도, 노입공기

① 노점온도($t''$) : 습공기가 냉각되어 이슬이 맺히는 현상이 결로이며, 이때의 온도가 노점온도이다.
② 포화공기 : 습공기 중에 수증기가 점차 증가하여 더 이상 수증기를 공기 중에 포함시킬 수 없을 경우의 공기가 포화공기이다.
③ 노입공기 : 포화공기에 계속해서 수증기를 가해 주면 그 여분의 수증기는 미세한 안개 물방울로 존재하며 이를 노입공기라고 한다.

### (13) 상대습도(%)

상대습도=(어떤 공기상태의 수증기분압/같은 온도의 포화공기 수증기분압)×100(%)

### (14) 절대습도

① 습공기 중에 함유되어 있는 수증기의 중량으로 표시된 (X)를 절대습도라고 한다.
② 건공기 1[kg] 중에 포함된 수증기의 양[kg]을 합친 것, 즉 절대습도란 (1+X)를 뜻한다.

### (15) 포화도(%)

포화도=(어떤 공기의 절대습도/같은 온도에서 포화공기의 절대습도)×100(%)

### (16) 수증기, 습공기엔탈피[kcal/kg]

① 수증기엔탈피($h_v$)

$h_v = 597.5 + 0.44 \times$ 공기온도

② 습공기엔탈피($h_w$)

$h_w = 0.24 \times$ 공기온도 + 습공기절대습도 $\times$ (597.5 + 0.44 $\times$ 공기온도)

### (17) 습공기선도 종류

수증기분압, 절대습도, 상대습도, 건구온도, 습구온도, 노점온도, 비체적, 엔탈피

### (18) 습도측정계 종류

오거스트 건습계, 아스만 통풍건습계의 습구온도계, 모발습도계, 전기저항습도계 등

### (19) 일사량측정계 종류

에프리일사계, 로비치일사계, 옹스트롬일사계 등

## 02 냉방 · 난방부하

### (1) 냉방부하 분류

① 실내취득열량
- 벽체로부터 현열 취득열량
- 유리로부터 직달일사열량 및 전도, 대류에 의한 현열
- 극간풍(틈새바람)에 의한 현열, 잠열 취득열량
- 인체에서 발생하는 현열, 잠열 취득열량
- 주방기구, 모터, 조명기구로부터의 현열, 잠열 취득열량

② 기기로부터 취득열량
- 송풍기로부터의 현열 취득열량
- 덕트로부터 현열 취득열량

③ 재열부하 취득열량 : 공조기 재열기로부터 현열 취득열량

④ 외기부하 취득열량 : 외기도입으로부터 현열, 잠열 취득열량

### (2) 난방부하 분류

① 실내손실열량
- 외벽, 창유리, 지붕, 내벽, 바닥에서 손실열량
- 극간풍에 의한 현열, 잠열 손실열량

② 기기로부터 손실열량 : 덕트로부터 현열 손실열량

③ 외기부하 손실열량 : 환기, 극간풍에 의한 현열, 잠열 손실열량

## 03 공기조화방식

### (1) 공기조화방식

① 개별방식 : 냉매방식

② 중앙방식
- 전공기방식
- 공기－수방식
- 전수방식

### (2) 공기조화방식 분류

① 전공기방식
- 단일덕트방식 : 정풍량방식, 변풍량방식
- 2중덕트방식 : 정풍량, 변풍량 2중덕트 방식, 멀티존유닛 방식
- 덕트병용 패키지 방식
- 각층 유닛 방식

② 공기－수방식(유닛병용방식)
- 덕트병용 팬코일 유닛방식
- 유인 유닛 방식
- 복사 냉난방 방식

③ 전수방식 : 팬코일 유닛방식

④ 개별방식(냉매 방식)
- 패키지 방식
- 룸쿨러 방식
- 멀티유닛 방식

## 04 덕트 및 부속장치

### (1) 덕트 종류

① 급기덕트
② 환기덕트
③ 배기덕트
④ 외기덕트

### (2) 캔버스 이음

설치이유 : 송풍기의 입구 및 출구 측에는 송풍기의 진동이 덕트로 전달되지 않도록 한다.

### (3) 고속덕트, 저속덕트

① 저속덕트 : 풍속 15[m/s] 이하
② 고속덕트 : 풍속 15~20[m/s] 정도

### (4) 덕트 치수설계

① 등속법 : 덕트 내 풍속이 일정하다.
② 등마찰저항법 : 덕트의 단위 길이당 마찰저항이 일정하도록 덕트의 마찰손실선도에서 직경을 구하는 방법으로 쾌적용 공조의 경우에 흔히 사용한다.

③ 정압재취득법
- 고속덕트에 적합하고 송풍기에서 최초의 분기부까지 정압손실 및 취출구의 저항손실만 계산한다.
- 등압법에 비해 송풍기 동력이 절약되며 풍량조절이 용이하다.

### (5) 덕트재료 및 덕트의 확대, 축소

① 재료 : 아연도금강판, 열간압연 박강판, 냉간압연판, 동판, 알루미늄판, 스테인리스강판, 염화비닐 등

② 덕트의 확대, 축소
- 덕트의 단면변화가 급격하면 기류의 와류현상으로 완만하게 한다.
- 덕트의 확대 : 15[°] 이하, 고속덕트는 8[°] 이하
- 덕트의 축소 : 30[°] 이하, 고속덕트는 15[°] 이하

### (6) 덕트의 부속기구 댐퍼

① 풍량조절댐퍼(VD)

- 버터플라이댐퍼 : 소형덕트용이다.
- 루버댐퍼 : 여러 개의 날개로 이루어진다.(평행익형댐퍼, 대향익형댐퍼)
- 스플릿댐퍼 : 분기부에 설치하며 풍량조절용이다.

② 방화댐퍼(FD)

- 루버형 : 화재발생 시 방화댐퍼로 4각댐퍼에 설치한다. 퓨즈가 녹으면 여러 개의 루버는 동시에 닫힌다.
- 피봇형 : 날개는 1장으로 회전축(피봇)에 고정되며 스프링의 눌림을 받는다. 화재 시 퓨즈가 녹으면 날개기 피봇으로 회전하여 덕트를 폐쇄시킨다.
- 슬라이드형 ; 퓨즈가 녹으면 댐퍼는 자중에 의해 내려와서 차단한다.
- 스윙형 : 퓨즈가 녹으면 댐퍼의 자중으로 회전하여 덕트를 차단한다.

③ 방연댐퍼(SD) : 실내에 설치된 연기감지기와 연동되어서 화재 초기에 발생한 연기를 탐지하여 방연댐퍼로 덕트를 폐쇄시킨다.

## 05 취출구와 흡입구

## 1 취출구

### (1) 천장취출구

① 아네모스탯형

- 확산형 취출구의 일종이다.
- 몇 개의 콘(cone)으로 이루어진다.
- 확산반경이 크고 도달거리가 짧아서 유인성능이 좋아 가장 많이 사용한다.

② 웨이형(way)

방의 구조가 복잡하여 취출기류를 특정방향으로 취출해야 할 경우에 디플렉터를 취출구의 출구 쪽에 부착한다.

**참고**

- 디플렉터의 방향수에 따라서 웨이수를 1~4개로 구분하여 취출한다.
- 취출구의 도달거리 : 취출구로부터 기류의 중심속도가 0.25[m/s]인 곳까지의 수평거리
- 최소도달거리 : 기류의 중심속도가 0.5[m/s]인 곳까지의 수평거리

③ 팬형

- 아네모스탯형의 콘 대신 중앙에 원판모양의 팬을 붙인 것이다.
- 유인비 및 소음이 있다.
- 팬의 위치를 상하로 이동시키므로 기류의 확산범위를 조절한다.

④ 라이트–트로퍼형

- 라이트–트로퍼(light–troffer)의 양쪽에 취출구를 갖는다.
- 중앙에는 조명등이 있다.
- 풍량조절댐퍼가 있고, 조명등과 취출구 역할을 겸한다.
- 난방 시는 수직취출형, 냉방 시는 수평취출형이다.

⑤ 다공판형

- 취출구의 프레임에 다공판을 부착시킨 천장설치형이다.
- 취출구 두께가 얇아서 천장 내의 덕트스페이스가 작은 경우에 적합하다.
- 확산효과가 크기 때문에 도달거리는 짧고 또한 드래프트(통풍력)가 적어서 거주영역의 공간 높이가 낮은 방에도 효과가 크다.
- 기류의 방향을 조절하기 위해서는 다공판의 안쪽에 있는 풍향조절 엘리멘트를 여러 가지의 조합방식에 따라 변화 가능하다.

## (2) 라인(line)형 취출구

① 브리즈라인(breeze line)형

- 취출부분에 슬로트(홈)가 있다. 슬로트(slot)는 취출풍량에 따라서 1개, 2개, 3개 등이 있다.
- 인테리어 디자인에서 미적인 감각이 느껴진다.
- 패리미터 쪽 천장이나 창틀 위에 설치하여 출입구의 에어커튼 역할을 한다.
- 취출구 내에 있는 브레이드를 조정하여 취출기류를 내측으로 바꾸면 내부 존의 부하처리가 가능하다.

② 캄라인(calm line)형

- 일종의 라인형이며 가느다란 선형 취출구가 있다. 그 뒤쪽에는 디플렉터(deflector)가 있어서 정류작용을 한다. 다만, 흡입용으로 사용하면 디플렉터는 필요가 없다.
- 외부 존, 내부 존 모두 적용이 가능하다.
- 출입구 부근의 에어커튼용으로도 적합하다.

③ T–라인형

- 천장이나 건축물의 구조체에 바 프레임(bar frame)인 T–바(T–bar)를 고정하고 그 틈사이로 취출구를 끼운다.
- 취출기류의 방향은 취출구 내에 있는 베인의 고정방향에 따라 다양하게 바꿀 수 있다.

④ 슬롯－라인(slot line)형

• 챔버(chamber)의 하단에 슬롯형의 취출구를 부착시킨다. 일명 모듈라인형 취출구라고 한다.
• 용도는 T－라인형과 유사하나 필요한 취출풍량에 따라 슬롯(홈)수를 1~3개 범위에서 선정한다.
• 취출구인 슬롯 내에는 베인이 있어서 댐퍼 및 풍량의 조절기능을 하고 있다.

⑤ T－바(T－bar)형

• 챔버 하단에 슬롯형의 취출구가 접속된다. 슬롯은 풍량에 따라 1개 및 2개의 것을 선택할 수 있다.
• 천장취출구 및 창틀취출구에 설치한다.
• 슬롯 내에는 베인이나 댐퍼가 있어 취출기류의 방향 및 풍량을 조절한다.
• 댐퍼를 제거하면 흡입구로도 사용이 가능하다.

### (3) 축류형 취출구

① 노즐형

• 노즐을 덕트에 접속시켜 취출한다.
• 도달거리가 길기 때문에 실내공간이 넓은 경우에 벽면에 부착하여 횡방향으로 취출하는 경향이 많으나, 천장이 높은 경우에 천장에 설치하여 하향취출을 하는 경우도 있다.
• 소음이 적고 취출풍속 5[m/s] 이상으로 사용되며 소음규제가 심한 방송국이나 음악감상실 등에 저속 취출을 하여 사용된다.

② 펑커형

• 천장이나 덕트에 취출구를 접속시켜 기류의 방향을 자유자재로 변경시킬 수 있다. 이 형식은 타 형식과 다르게 제한된 활동 영역만을 대상으로 하는 취출구이다.
• 미용실, 사진실, 주방, 버스, 선박 등 제한된 소규모에 필요한 형식이다.

### (4) 베인(vane)격자형 취출구

① 베인격자형

• 각형의 프래임에 베인을 조합한 취출구이다.
• 고정형, 가동베인형(유니버설형)이 있다.
• 유니버설형은 주로 벽 설치용으로 사용한다.

**참고** 콜드 드래프트(cold draft) 현상

① 정의

인체는 신진대사에 의해 계속적으로 열을 생산하고 생산된 열은 주위로 소모된다. 그러나 생산열량보다 소비되는 열량이 많으면 추위를 느끼게 되는데, 이런 현상을 콜드 드래프트라고 한다.

② 원인

- 인체주위 공기 온도가 너무 낮을 때
- 기류의 속도가 클 때
- 습도가 낮을 때
- 주위 벽면의 온도가 낮을 때
- 동절기 창문의 극간풍(틈새바람)이 많을 때

## 2 흡입구

### (1) 흡입구 원리

흡입구는 일반적으로 실내공기를 환기시키는 데 그 목적이 있다.

### (2) 흡입구 종류

① 천장형

- 라인형
- 라이트－트로퍼형
- 격자형
- 화장실배기용

② 벽형

- 격자형
- 펀칭메탈형

③ 바닥형 : 머시룸형

## 06 열교환기 종류

### (1) 원통다관형 열교환기

① 동체(shell) 내에 여러 개의 튜브를 횡형으로 설치하고 동체에는 증기나 온수를 통과시키며 튜브 내에는 물을 이송시키면서 가열하는 열교환기이다.
② 관 내 유체의 유속은 1.2[m/s] 정도이다.

### (2) 플레이트형 열교환기

① 판형이며 스테인리스 강판에 리브(rib)형의 끝을 만든 여러 장을 나열하여 조합한 열교환기이다.
② 원통다관식에 비하여 열관류율이 3~5배 정도 우수하다.
③ 규모는 작아도 열교환 능력이 우수하여 초고층건물, 지역난방 등에 사용한다.

### (3) 스파이럴형 열교환기

① 스테인리스 강관을 감아서 그 끝부분을 용접함으로써 개스킷을 사용하지 않고도 수밀이 되는 구조이다.
② 용도는 화학공업을 비롯하여 고층건물에 공조용으로 사용이 가능하다.

## 07 유닛 구성

### (1) 콘덴싱 유닛(condensing unit)

압축기, 응축기로 구성한다.

### (2) 칠링 유닛(chilling unit)

압축기, 응축기, 증발기, 냉수펌프 등으로 구성한다.

### (3) 패키지 유닛(package unit)

압축기, 팽창밸브, 증발기, 응축기 등으로 구성한다.

## 08 히트펌프(열펌프) 방식

### (1) 공기-공기방식(냉매회로 변환방식)

① 난방 시 : 실외기에서 외기로부터 열을 얻어서 압축기에서 과열시켜 실내로 보낸다.

② 냉방 시 : 실내코일(증발기)에서 열을 취득하여 실내를 냉방하고 압축기를 거쳐서 실외코일(응축기)로 방출한다.

### (2) 공기-공기방식(공기회로 변환방식)

① 냉방 시 : 외기는 응축기 쪽으로 흘러 응축기의 열을 빼앗아 대기로 방출한다.

② 난방 시 : 댐퍼의 변환으로 외기는 증발기 쪽으로 흘러 열원이 되어 열을 빼앗기고 배기되며 실내로부터 환기는 응축기에서 가열되어 실내로 급기된다.

### (3) 공기-물방식(냉매회로 변환방식)

### (4) 공기-물방식(물회로 방식)

### (5) 물-공기방식(냉매회로 변환방식)

### (6) 물-물방식(물회로 변환방식)

### (7) 물-물방식(냉매회로 변환방식)

### (8) 흡수식 히트펌프 방식

# 제3장 중앙식 공기조화

## 01 공기조화방식

### 1 에어핸들링 유닛(Air Handling Unit)

#### (1) 구성요소

공기여과기(AF), 공기예냉기(PC), 공기냉각감습기(AC), 공기예열기(PH), 공기재열기(RH), 공기가습기(AH), 엘리미네이터(E), 공기예냉기(AW), 공기냉각코일(CC), 공기가습기(S), 스프레이장치, 송풍기(F)

#### (2) 여과효율 측정법

① 중량법
② 변색도법(비색법－NBS법)
③ 계수법(DOP법)

#### (3) 여과기 분류법

여과작용에 의한 분류법 : 충돌점착식, 건성여과식, 전기식, 활성탄흡착식

① 충돌점착식
- 비교적 거친 여과재이다.
- 철망, 스크린, 섬유류 등으로 구성한다.

② 건성여과식
- 자동권취형, 고성능필터형으로 구분한다.
- 여과재 종류는 셀룰로오스, 석면, 유리섬유, 특수처리지, 목면, 모펠트 등이다.
- 고성능필터(HEPA)는 유닛형으로 방사성 물질 및 클린룸, 바이오클린룸에서 사용하며, 먼지제거 효율이 99.9%이고 계수법의 성능을 가진다.

③ 전기식
- 전자식 공기청정기로 사용한다.
- 형식은 2단전하식, 여재투전식이 있다.

④ 활성탄흡착식

- 유해가스, 냄새 등을 제거한다.
- 필터 모양은 패널형, 지그재그형, 바이패스형 등이 있다.

## 2 공조기 코일

### (1) 코일 분류

| 설치목적에 따른 코일 | • 예열코일<br>• 가열코일 | • 예냉코일<br>• 냉각코일 |
|---|---|---|
| 냉 · 열매에 따른 코일 | • 냉수코일<br>• 냉온수코일<br>• 직접팽창코일 | • 온수코일<br>• 증기코일 |
| 핀의 종류에 따른 코일 | • 나선형코일<br>• 슬릿핀코일 | • 플레이트 핀코일 |
| 코일수 형식에 따른 코일 | • 풀 서킷코일<br>• 하프 서킷코일 | • 더블 서킷코일 |
| 코일 표면의 상태에 따른 코일 | • 건코일 | • 습코일 |

### (2) 냉난방용 코일 선정

① 냉수코일 정면풍속 : 2.0~3.3[m/s], 일반적으로 2.5[m/s] 정도이다.

② 온수코일 정면풍속 : 2.0~3.5[m/s]

③ 튜브 내 물의 수속은 1.0[m/s] 정도이다.

④ 코일을 통과하는 수온의 변화는 5[℃] 전후로 한다.

⑤ 지역냉난방이나 배관길이가 길면 펌프동력을 절감하기 위하여 수온의 변화는 8~10[℃] 정도로 한다.

## 3 가습방식(가습장치)

### (1) 수분무식

① 원심식

② 초음파식

③ 분무식

### (2) 증기발생식

① 전열식
② 전극식
③ 적외선식

### (3) 증기공급식

① 과열증기식
② 분무식

### (4) 증발식

① 회전식
② 모세관식
③ 적하식

### (5) 에어와셔 가습

① 공기에 분무수 물을 접촉시킴으로써 물과 공기의 열교환과 동시에 수분의 교환에 의해 공기의 가습, 감습 등 습도조절을 한다.
② 공기입구 부분에는 공기 흐름을 균일하게 하는 루버(louver)를 설치하고, 출구 측에는 물방울이 급기와 함께 혼입되지가 않도록 엘리미네이터를 두고, 또한 엘리미네이터의 더러워짐을 방지하기 위해 상부에 있는 플러딩노즐(flooding nozzle)로 물을 분무하여 청소한다.

## 02 전열교환기

### (1) 원리

공기 대 공기의 열교환기로 현열은 물론 잠열까지도 교환하는 엔탈피[kcal/kg] 교환장치이다.

### (2) 설치목적

① 외부로 배기되는 공기와 기기로 도입되는 외기와의 전열교환기로 공조기는 물론 보일러나 냉동기 용량을 줄일 수 있다.
② 연료비 절약, 에너지 절약 기기로서 환기로 인한 에너지 회수를 위한 교환기이다.
③ 냉방기, 난방기의 열회수를 목적으로 하며 열회수량은 온도차가 클수록 많다.

## 03 펌프

### (1) 펌프 종류

① 원심식 펌프
- 다단터빈펌프(스파이럴케이싱 및 안내가이드베인 설치)
- 볼류트펌프(스파이럴케이싱)

② 왕복식 펌프
- 워싱턴펌프
- 웨어펌프
- 플런저펌프

③ 회전식 펌프 : 기어펌프

### (2) 회전수 변화에 따른 유량(토출량), 양정, 동력 변화

① 펌프의 토출량은 회전수 증가에 정비례한다.
② 펌프의 양정은 회전수 증가의 2승에 비례한다.
③ 펌프 동력은 회전수 증가의 3승에 비례한다.

### (3) 캐비테이션과 유효흡입양정(NPSH)

① 캐비테이션
- 펌프 작동 시 이론상 양정보다는 관 마찰, 기타 손실에 의해 실질적인 양정높이는 낮아진다. 이러한 상태에서 그보다 더 높은 곳으로 펌핑하려면 펌프 흡입구에서 순간 압력저하로 포화온도가 낮아져 액이 증발하여 기포가 발생하고 펌프 토출구로 넘어가서 갑자기 압력상승에 의하여 기포는 다시 물 속으로 스며들어 소멸하면서 순간 격심한 음향과 진동이 일어나게 되는데, 이러한 현상이 캐비테이션이다.
- 소음, 진동, 관의 부식, 심하면 펌프에서 흡입불량이 발생한다.

② 유효흡입양정 : 펌프 흡입구는 그 압력이 포화증기 압력 이상을 유지하여야 캐비테이션이 일어나지 않는다. 즉 캐비테이션이 일어나지 않는 유효흡입양정을 수주[m]로 표시한 것이 펌프의 유효흡입양정(NPSH)이다.

# 04 송풍기

## (1) 압력에 의한 송풍기 분류

① 팬(저압력 송풍기) : 1,000[mmAq] 미만=0.1[kg/cm$^2$] 미만
② 블로어(고압용 송풍기) : 1,000~10,000[mmAq]=0.1~1.0[kg/cm$^2$]
③ 압축기 : 10,000[mmAq] 이상=1.0[kg/cm$^2$] 이상

## (2) 날개형상에 의한 분류

① 팬
- 원심형(후곡형, 익형, 방사형, 다익형, 관류형)
- 사류형
- 축류형(프로펠러형, 튜브형, 베인형)
- 횡류형

② 블로어
- 원심형
- 사류형
- 축류형

**참고** 송풍기의 종류

① 후곡형(터보형)
② 익형(터보형과 시로코형의 개량형)
③ 방사형(플레이트형)
④ 다익형(시로코형)
⑤ 관류형(환기용)
⑥ 축류형(프로펠러형, 디스크형)

## (3) 송풍기 법칙

① 송풍기 회전수에 대한 크기 변화
- 풍량은 회전속도비에 비례하여 변화한다.
- 압력은 회전속도비의 2제곱에 비례하여 변화한다.
- 동력은 회전속도비의 3제곱에 비례하여 변화한다.

② 송풍기의 날개직경에 대한 크기 변화
- 풍량은 날개크기비의 3제곱에 비례하여 변화한다.
- 압력은 날개크기비의 2제곱에 비례하여 변화한다.
- 동력은 날개크기비의 5제곱에 비례하여 변화한다.

③ 송풍기 풍량제어

- 토출댐퍼에 의한 제어(다익송풍기, 소형송풍기 적용)
- 흡입댐퍼에 의한 제어(흡입 측에 의한 댐퍼 조임)
- 흡입베인에 의한 제어(가동날개의 열림 정도)
- 회전수에 의한 제어(송풍기 회전수 조정)
- 가변피치에 의한 제어(송풍기 날개각도 조정)

## 05 환기설비

### (1) 자연환기(제4종 환기법)

① 실내외의 온도차에 의한 부력과 외기의 풍압에 의한 실내외의 압력차에 의한 환기이며 일명 중력환기라고 한다.

② 자연환기는 모니터 루프, 루프 벤틸레이터를 이용하여 환기력을 얻기도 한다.

### (2) 기계환기

① 환풍기, 즉 급기팬, 환기팬을 원동력으로 삼는 기계적 환기법이다.

② 에너지소비는 많으나 용도와 목적에 따라서 환기량 및 실내압력을 조절할 수 있다.

**참고** 환기법

| 분류 | 급기 | 배기 | 특징 |
|---|---|---|---|
| 제1종 환기법 | 급기팬 사용 | 배기팬 사용 | 실내압이 정압 또는 부압이 가능하다. |
| 제2종 환기법 | 급기팬 사용 | 자연환기 사용 | 오염공기 침입 방지가 가능하다. |
| 제3종 환기법 | 자연환기 사용 | 배기팬 사용 | 실내가 부압이 된다. |

## 06 조닝(zoing)

### (1) 원리

조닝은 건물 전체를 몇 개의 구획으로 분할하고 각각의 구획은 덕트나 냉온수에 의해 냉난방 부하를 처리하게 되는데, 조닝의 요소는 존으로 구분된다.

### (2) 조닝의 요소

① 외부 존
- 방위별 조닝
- 층별 조닝

② 내부 존
- 시간별 조닝
- 부하 특성별 조닝
- 온 · 습도별 조닝
- 현열비 조닝
- 부하변동별 조닝
- 용량별 조닝
- 생산제품별 조닝

# 제4장 배관 평면도

| | 90° 엘보의 평면도 및 입면도 | |
|---|---|---|
| 1 |  |  |
| 2 |  |  |
| | 등각투상도 | 평면도 |
| 3 |  |  |
| 4 | 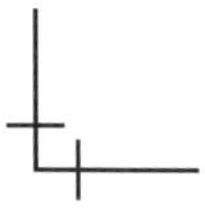 | 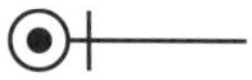 |
| 5 | 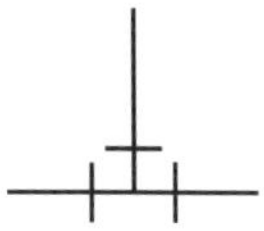 |  |
| 6 | 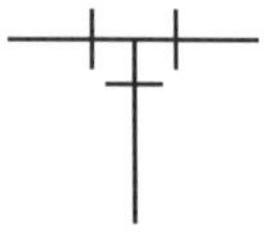 |  |
| 7 | 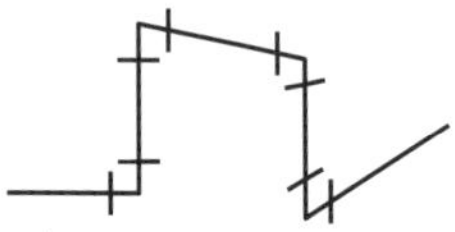 | 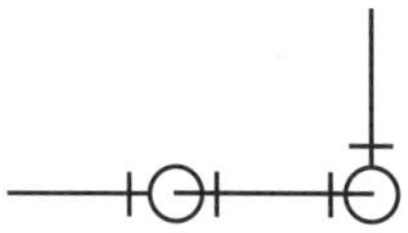 |
| 8 | 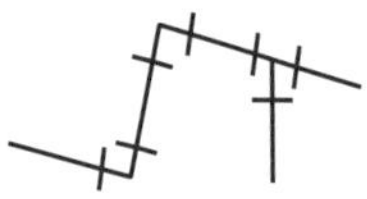 | 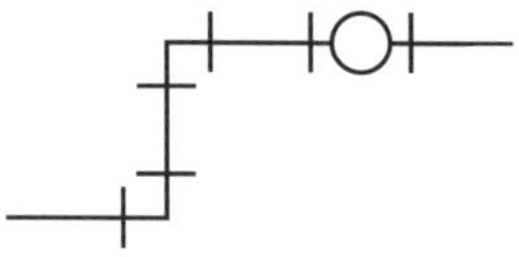 |
| 9 | 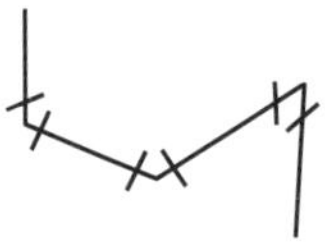 | 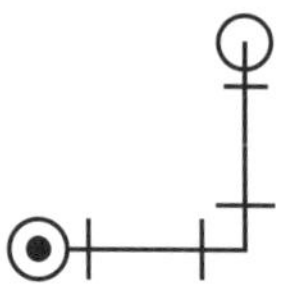 |

| | 평면도 | 입체도 |
|---|---|---|
| 10 | 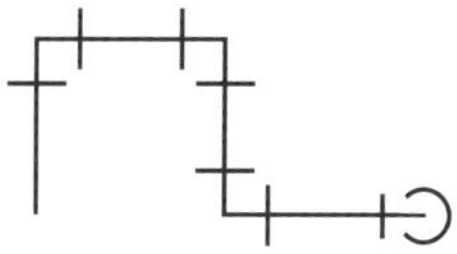 | 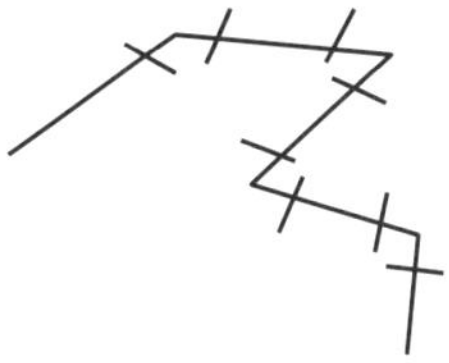 |
| 11 | 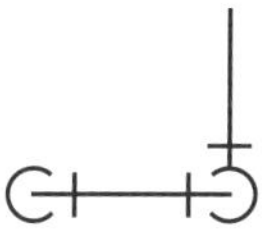 | 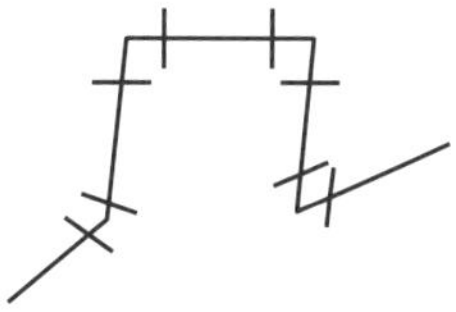 |
| 12 | 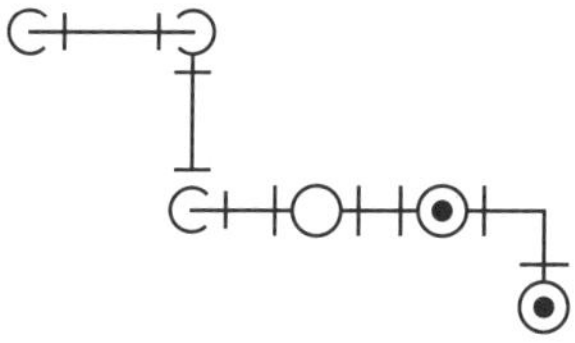 | 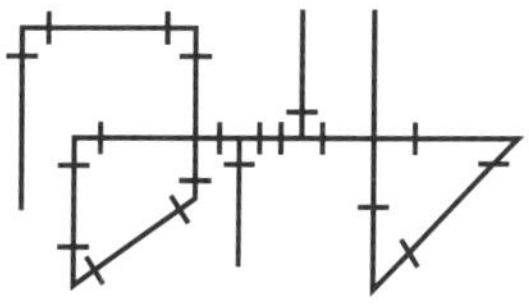 |

| | 등각투상도 | 평면도 |
|---|---|---|
| 13 | 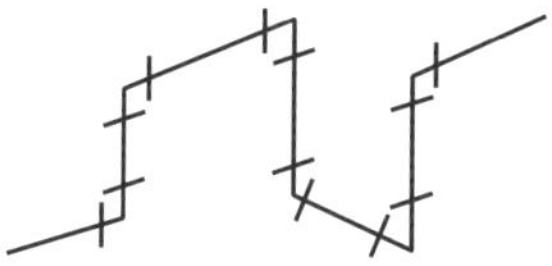 | 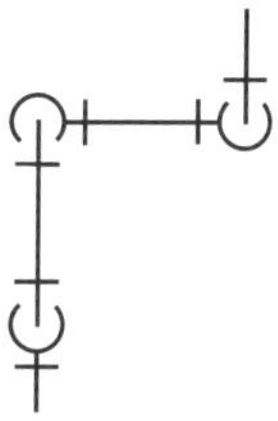 |
| 14 | 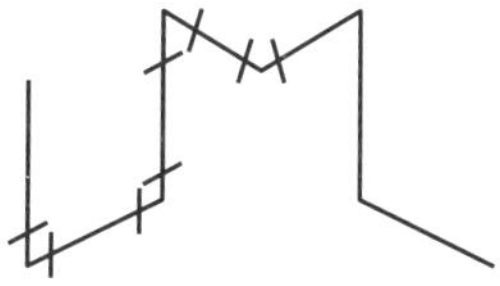 | 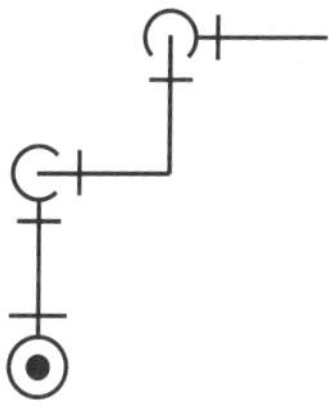 |
| 15 | 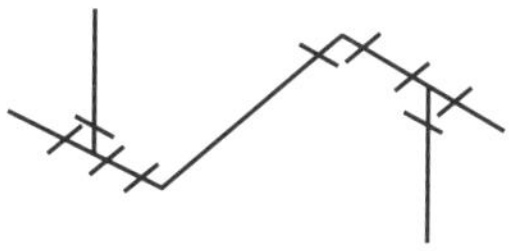 | 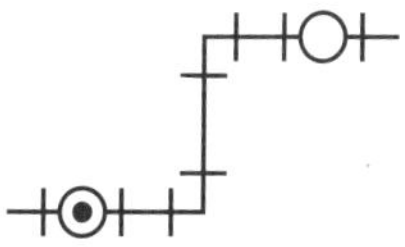 |
| 16 | 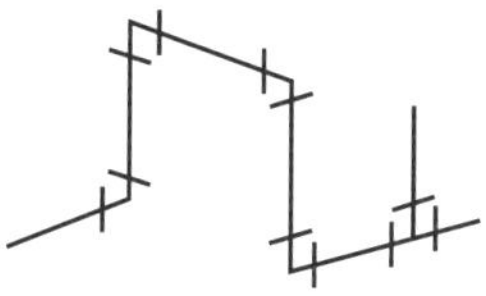 | 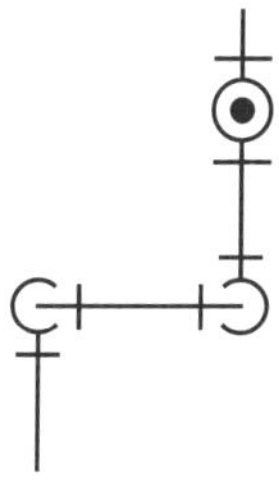 |

| | 입체도 | 평면도 |
|---|---|---|
| 17 |  |  |
| 18 |  | |
| 19 | 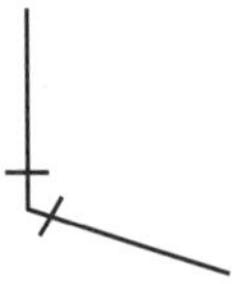 |  |
| 20 | 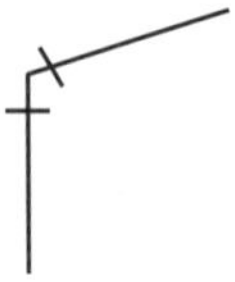 |  |
| 21 | 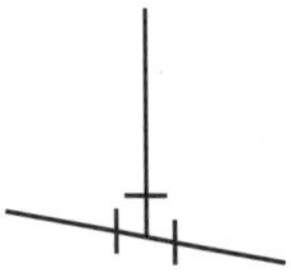 |  |
| 22 | 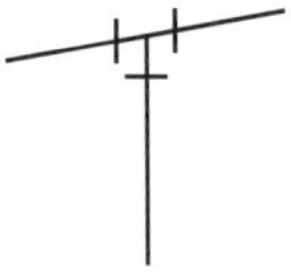 |  |
| 23 |  |  |
| 24 | 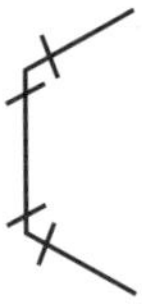 | 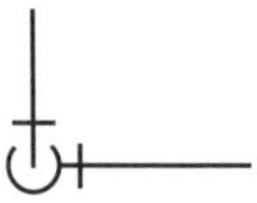 |

| | 평면도 | 등각투상도 |
|---|---|---|
| 25 | 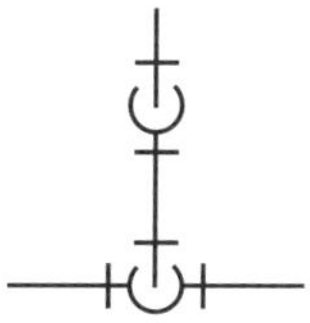 | 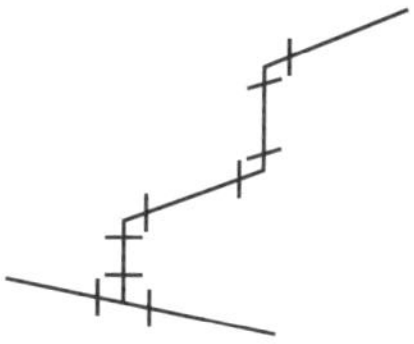 |
| 26 | 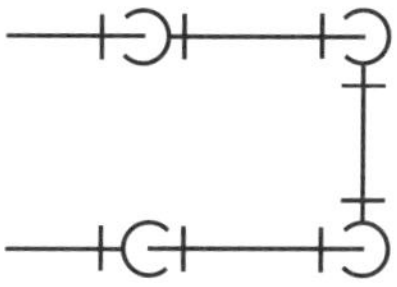 | 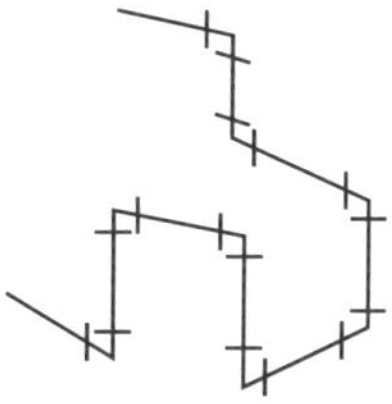 |
| 27 | 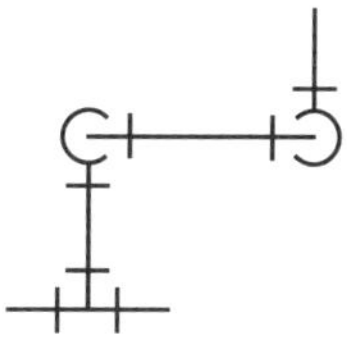 | 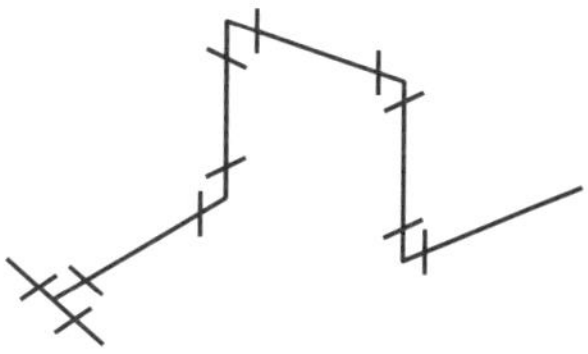 |
| 28 | 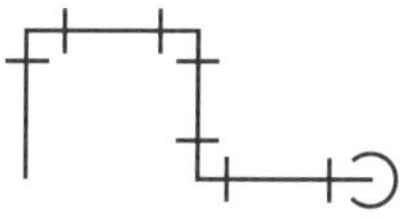 | 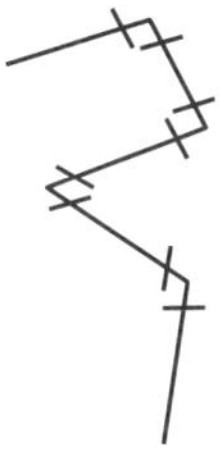 |
| 29 | 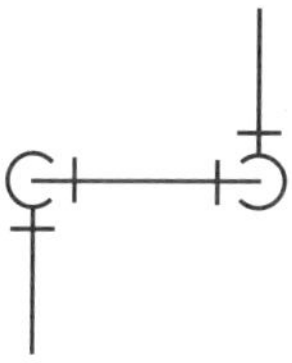 | 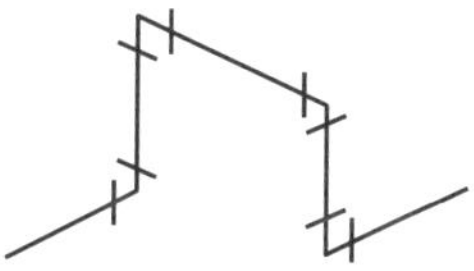 |
| 30 | 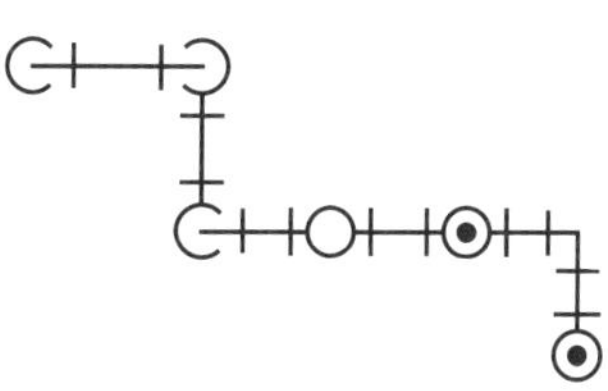 | 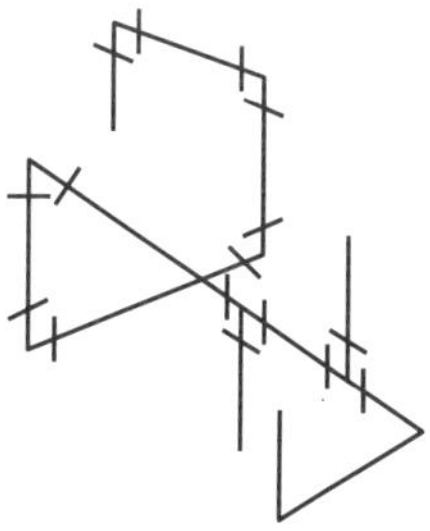 |

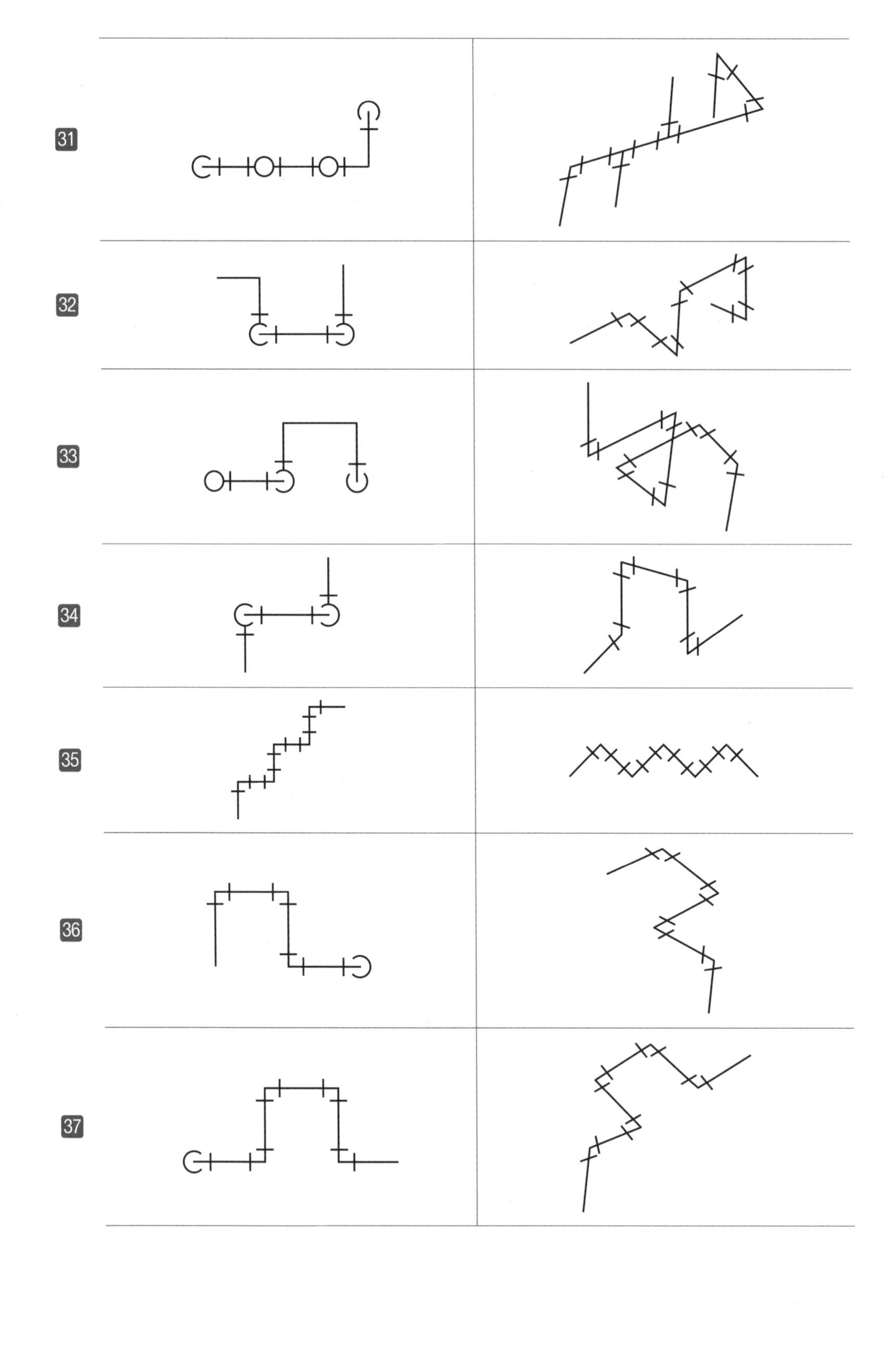
31
32
33
34
35
36
37

| | | |
|---|---|---|
| 38 | 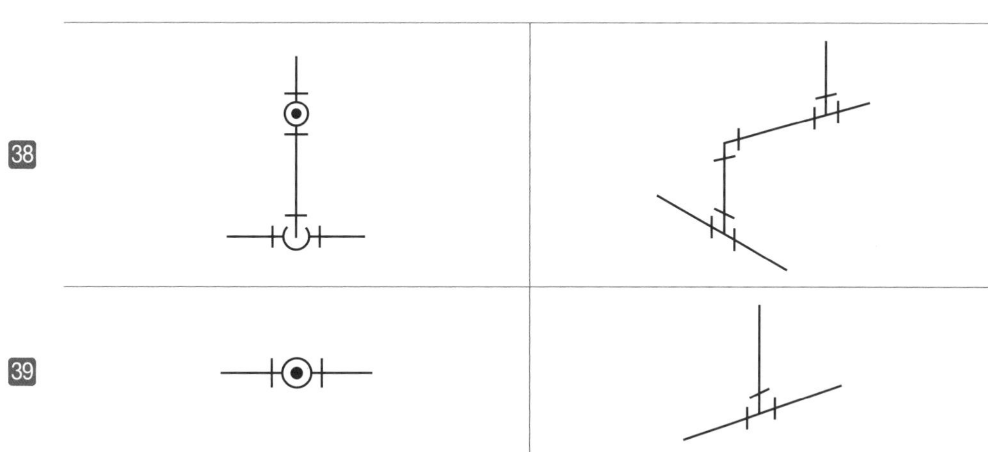 | |
| 39 | | |

PART

# 02

# 냉동설비

Air-Conditioning and Refrigerating Machinery

# 제1장 전기기기 및 계측기

**01** 자연적인 냉동 방법을 3가지만 쓰시오.

정답

1. 융해잠열을 이용하는 방법
2. 증발잠열을 이용하는 방법
3. 승화잠열을 이용하는 방법
4. 기한제를 이용하는 방법

**02** 화면에 보이는 터보형 냉동기의 4대 구성요소를 쓰시오.

정답

1. 증발기
2. 압축기
3. 응축기
4. 팽창밸브

**03** 화면에 나타난 흡수식 냉온수기(냉동기)의 4대 구성요소를 쓰시오.

**정답**

1. 발생기
2. 응축기
3. 증발기
4. 흡수기

**04** 냉동기에 사용하는 방열재 종류를 4가지만 쓰시오.

**정답**

1. 유리솜
2. 스티로폼
3. 콜크
4. 톱밥
5. 글라스울

**05** 냉동기에 사용하는 방열재의 구비조건을 5가지만 쓰시오.

**정답**

1. 흡수성이 적을 것
2. 열전도율이 작을 것
3. 불에 타지 말 것
4. 사용온도 범위가 넓을 것
5. 내구성이 있을 것
6. 시공이 용이할 것
7. 방열성이 크고 열 안전성이 높을 것
8. 구입이 용이하고 가격이 저렴할 것

**06** **화면에 보이는 증기압축식 터보형 냉동기 또는 각종 압축기의 종류를 3가지만 쓰시오.**

정답

1. 터보형 압축기
2. 왕복동식 압축기
3. 스크롤 압축기
4. 회전식 냉동기(로터리식 냉동기)
5. 스크류식 압축기
6. 터보형 압축기(원심식 냉동기)

**07** **기계적인 냉동방법을 4가지만 쓰시오.**

정답

1. 증기압축식 냉동법
2. 흡수식 냉동법
3. 증기분사식 냉동법
4. 진공 냉동법
5. 전자 냉동법
6. 와류관 냉동법

## 08 다음에 열거한 6가지 종류의 냉동기 냉동톤(kcal/hr)을 기술하시오.

| | |
|---|---|
| 1. 증기압축식 냉동기 | 2. 흡수식 냉동기 |
| 3. 터보형 냉동기 | 4. US－RT 냉동기 |
| 5. 제빙기 | 6. 냉각탑 |

**정답**

1. 증기압축식 냉동기 : 3320
2. 흡수식 냉동기 : 6640
3. 터보형 냉동기 : 1032 (전동기 모터능력 1.2kW가 1냉동톤)
4. US－RT 냉동기 : 3024
5. 제빙기 : 5478 (1.65RT)
6. 냉각탑 : 3900 (1.175RT)

## 09 다음 냉동에 대한 용어 5가지에 대하여 간단히 설명하시오.

| | |
|---|---|
| 1. 냉각 | 2. 냉장 |
| 3. 동결 | 4. 제빙 |
| 5. 공기조화 | |

**정답**

1. 냉각 : 주위의 온도보다 높은 온도의 물체로부터 열을 흡수하여 영상의 온도보다 높은 온도에서 그 물체가 필요로 하는 온도까지 낮게 유지시켜 주는 상태
2. 냉장 : 저온의 물체를 동결하지 않을 정도로 그 물체가 필요로 하는 온도까지 낮추어 저장하는 상태
3. 동결 : 물체를 동결온도 이하로 낮추어 유지하는 상태
4. 제빙 : 물을 사용하여 얼음의 생산을 목적으로 하는 것
5. 공기조화 : 대기의 물리적, 화학적인 조건, 즉 온도나 습도를 사람의 요구에 알맞게 유지시켜 주는 조작

**10** 다음 (1)~(6) 화면상에 나타난 냉동기 또는 압축기의 명칭을 쓰시오.

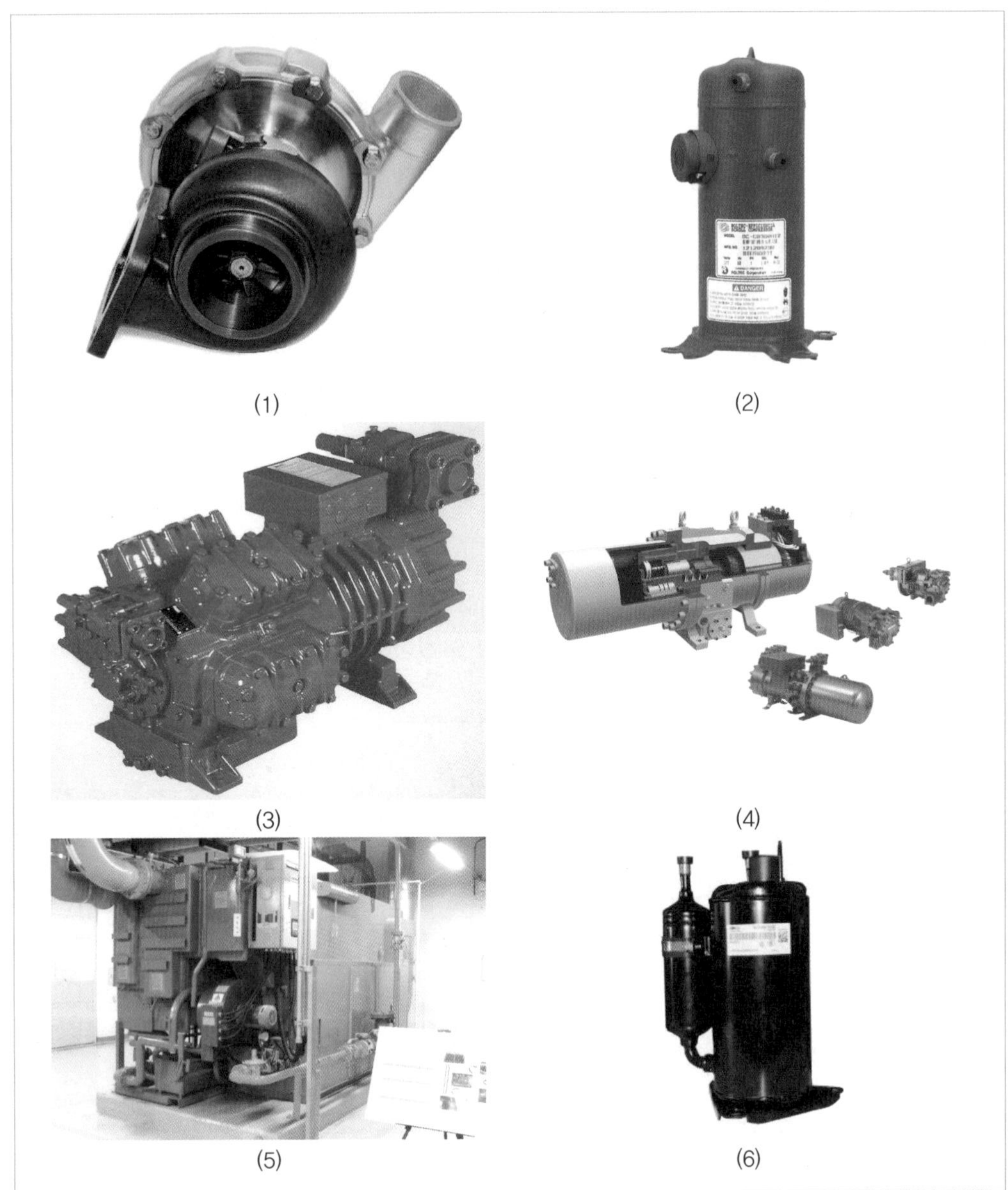

(1) (2) (3) (4) (5) (6)

**정답**

(1) 터보형

(2) 스크롤형

(3) 왕복동식

(4) 스크류식

(5) 흡수식 냉동기

(6) 회전식(로터리식)

**11** 기한제의 중량비가 다음과 같을 때 최저온도(℃)를 쓰시오.

1. 얼음 3 : 소금 1의 비율
2. 얼음 4 : 염화칼슘 5의 비율
3. 얼음 3 : 탄산칼슘 4의 비율

정답

1. −21(℃)
2. −40(℃)
3. −45(℃)

**12** 화면상에 보이는 흡수식 냉동기의 냉매 종류 2가지 및 흡수제를 쓰시오.

정답

(1) 냉매 종류
  1. 물
  2. 암모니아

(2) 흡수제 종류
  1. 리튬브로마이드(LiBr)
  2. 물

## 13 화면에 보이는 증기분사식 냉동기에서 감압하는 장치의 명칭을 쓰시오.

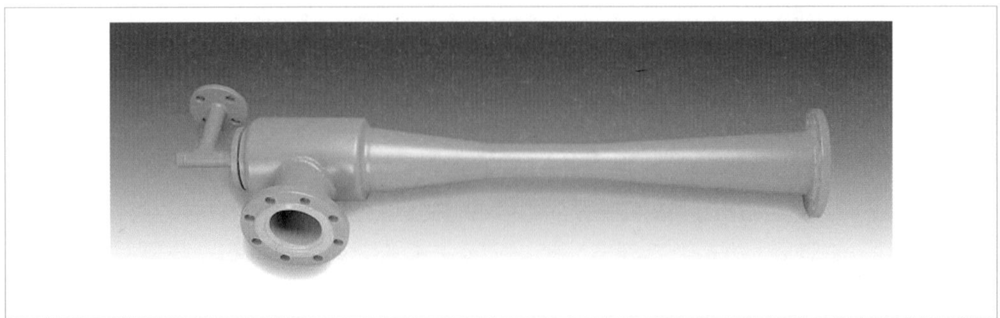

정답

이젝터

## 14 전자냉동법은 어떤 효과를 이용하는 냉동법인지 쓰시오.

정답

펠티어 효과

## 15 저온 냉장고의 방열층의 방습을 해야 하는 이유를 2가지만 쓰시오.

정답

1. 방열재가 수분을 흡수하여 방열효과가 떨어지는 것을 방지한다.
2. 수분의 동결 및 융해로 인한 반복작용에 의하여 방열재 파괴 및 침식 우려를 방지한다.

## 16 저온 냉장고의 방열층 방습을 고온 측에 설치하는 이유를 3가지만 쓰시오.

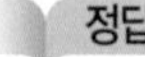

정답

1. 수분의 이동은 수증기 분압이 높은 곳에서 낮은 곳으로 이동하기 때문이다.
2. 냉장고 내는 습도가 낮고 외기는 습도가 높으므로 수분은 외측에서 내측으로 이동하기 때문이다.
3. 방습을 저온 측에 설치하면 수분을 가두는 결과가 되어서 좋지 않기 때문이다.

**17** 화면에 나타난 터보냉동기 칠러에서 증발온도와 냉수 출구의 온도차가 점차 증가하는 원인 3가지 및 그 대책 3가지를 쓰시오.

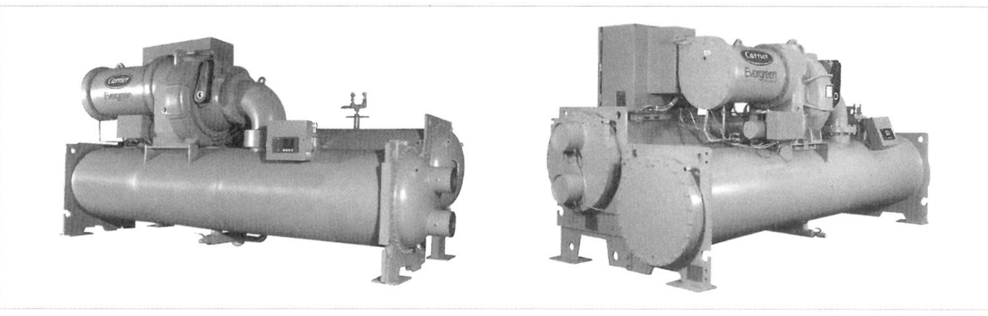

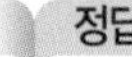
정답

(1) 원인
1. 증발기 냉각관의 오염으로 전열 열교환 불량
2. 냉매량의 부족
3. 워터박스에서 냉매의 바이패스 작용
4. 냉매의 오염이 심할 경우

(2) 대책
1. 냉각관의 청소
2. 냉매의 누설 부위를 수리하고 냉매를 추가로 공급
3. 워터박스(물통박스)에서 가스켓 교환
4. 냉매의 정제 및 교환

**18** 화면에 보이는 냉동기에서 사용하는 출력 1(KW) 이하 소형 전동기의 기동방법 3가지를 쓰시오.

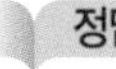
정답

1. 분상 기동법
2. 콘덴서 기동법
3. 반발 기동법

## 19 냉동기 운전 중 수분이 침입하는 경우 악영향을 3가지만 쓰시오.

정답

1. 동부착 현상
2. 장치의 부식
3. 팽창밸브 동결

## 20 냉동기 운전 중 수분의 침입 방지책을 5가지만 쓰시오.

정답

1. 냉매충전 시 공기침입 방지
2. 냉매충전 시 충전 호스 내의 공기 제거
3. 냉동기 수리작업 후 진공 건조작업 철저
4. 저압 측의 진공운전 방지
5. 수분이 없는 순도가 높은 오일 사용
6. 오일 충전 시 공기침입 방지

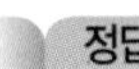

## 21 암모니아 냉동기 설치 중 냉매 충전 시 수분을 제거하는 목적을 2가지만 쓰시오.

정답

1. 장치 부식방지
2. 냉매의 에멀션(유탁액) 현상으로 윤활유 기능불량 방지

## 22 냉동기 내의 수분을 제거하는 방법을 2가지만 쓰시오.

정답

1. 진공펌프 이용방식
2. 수분의 증발

**23** 화면에 보이는 제빙장치에서 얼음 제조 시 저압식 송풍기를 사용하는 이유를 쓰시오.

정답

내부의 이물질 제거 및 백빙을 방지하기 위함

**24** 터보냉동기 운전 중 오일포밍 방지대책을 간단히 쓰시오.

정답

무정전 히터를 설치하여 크랭크케이스 내의 온도를 60~80(℃)로 유지시켜 준다.

## 25 화면에 보이는 냉동기용 플렉시블(금속가요관)을 사용하는 이유 및 설치 장소를 쓰시오.

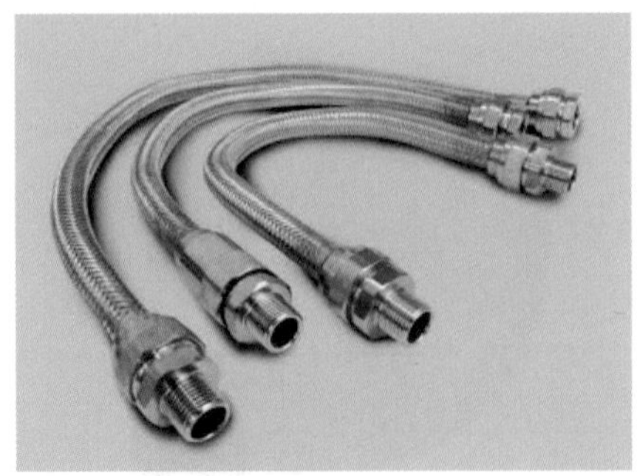

**정답**

(1) 설치이유

1. 압축기 진동이 타 기기로 전달되는 것을 방지하기 위함이다.
2. 진동으로 인한 파손을 방지한다.

(2) 설치장소 : 흡입 및 토출 측

## 26 냉동기 최초 신설 시 시운전 중 윤활유 오일이 오손되는 원인을 3가지만 쓰시오.

1. 먼지 및 이물질 혼입
2. 수분 및 침전물을 함유한 불량한 오일 선정 시
3. 공기의 침입

## 27 C.A 냉장고에 대하여 간단히 기술하시오.

청과물 저장 시 냉장고 내의 공기를 치환하여 공기 중 산소를 3~5% 감소시키고 그 대신 탄산가스를 3~5% 증가시켜 청과물의 호흡작용을 억제하여 청과물의 신선도를 높이는 냉장고이다.

**28** 냉동기 운전 중 톱크리언스(간극)가 클 경우 장치에 미치는 영향을 5가지만 쓰시오.

정답

1. 냉매 토출가스 온도 상승
2. 윤활유 열화 및 탄화의 우려
3. 냉매가스 체적효율 감소
4. 냉동능력 감소
5. 냉동톤당 소요동력 증대

**29** 화면에 보이는 터보냉동기 워터칠러 운전 중 냉수온도가 정상에서 냉각수 출입구 온도차가 증대하는 원인 및 대책을 간단히 기술하시오.

정답

1. 원인 : 증발부하 증대로 응축부하가 커지거나 냉각수 수량 감소
2. 대책 : 응축부하에 대응하여 충분한 냉각수량의 확보

**30** 화면에 보이는 흡수식 냉동기의 용량 제어방법을 3가지만 쓰시오.

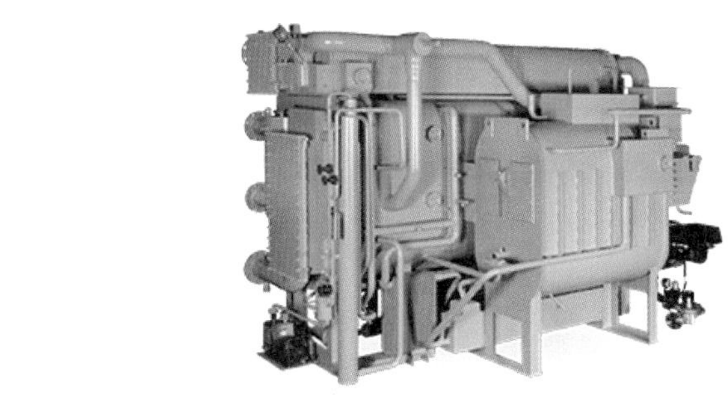

정답

1. 발생기에 공급되는 흡용액량 조절
2. 발생기에 공급되는 증기나 열원을 조절
3. 응축수나 냉각수량 조절

**31** 냉동기 운전 중 냉매의 상의 변화에 필요한 잠열의 종류를 5가지만 쓰시오.

정답

1. 증발잠열
2. 융해잠열
3. 승화잠열
4. 응축잠열
5. 응고잠열

**32** 냉동장치에서 냉각수가 단수된 후 압력의 고압상승으로 인하여 발생하는 위해방지 대책을 4가지만 쓰시오.

정답

1. 안전밸브 정기점검
2. 고압차단 스위치 설치 및 정기적인 점검
3. 단수릴레이 설치
4. 냉각수 펌프와 압축기로의 인터로크 설치

**33** 냉동기에서 액햄머 발생 시 미치는 좋지 않은 영향을 5가지만 쓰시오.

정답

1. 실린더의 과대적상 발생
2. 토출가스 온도저하
3. 이상음 발생
4. 소요동력 증대
5. 냉동능력 감소
6. 실린더 파손 우려
7. 축수하중 증대
8. 전류계 및 압력계의 지침이 떨림
9. 심하면 압축기 파손 발생

**34** 냉동장치에서 냉매가 부족할 경우 발생하는 현상을 5가지만 쓰시오.

정답

1. 고압, 저압의 저하 발생
2. 성적계수 감소
3. 체적효율 저하
4. 냉매흡입가스 과열
5. 냉동능력 감소

## 35 냉동장치에서 불응축가스(공기, 수소가스) 생성 시 방출하는 방법을 2가지만 쓰시오.

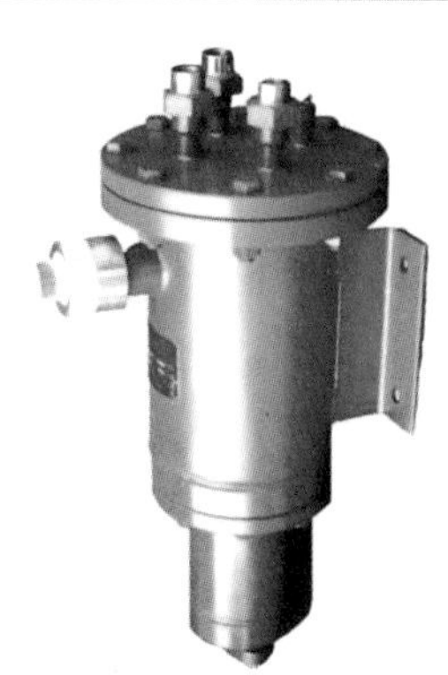

에어퍼지 밸브

**정답**

1. 에어퍼지 밸브 활용
2. 불응축가스퍼저 이용(요크형, 암스트롱형)

## 36 화면에 보이는 냉동기 중 용량을 제어하는 목적을 4가지만 쓰시오.

**정답**

1. 부하변동 시 용량 제어로 경제적 운전이 가능하다.
2. 증발온도를 일정하게 유지할 수 있다.
3. 기동 시 경부하 기동이 가능하여 압축기를 보호할 수 있다.
4. 기계의 수명을 연장할 수 있다.

## 37 화면상에 보이는 왕복동 냉동기의 용량 제어방법을 4가지만 쓰시오.

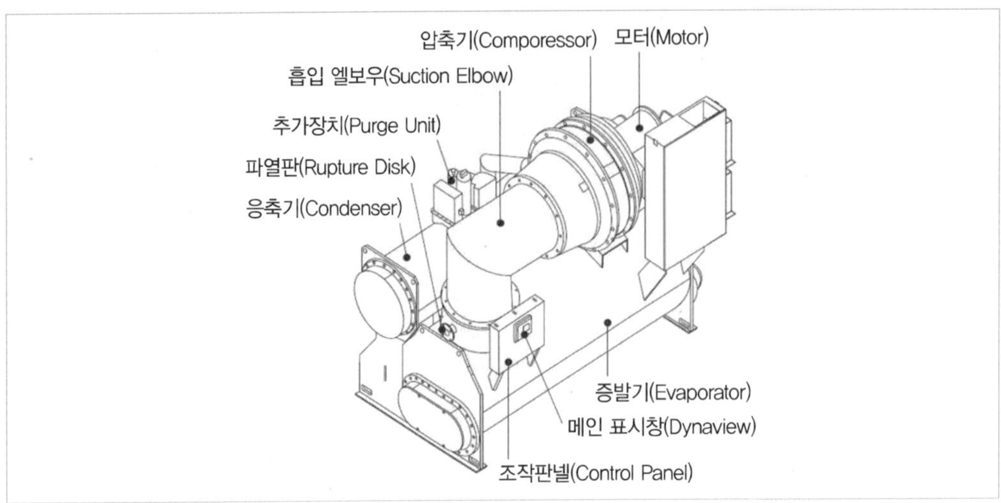

**정답**

1. 회전수 가감방법
2. 바이패스 방법
3. 클리언스 증대방법
4. 언로드 방법
5. 타임드밸브에 의한 방법

## 38 화면에 보이는 터보형 냉동기의 용량 제어방법을 5가지만 쓰시오.

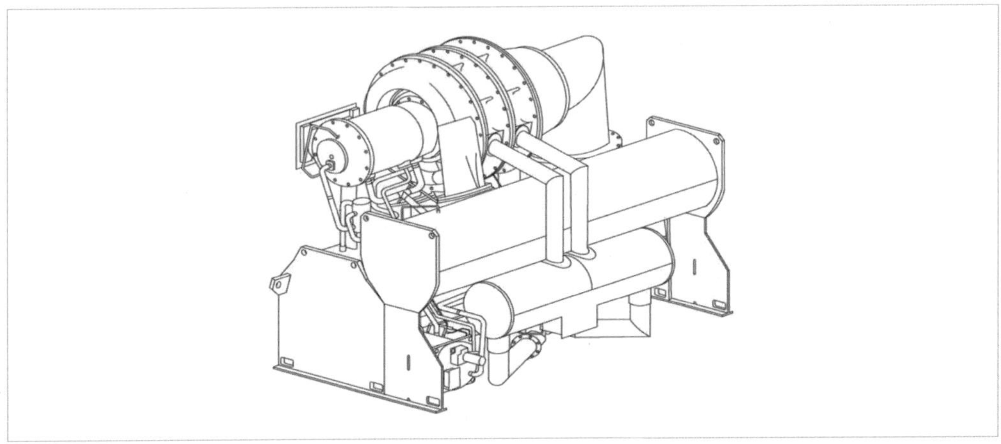

**정답**

1. 흡입가이드베인 조절법
2. 흡입댐퍼 조절법
3. 회전수의 가감법
4. 바이패스법
5. 응축수량 조절법
6. 냉각수량 조절법

## 39 화면에 보이는 스크류 냉동기의 용량 제어방법을 2가지만 쓰시오.

정답

1. 슬라이드 밸브에 의한 방법
2. 전자밸브에 의한 방법

## 40 냉동기 운전 중 응축압력 상승 시 냉동기에 미치는 악영향을 5가지만 쓰시오.

정답

1. 토출가스 온도상승
2. 실린더 과열로 오일 탄화 및 열화
3. 압축비의 증대
4. 체적효율 감소
5. 성적계수 감소
6. 냉매순환량 감소
7. 냉동능력 감소
8. 냉동톤당 소요동력 증대

## 41 냉동장치에서 응축압력이 상승하는 이유를 5가지만 쓰시오.

정답

1. 냉각수배관 및 냉각수량 설계 미숙
2. 냉각관 청소 불량
3. 오일의 오염이나 드레인 불량
4. 불응축가스 혼입
5. 냉매충전량과 부하정도가 맞지 않을 경우
6. 응축기와 수액기의 균압관 설치 균형 미비 및 점검 불량

## 42 냉동기의 자동제어 설치목적을 3가지만 쓰시오.

정답

1. 냉동장치 운전이 양호하여진다.
2. 냉동장치 안전이 유지된다.
3. 냉동장치의 경제적인 운전이 가능하다.
4. 냉동기 부하변동 시 대응하기가 쉽다.

## 43 증발기에서 증발압력이 낮아지는 원인을 5가지만 쓰시오.

정답

1. 증발기 냉각관의 적상(서리) 및 전열불량
2. 팽창밸브 개도의 과소로 냉매부족
3. 증발부하의 감소
4. 팽창밸브 제습기나 여과망의 불량
5. 액관에서 플래시가스 발생
6. 냉매충전량 부족

## 44 증발압력 저하 시 냉동기에 미치는 영향을 5가지만 기술하시오.

정답

1. 흡입가스 과열
2. 토출가스 온도상승
3. 실린더 과열로 오일의 열화 및 탄화 발생
4. 압축비의 증대
5. 체적효율 감소
6. 냉매순환량 감소
7. 냉동능력 감소
8. 냉동톤당 소요동력 증대

## 45 증발기에 적상(서리발생) 과대 시 냉동장치에 미치는 영향을 5가지만 기술하시오.

정답

1. 전열불량
2. 증발압력 저하
3. 압축비의 증대
4. 토출가스 온도상승
5. 냉동톤당 소요동력 증대
6. 냉동능력 감소
7. 액햄머(리퀴드백) 발생
8. 냉동기 내 온도상승

## 46 압축기 운전 중 액압축(리퀴드백) 현상에 대하여 기술하시오.

**정답**

증발기에서 압축기로 유입되는 냉매의 일부가 제대로 증발하지 못하고 액냉매가 압축기로 유입되는 현상

## 47 각종 압축기 액압축의 원인을 5가지만 쓰시오.

스크롤 압축기

**정답**

1. 팽창밸브 개도가 클 때
2. 냉각관에 오일유막 또는 적상과대로 열교환 불량
3. 냉매 과충전
4. 증발부하의 급격한 변동
5. 냉매액분리기 기능 불량
6. 흡입관의 불량으로 냉매액이 고일 경우
7. 압축기용량 과대 및 증발기용량 부족
8. 감온통 부착 불량
9. 흡입 측 스톱밸브를 갑자기 개방할 때

## 48 에어 핸들링 유닛(air handling unit)에 대하여 간단하게 설명하시오.

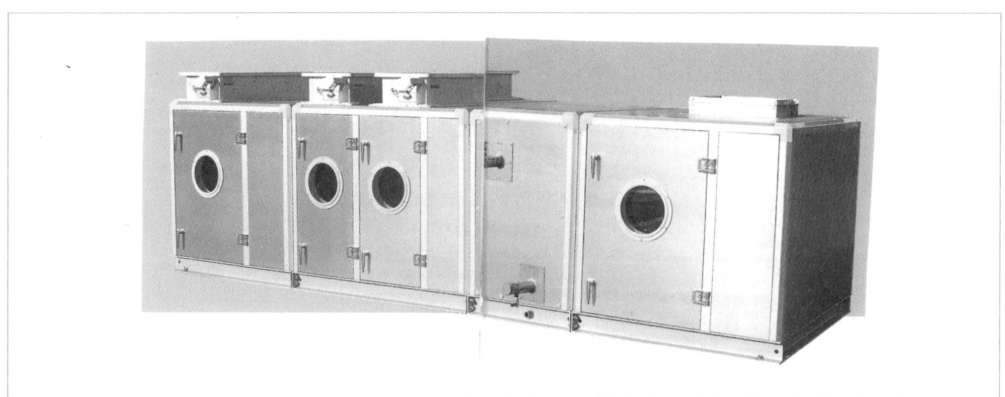

정답

1. 가열코일, 냉각코일, 가습기, 에어필터, 송풍기를 하나로 한 유닛이다.
2. 가열 및 냉각코일은 거의 동관에 핀을 부착한 핀코일을 사용한다.
3. 냉수식, 직접팽창식이 있다.

## 49 칠링 유닛(chilling unit)에 대하여 간단히 설명하시오.

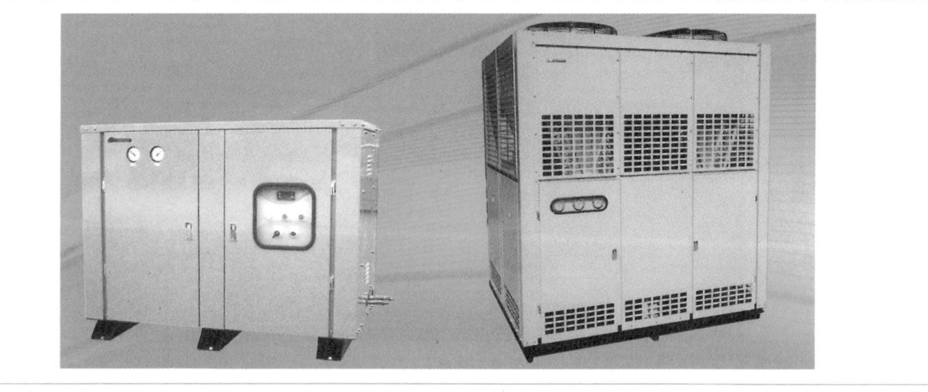

정답

1. 왕복냉동기의 일종이다.
2. 압축기, 모터, 열교환기를 조합하여 유닛으로 한 것이다.
3. 압축기에 셸 앤드 튜브형의 증발기를 조합시켜 각 기기 간을 냉매배관으로 연결하고 밸브류, 온-오프 스위치 표시 등을 내장한 냉수공급유닛 또는 칠러유닛이라고 한다.

**50** 에어컨디셔너(air conditioner)에 대하여 간단히 기술하시오.

정답

1. 일종의 공기조화 장치이며 에어컨이라고도 부른다.
2. 냉매액이 증발 시 주위 열을 흡수하는 현상을 이용하여 실내온도를 외기온도보다 낮춘 장치이다.
3. 제습작용이나 공기여과기를 두어 실내공기 중 먼지도 제거한다.
4. 응축기, 압축기, 증발기, 송풍기, 온도감지튜브 및 팽창밸브로 구성한다.
5. 압축기는 왕복동식, 로터리식을 사용한다.

**51** 다음 화면에 나타난 장치의 명칭을 쓰시오.

정답

지열히트 펌프

**52** 다음 화면에 나타난 장치의 명칭을 쓰시오.

정답

지열 냉－온수 헤더

## 53 화면에 나타난 냉동기 종류의 명칭을 쓰시오.

(1)

(2)

(3)

(4)

(5)

(6)

정답

1. 터보형 냉동기
2. 스크류 냉동기
3. 왕복동식 냉동기
4. 스크롤 냉동기
5. 2단압축 냉동기
6. 2원냉동 냉동기

**54** 다음 화면에 보이는 장치의 명칭을 쓰시오.

정답

흡수식냉동기

**55** 다음 화면에 보이는 장치의 명칭을 쓰시오.

정답

흡수식 냉온수기

## 56 다음 화면에 나타난 흡수식 기기의 구성요소를 5개만 쓰시오.

정답

1. 증발기
2. 흡수기
3. 고온재생기
4. 저온재생기
5. 응축기

## 57 흡수식 냉동기의 부속장치를 5가지만 쓰시오.

정답

1. 저온열교환기
2. 고온열교환기
3. 용액펌프
4. 냉매펌프
5. 재생기온도 제한기
6. 냉각탑

**58** 다음 화면에 나타난 장치의 명칭을 쓰시오.

정답

패키지형 공조냉동기

**59** 다음 장치의 명칭을 쓰시오.

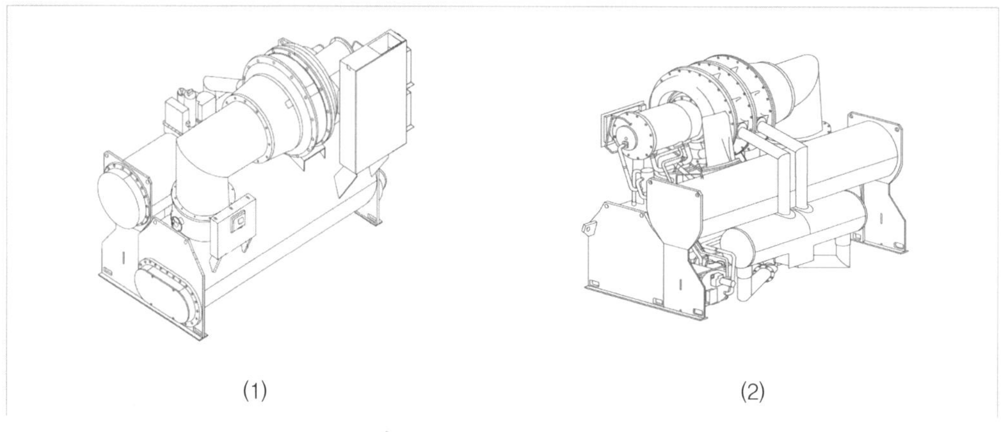

(1) (2)

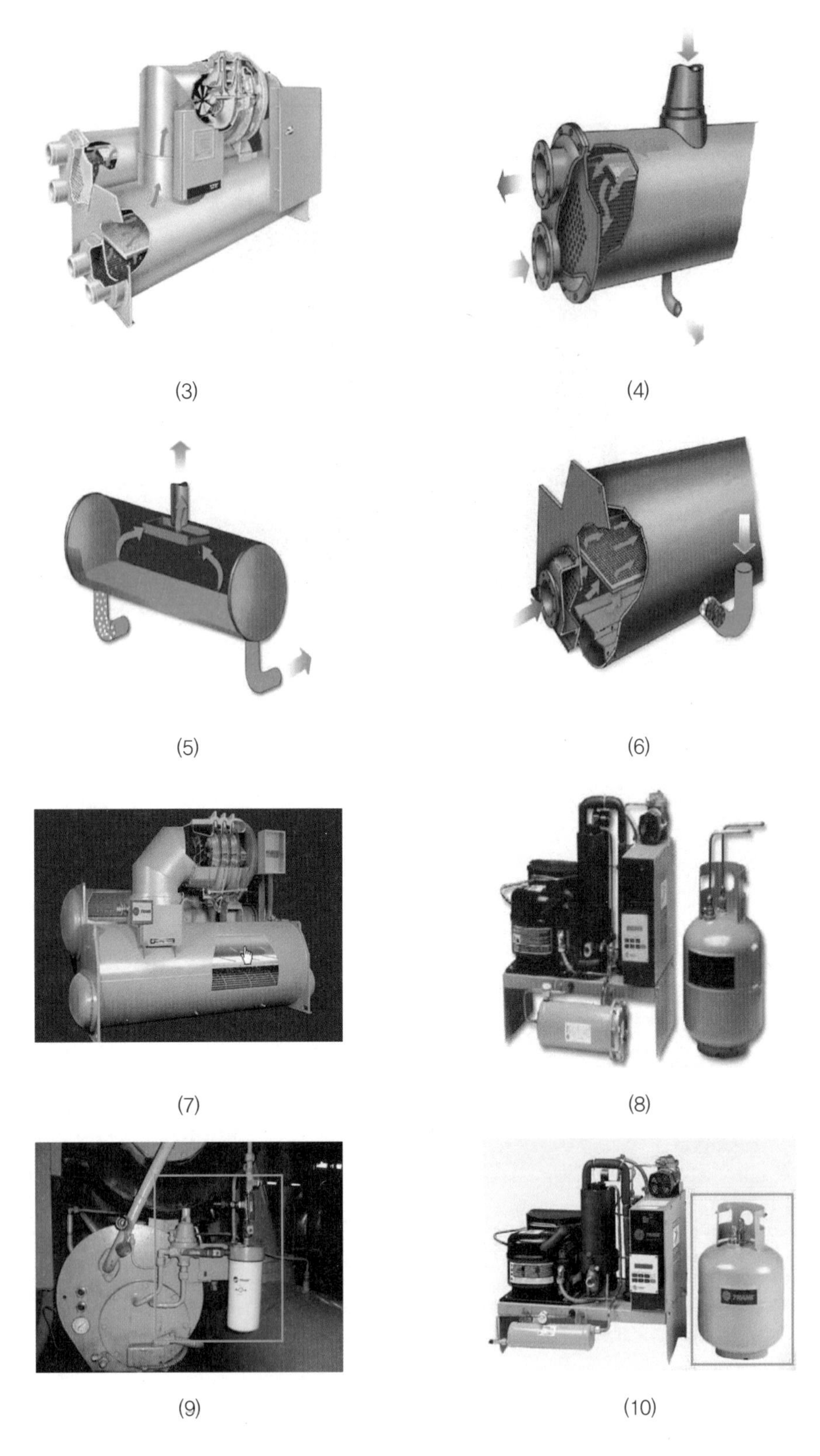

(3) (4)

(5) (6)

(7) (8)

(9) (10)

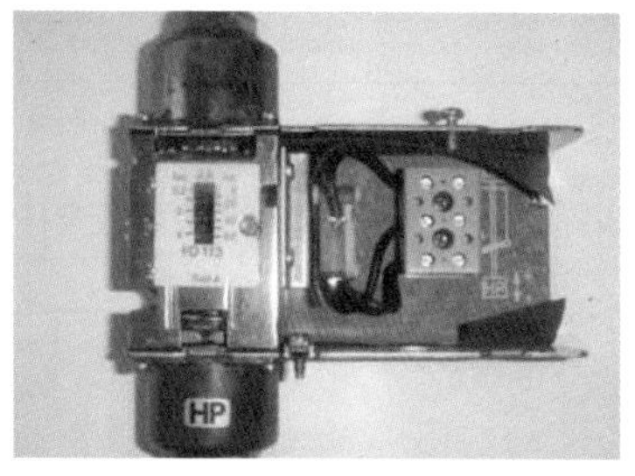

(11)

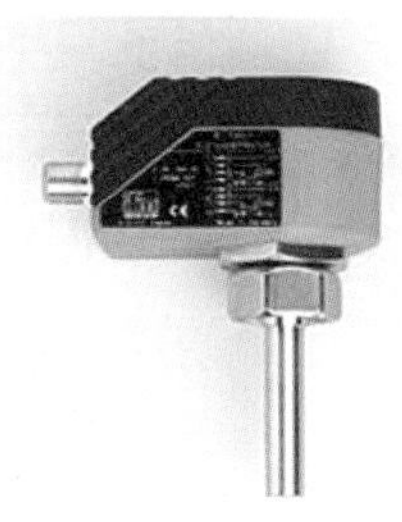

(12)

(13)

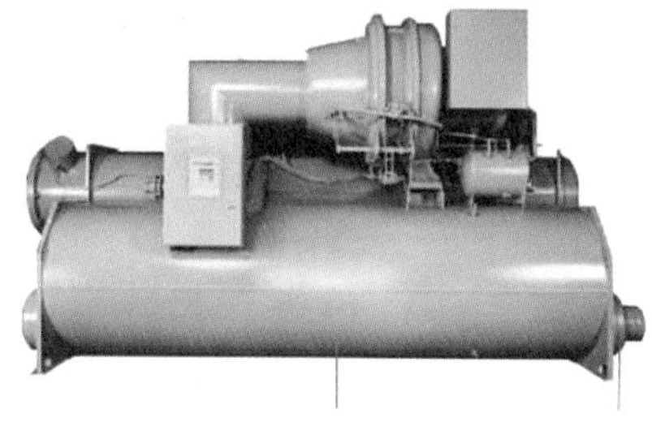

(14)

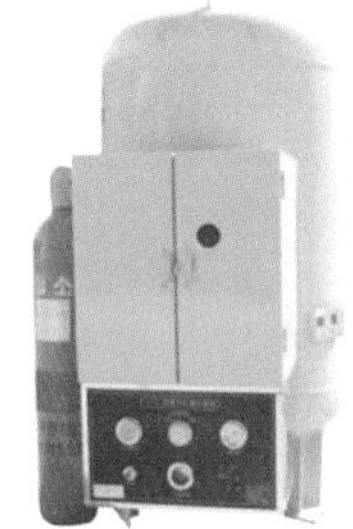

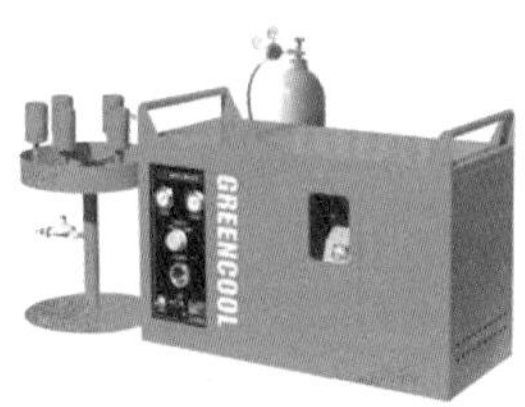


(15)

정답

(1) 왕복동식 냉동기
(2) 터보형 냉동기
(3) 터보 냉동기
(4) 응축기
(5) 다단압축용 이코너마이저
(6) 증발기
(7) 이단압축냉동기
(8) 퍼지시스템
(9) 오일 공급라인
(10) 퍼지 냉매 재생사이클
(11) 냉수흐름 확인기
(12) 디지털 유체감지 스위치(유량감지용)
(13) 디지털 압력스위치(유량감지센서)
(14) 터보형 냉동기
(15) 퍼지유닛(불응축가스 제거)

**60** 다음 화면에 나타난 장치의 명칭을 쓰시오.

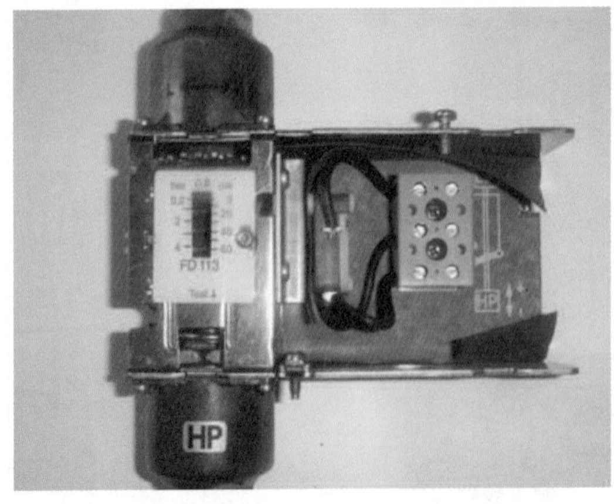


(1)

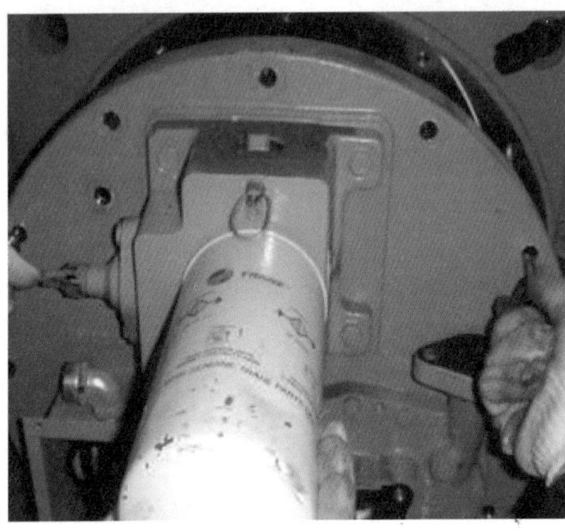

(2)

**정답**

(1) 냉수흐름 확인 압력차압계(기계식 압력 스위치 방식)

(2) 오일탱크 내 이물질 확인 기기

# 제2장 냉매의 종류 및 냉매의 특성

**01** 직접냉매인 1차 냉매의 종류를 2가지만 쓰시오.

**정답**

1. 프레온냉매
2. 암모니아냉매
3. 공비혼합냉매

**02** 간접냉매(2차 냉매) 중 무기질 브라인 냉매의 종류를 3가지만 쓰시오.

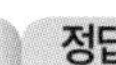
**정답**

1. 염화칼슘
2. 염화나트륨
3. 염화마그네슘

**03** 2차 냉매(간접냉매) 중 유기질 종류를 3가지만 쓰시오.

**정답**

1. 에틸렌 글리콜
2. 프로필렌 글리콜
3. 에틸알콜
4. 메틸알콜

## 04 대체 냉매의 종류를 5가지 이상 쓰시오.

정답

R-134a, R-407, R-152a, R-32,
R-125, R-123, R-124,
R-23, R-141b, R-142b, R-404a,
R-408a, R-410a, R-507a

## 05 직접냉매(프레온, 암모니아 등)의 구비조건을 5가지만 쓰시오.

정답

1. 증발압력은 적당하게 높을 것
2. 응축압력은 적당하게 낮을 것
3. 냉매의 증발잠열은 크고 냉동능력당 냉매순환량은 적을 것

4. 냉매의 비체적이 적당하게 적을 것
5. 소형냉장고, 터보냉동기에서는 냉매의 비체적이 적당하게 클 것
6. 냉동기 성적계수가 크고 냉매의 열전도율이 클 것
7. 냉매는 액상 기상에서 점성이 적고 표면장력 현상이 적을 것
8. 전기의 절연재료를 침식하지 않고 유전율이 적고 전기의 저항치가 클 것
9. 불활성이며 금속과 화합하지 않고 안전할 것
10. 독성이 없고 현저한 자극성이 없을 것
11. 냉매는 가연성이 없고 누설 시 검출이 용이할 것
12. 가격이 저렴하고 구입이 용이할 것

## 06 암모니아 냉매(R－117)의 특징을 5가지만 쓰시오.

**정답**

1. 가연성이며 독성이 있다.
2. 열저항이 적고 전열효과가 가장 우수하다.
3. 비열비가 매우 크다.
4. 구리 및 구리합금을 부식시키며 수은과 폭발적으로 화합한다.
5. 오일 윤활유와 잘 용해하지 않으며 수분과는 잘 용해한다.

## 07 2차 냉매(간접냉매)인 브라인 냉매의 구비조건을 5가지만 쓰시오.

**정답**

1. 열용량이 크고 전열이 좋을 것
2. 불연성, 불활성이며 독성이 없을 것
3. 응고점이 낮을 것
4. 점성이 적고 순환펌프의 소비동력이 적을 것
5. 누설되어도 냉장품을 손상시키지 않을 것
6. 가격이 저렴하고 구입이 용이할 것
7. 금속에 대한 부식성이 없을 것

## 08 프레온 냉매 누설 검사방법을 3가지만 쓰시오.

**정답**

1. 비누거품 등 발포액을 도포하여 기포발생 유무로 확인한다.
2. 할로겐 누설검지기로 검지한다.
3. 헬라이드 토치를 사용하여 불꽃의 색깔변화로 검지한다.

## 09 암모니아 냉매의 누설 검지방법을 5가지만 쓰시오.

정답

1. 냄새로 검지한다.
2. 유황초나 유황걸레 사용 시 백색연기 검지로 판단한다.
3. 페놀프탈레인지 사용 시 황색으로 변화하면 누설이 검지된다.
4. 적색의 리트머스시험지 사용 시 청색으로 변화하면 누설이 검지된다.
5. 염산 사용 시 백색으로 변화하면 누설이 검지된다.
6. 네슬러 시약으로 검지한다.

## 10 프레온 냉매의 특성을 5가지만 쓰시오.

정답

1. 열에 대하여 안전성이 크다.
2. 불연성이며 독성이 없다.
3. 비등점의 범위가 넓다.
4. 오일과는 잘 용해하며 수분과는 용해성이 적다.
5. 마그네슘 및 마그네슘을 2(%) 함유한 알루미늄 합금을 침식시킨다.
6. 천연고무나 수지를 용해시킨다.
7. 전열이 불량하여 전열효율을 높이기 위해 튜브는 핀튜브를 사용한다.
8. 절연내력이 크고 전기절연물을 침식시키지는 않는다.
9. 밀폐형 냉동기에 사용이 가능하다.

## 11 프레온 냉동장치에 수분 침입 시 미치는 영향을 3가지만 쓰시오.

정답

1. 산을 생성하여 장치를 부식시킨다.
2. 팽창밸브를 동결시켜 관을 폐쇄시킨다.
3. 구리의 부착현상을 촉진시킨다.
4. 전기 절연물을 침식시킨다.
5. 냉동기 오일의 순도를 저하시켜서 오일의 윤활기능을 불량하게 한다.

## 12 프레온 냉매의 동부착현상이 일어나는 원인을 3가지만 쓰시오.

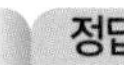


1. 수분의 침입이 많을 때
2. 냉매 중 수소원자가 많을 때
3. 윤활유 중 왁스 성분이 많은 경우

## 13 프레온 냉매 사용 시 누설검사를 위한 헬라이드 토치에 사용하는 가연성 연료를 4가지만 쓰시오.

**정답**

1. 프로판가스
2. 부탄가스
3. 아세틸렌가스
4. 알콜

## 14 프레온 냉매 사용 시 오일 포밍의 원인을 간단히 쓰시오.

**정답**

프레온 냉매 사용 냉동기에서 운전정지 시 다량의 냉매가 크랭크케이스 내로 유입하여 오일 중에 용해되어 있다가 냉동기 기동 시 크랭크케이스 내 압력이 갑자기 저하하면 오일에 용해된 냉매가 분리되면서 유면이 약동하고 오일에서 거품이 증대하는 현상이다.

## 15 간접냉매인 브라인 냉매의 부식 방지법을 5가지만 쓰시오.

**정답**

1. 브라인의 농도를 짙게 한다.
2. pH값을 7.5~8.2 수준으로 일정하게 유지한다.
3. 외부 공기와의 접촉을 피한다.
4. 방청제로서 중크롬산소다 또는 가성소다 등을 사용한다.
5. 냉각기나 브라인탱크에 방식 아연판을 부착시킨다.

**16** **오일해머 현상에 대하여 간단하게 설명하시오.**

정답

냉동기 오일이 실린더에 다량으로 딸려 올라갈 경우 오일은 비압축성이라서 냉매가스 압축 시 실린더 헤드부에 충격이 발생하는 현상

**17** **오일해머 현상이 일어나는 발생조건을 4가지만 쓰시오.**

정답

1. 액압축 시
2. 압축기 기동 시 크랭크케이스 내 히터가 없을 경우
3. 외기온도가 낮을 때
4. 크랭크케이스 내 히터 불량이나 오일온도 세팅 불량 시

**18** **냉동기 장치 내 냉매 부족 시 나타나는 현상을 4가지만 쓰시오.**

정답

1. 고압 및 저압의 저하
2. 증발온도 저하 및 냉장고 내의 온도상승
3. 압축기 과열로 압축기 소손 발생
4. 흡입가스 온도상승 및 토출가스 온도상승
5. 냉동기 오일 열화 및 소요동력 증대
6. 냉동능력 감소

**19** **냉매의 유탁액(에멀션) 현상을 간단히 기술하시오.**

정답

암모니아 냉매가 수분의 다량 혼입 시 냉매와 작용하여 수산화암모늄을 생성하고 이것이 크랭크케이스 내의 오일을 작은 미립자로 분리시켜 우윳빛으로 변질하는 현상이다.

**20** 냉동기에 냉매를 충전하는 방법을 3가지만 쓰시오.

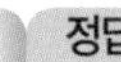


1. 수액기로 충전하는 방법
2. 액관으로 주입하는 방법
3. 흡입 측에 가스로 충전하는 방법

**21** 냉동기 내 냉매의 과충전 시 나타나는 현상을 5가지만 쓰시오.

정답

1. 냉매액 액해머링의 우려가 발생한다.
2. 고압 및 저압력이 상승한다.
3. 소요동력이 증대한다.
4. 축수하중 증대 및 압축기의 소손이 우려된다.
5. 체적효율 및 냉동능력이 감소한다.

**22** 영하 70(℃) 이하 초저온 냉매의 구비조건을 4가지만 쓰시오.

정답

1. 응고점이 낮을 것
2. 임계온도가 높을 것
3. 저온에서도 포화압력이 높을 것
4. 가스의 비열비가 작을 것

**23** 냉매액 배관 중에 플래시가스 발생 방지법을 5가지만 쓰시오.

정답

1. 열교환기를 설치하여 과냉각도를 크게 한다.
2. 액관이 10(m) 이상이면 입상관에서는 10(m)마다 트랩을 설치한다.
3. 액관, 전자밸브, 지변, 여과기 등의 사이즈를 크게 한다.
4. 액관의 여과기를 주기적으로 청소한다.
5. 액관의 배관이 고온부를 통과하는 경우 보온단열 처리를 한다.

**24** 액배관 설치 시 주의할 점을 5가지만 기술하시오.

정답

1. 플래시가스 발생을 방지한다.
2. 팽창밸브는 실제 압력차로 선정한다.
3. 냉매의 흐름이 균등하도록 한다.
4. 냉매가 사이펀 현상을 일으키지 않게 한다.
5. 냉매액관에서 과도한 압력강하가 일어나지 않도록 설계한다.

**25** 암모니아 냉매 사용 시 장치를 보수하고 난 후에 기밀시험에 사용하는 기체의 종류를 3가지만 쓰시오.

정답

1. 질소가스
2. 건조한 공기
3. 암모니아 가스

**26** 브라인 냉매 중 염화칼슘의 부식성에 대하여 2가지로 구분하여 기술하시오.

정답

1. 다량의 물이 혼입되면 염화수소인 산이 생성하여 장치 내를 부식시킨다.
2. 산소량이 증가하면 부식성이 커진다.

**27** 다음에 열거한 냉매 중 흡수제의 종류를 한가지만 쓰시오.

정답

1. 암모니아 냉매 : 물
2. 물 냉매 : 리튬브로마이드, 황산, 가성소다
3. 염화메틸 냉매 : 염화에탄
4. 톨루엔 냉매 : 파라핀유

# 제3장 냉매의 증기선도

**01** 화면에 나타난 냉매의 몰리에르 선도 중 그 번호에 해당하는 알맞은 각 선의 명칭을 쓰시오.

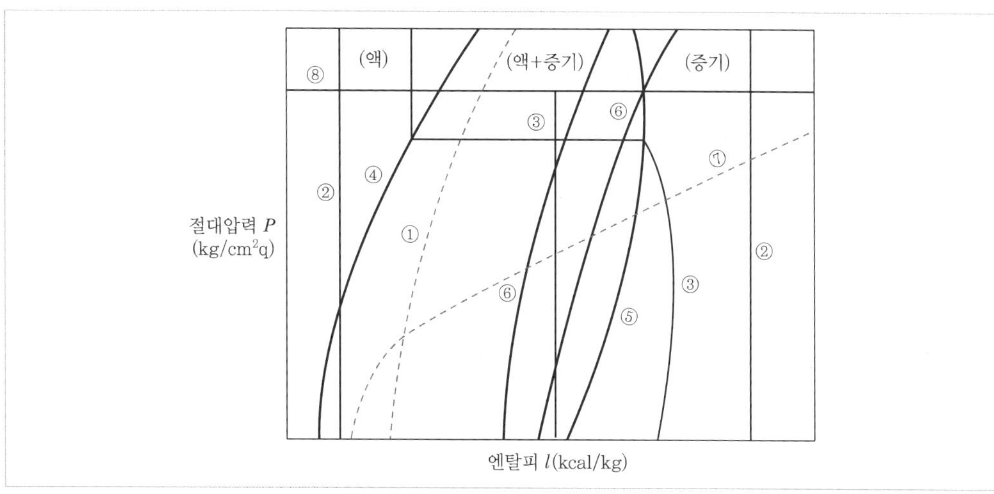


**정답**

| | | |
|---|---|---|
| ① 등건조도선 | ② 등엔탈피선 | ③ 등온선 |
| ④ 포화액선 | ⑤ 건조포화증기선 | ⑥ 등엔트로피선 |
| ⑦ 등비체적선 | ⑧ 등압선 | |

냉동사이클 계산

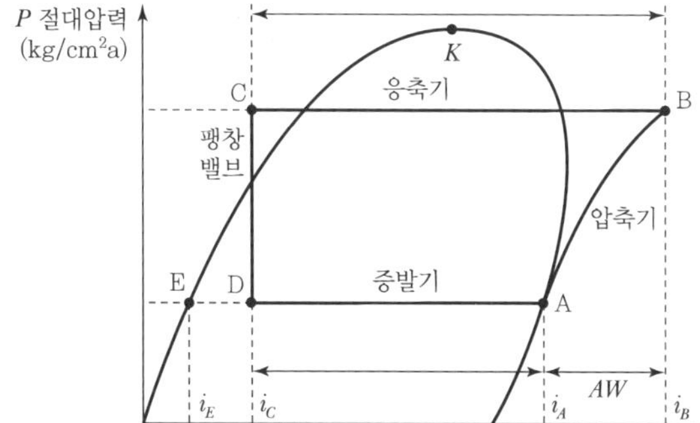


① 플래시가스량 및 증발잠열 : $i_A - i_E$(kcal/kg)

② 냉매능동력 : $i_A - i_C$(kcal/kg)

③ 응축열량 : $i_B - i_C$(kcal/kg)

④ 냉매순환량 :

$$\frac{Q_e}{i_A - i_C} = \frac{V}{\nu} \times \eta_v \text{(kg/h)}$$

$\eta$(압축효율), $AW$(압축기 일의 양)

**02** 몰리에르 선도를 참고하여 다음을 계산하시오.(단, 10RT 용이다.)

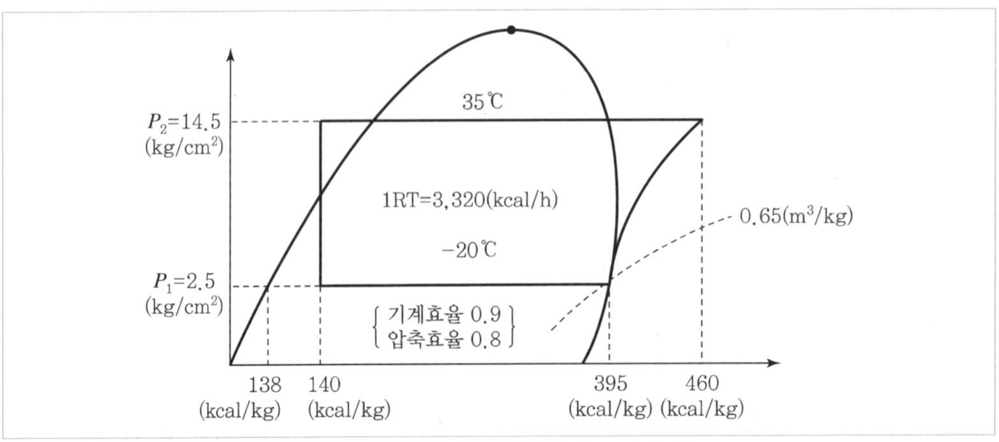


(1) 압축비

(2) 냉매순환량(kg/h)

(3) 압축기 운전소요동력(kW)

(4) 압축기 실제 피스톤 압축량($m^3$/h)

(5) 냉동능력 성적계수(COP)

**정답**

(1) $\dfrac{14.5}{2.5} = 5.8$

(2) $\dfrac{10 \times 3{,}320}{395 - 140} = 130.196$

(3) $\dfrac{130.196 \times (460 - 395)}{860 \times 0.8 \times 0.9} = \dfrac{8{,}462.74}{619.2} = 13.67$

(4) $130.196 \times 0.65 = 84.63$

(5) $\dfrac{395 - 140}{460 - 395} = 3.92$

**03** 암모니아를 사용하여 운전하는 1단 압축 냉동장치 중 응축기를 새로 제작하여 설치하고자 한다. 아래의 조건으로 제작할 때 응축기의 전열계수(K)는 몇 kcal/m²h℃인가?

- 응축기 입구의 냉매가스 엔탈피 : 400kcal/kg
- 응축기 출구의 액화냉매 엔탈피 : 150kcal/kg
- 응축냉매량 : 100kg/h
- 응축온도 : 30℃
- 냉각수 평균온도 : 25℃
- 응축기의 전열면적 : 5m²

정답

$$Q = K \cdot F \cdot d_m \qquad \therefore K = \frac{Q}{F \cdot d_m} = \frac{(400-150)\times 100}{5\times(30-25)} = 1{,}000\text{kcal/m}^2\text{h℃}$$

**04** 암모니아 냉동장치에서 운전상태가 아래의 몰리에르선도에 나타난 바와 같을 때 실린더 직경이 150mm, 행정이 90mm, 회전수가 1,170rpm, 기통수가 6일 때 이 냉동기의 냉동능력은 몇 냉동톤인지 계산하시오.(단, 체적효율은 0.75, 압축효율은 0.80이다.)

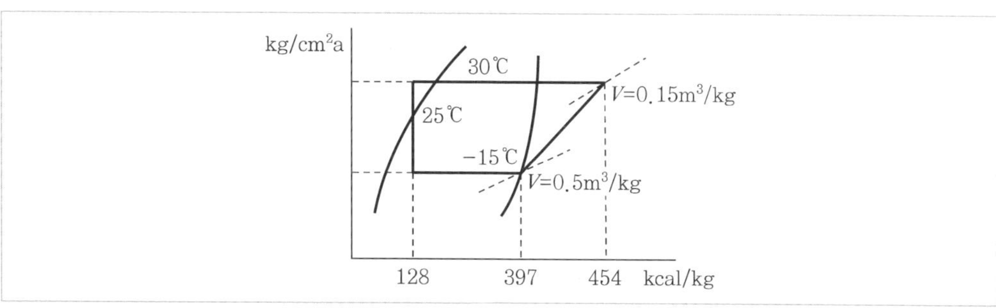


정답

냉매가스 토출량($V_a$) $= 0.785\times 0.15^2 \times 0.09\times 6\times 1{,}170\times 60 = 669.55\text{m}^3/\text{h}$

$$\therefore RT = \frac{V_a \times q_2 \times \eta_v}{3{,}320v} = \frac{669.55\times(397-128)\times 0.75}{3{,}320\times 0.5} = 81.37\text{RT}$$

**05** 냉각수 측의 관표면 열전달률이 4,000kcal/m²h℃, 냉매 측 관표면 열전달률이 3,000kcal/m²h℃, 관두께 2.5mm, 물때의 두께 0.04mm, 관재료의 열전도율 35kcal/m²h℃, 물때의 열전도율 0.1kcal/m²h℃일 때 이 응축기 냉각관의 열관류율($K$)은 몇 kcal/m²h℃인가?(단, 응축기의 오염계수 $f$=0.0002m²h℃/kcal이다.)

정답

열관류율($K$)

$$= \frac{1}{\frac{1}{\alpha_1}+\frac{l_1}{\lambda_1}+\frac{l_2}{\lambda_2}+\frac{1}{\alpha_2}+f} = \frac{1}{\frac{1}{4{,}000}+\frac{0.0025}{35}+\frac{0.00004}{0.1}+\frac{1}{3{,}000}+0.0002}$$

$$= \frac{1}{0.00025+0.0000714+0.0004+0.000333+0.0002}$$

$$= \frac{1}{0.0012544} = 797.19\text{kcal/m}^2\text{h℃}$$

**06** **R－22 냉동장치에서 응축기의 냉각수에 냉각탑을 사용한 경우 운전상태가 다음과 같은 조건일 때 물음에 답하시오.(단, 수질이 농축되는 것을 방지하기 위해 순환수량의 1%를 오버플로시키고, 물의 증발열을 500kcal/kg으로 하며, 팬, 펌프 등의 열부하와 공기에 의한 냉각열량 및 엘리미네이터에서 분실되는 양은 무시한다.)**

- 응축온도 : 40℃
- 증발온도 : －15℃
- 냉동능력 : 57,800kcal/h
- 응축기 냉각수 입구온도 : 30℃
- 응축기 냉각수 출구온도 : 35℃
- 압축동력 : 20kW
- 외기 습구온도 : 25℃

(1) 응축기의 냉각수 순환량($l$/h)은?
(2) 냉각수 보급수량($l$/h)은?

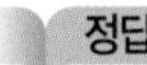
정답

(1) $Q$＝냉동능력＋압축동력＝57,800＋20×860＝75,000kcal/h

$$Q = W \cdot C \cdot \Delta t \quad \therefore \text{냉각수 순환량}(W) = \frac{Q}{C \cdot \Delta t} = \frac{75,000}{5} = 15,000 l/\text{h}$$

(2) $\text{증발량} = \dfrac{\text{응축열량}}{\text{증발열량}} = \dfrac{75,000}{500} = 150 l/\text{h}$

손실되는 물의 양은 순환수량의 1%이므로, 15,000×0.01＝150$l$/h

∴ 냉각수 보급량＝150＋150＝300$l$/h

**07** **용량 30,000kcal/h의 브라인 냉각기가 있다. 브라인 순환량이 200$l$/min, 비중이 1.2, 출구온도가 －10℃라 하면 입구온도는 몇 도가 되는지 구하시오.(단, 비열은 0.7kcal/kg℃이다.)**

정답

$Q = W \cdot C \cdot \Delta t$에서

$$\text{온도 변화}(\Delta t) = \frac{Q}{W \cdot C}$$

$$= \frac{30,000}{200 \times 60 \times 1.2 \times 0.7} = 2.976℃$$

∴ 입구온도($t$)＝－10＋2.976＝－7.02℃

**08** $P-i$ 선도를 참고하여 15℃의 물 400kg을 1시간 동안에 －5℃까지 냉각하는 냉동장치에서 소요마력(HP)을 구하시오.

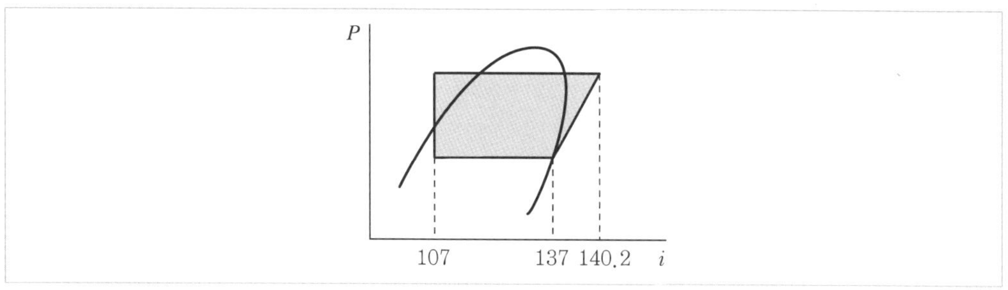


**정답**

$$Q = Q_1 + Q_2 + Q_3$$
$$= (400 \times 1 \times 15) + (400 \times 79.68) + (400 \times 0.5 \times 5)$$
$$= 38{,}872\text{kcal/h}$$

$$\text{HP} = \frac{G \times W}{632} = \frac{\frac{38{,}872}{137-107} \times (140.2 - 137)}{632} = 6.77\text{HP}$$

**09** 냉동용 냉동기에서 냉동톤당 응축기의 전열계수가 800kcal/m²h℃, 냉각수 입구온도가 26℃, 냉각수 출구온도가 30℃, 냉각수량이 500$l$/min, 전열면적이 25m²일 때 응축온도를 구하시오.

**정답**

$$t_2 = \frac{Q_c}{K \cdot F} + tw_1 + \frac{Q_c}{2w_c}$$
$$= \frac{500 \times 60 \times 4}{800 \times 25} + 26 + \frac{500 \times 60 \times 4}{2 \times 500 \times 60} = 34℃$$

**10** 수랭식 횡형 셸앤튜브식 응축기의 냉각수량이 150$l$/min일 때 응축온도(℃)를 구하시오. (단, 응축기에서의 열손실은 무시한다.)

- 냉각수 출구온도 : 37(℃)
- 냉각수 입구온도 : 32(℃)
- 냉각수 측의 열전달율 : 8,000kcal/m²h℃
- 냉매 측의 열전달율 : 2,500kcal/m²h℃
- 물때의 열저항 : 0.0001kcal/m²h℃
- 냉각관의 내외 면적비 : 3.7
- 냉각관의 전열면적 : 10m²

**정답**

$Q_c = K \cdot F \cdot d_m$ 의 응축부하 공식에서

$Q_c = W \cdot C \cdot \Delta t = 150 \times 60 \times 1 \times 5 = 45{,}000\text{kcal/h}$

$$K = \frac{1}{\dfrac{1}{\alpha_1} + \dfrac{\text{면적비}}{\alpha_2} + (\text{면적비} \times \text{전열저항})}$$

$$= \frac{1}{\dfrac{1}{2{,}500} + \dfrac{3.7}{8{,}000} + (3.7 \times 0.0001)} = 811.36\text{kcal/m}^2\text{h℃}$$

여기서, $d_m = \dfrac{Q_c}{K \cdot F} = \dfrac{45{,}000}{811.36 \times 10} = 5.55℃$

따라서, $d_m = t_2 - \dfrac{t_{w1} + t_{w2}}{2}$ 에서

$t_2(\text{응축온도}) = d_{m1} + \dfrac{t_{w1} + t_{w2}}{2} = 5.55 + \dfrac{32 + 37}{2} = 40.05℃$

**11** 냉각탑의 냉각수로서 횡형 암모니아 응축기를 냉각하고 있다. 냉각수의 입구온도는 32℃, 출구온도는 38℃로 하고, 수량은 200$l$/min, 냉각관의 열통과율 $K$=800kcal/m²h℃, 냉각면적을 10m²라고 하면 응축 온도는 몇 ℃인가?(단, 응축온도와 냉각수 온도의 차는 산술평균치로 한다.)

**정답**

응축온도 $t_2(℃) = \dfrac{Q_c}{K \cdot F} + \dfrac{Q_c}{2W \cdot C} + t_{w1}$

여기서, $Q_c = W \cdot C \cdot \Delta t = 200 \times 60 \times 1 \times 6 = 72{,}000\text{kcal/h}$

$$= \frac{72{,}000}{800 \times 10} + \frac{72{,}000}{2 \times 200 \times 60 \times 1} + 32 = 44℃$$

**12** 피스톤 압출량이 258m³/h, 체적효율이 0.68, 비체적이 0.102m³/kg, 냉동효과가 27.6 kcal/kg일 때 냉동능력(RT)을 구하시오.

**정답**

$$RT = \frac{V_a \times q_2 \times \eta_v}{3,320v} = \frac{258 \times 27.6 \times 0.68}{3,320 \times 0.102} = 14.30\text{RT}$$

**13** 증발온도 −15℃, 응축온도 +30℃인 건식압축 냉동기가 $NH_3$ 냉매를 사용하여 냉동능력 1냉동톤을 얻기 위해 필요한 이론적 피스톤 토출량[간격용적(clearance volume)은 없음]을 계산하시오.(단, $NH_3$의 표준냉동 사이클 상태이다.)

**정답**

냉동능력(RT)= $\dfrac{V \times q_2 \times \eta_v}{3,320\,V_A}$ 의 공식에서

$\eta_v = 1(100\%)$로 할 때 $NH_3$ 표준냉동 사이클에서

냉동력 $q_2 = 269$kcal/kg, 비체적 $V_A = 0.509$m³/kg이므로

피스톤 압출량 $V = \dfrac{RT \times 3,320 \times V_A}{q_2 \times \eta_v} = \dfrac{1 \times 3,320 \times 0.509}{269 \times 1} = 6.28\text{m}^3/\text{h}$

**14** 다음 조건과 같은 브라인 냉각기의 냉각면적을 계산하시오.(단, 온도차는 산술평균으로 계산하시오.)

- 냉각능력 : 5RT
- 증발온도 : −15℃
- 브라인 입구온도 : −8℃
- 브라인 출구온도 : −10℃
- 전열계수 : 300kcal/m²h℃

**정답**

$Q_e = K \cdot F \cdot d_m$ 의 공식에서 $F = \dfrac{Q_e}{K \cdot d_m}$

여기서, $d_m = \dfrac{t_{b1} + t_{b2}}{2} - t_2 = \dfrac{-8 + (-10)}{2} - (-15) = 6℃$

$\therefore\ F = \dfrac{5 \times 3,320}{300 \times 6} = 9.22\text{m}^2$

**15** 열통과율이 800kcal/m²h℃, 냉각수 평균온도가 33℃, 응축온도가 40℃, 냉매순환량이 100kg/h, 응축기 입구 냉매 엔탈피가 450kcal/kg, 응축기 출구 냉매 엔탈피가 150kcal/kg일 때 전열면적 $A$(m²)를 구하시오.

**정답**

응축부하 산출공식 $Q_c = K \cdot A \cdot d_m$ 에서

전열면적 $A(\mathrm{m}^2) = \dfrac{Q_c}{K \cdot d_m}$

여기서, $Q_c = 100 \times (450 - 150) = 30{,}000\mathrm{kcal/h}$

$\therefore A = \dfrac{30{,}000}{800 \times (40 - 33)} = 5.36\mathrm{m}^2$

**16** 30℃의 물 1톤(ton)을 24시간 동안에 －10℃의 얼음으로 만들 때 필요한 냉동능력(RT)을 구하시오.(단, 열손실은 무시한다.)

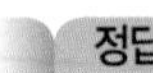


(1) 30℃ 물 → 0℃ 물

$Q_1 = W \cdot c \cdot \Delta t = 1{,}000 \times 1 \times 30 = 30{,}000\mathrm{kcal}$

(2) 0℃ 물 → 0℃ 얼음

$Q_2 = W \cdot r = 1{,}000 \times 79.68 = 79{,}680\mathrm{kcal}$

(3) 0℃ 얼음 → －10℃ 얼음

$Q_3 = W \cdot c \cdot \Delta t = 1{,}000 \times 0.5 \times 10 = 5{,}000\mathrm{kcal}$

따라서 총 제거시킬 열량은

$Q = Q_1 + Q_2 + Q_3 = 30{,}000 + 79{,}680 + 5{,}000 = 114{,}680\mathrm{kcal/24h} = 4{,}778.33\mathrm{kcal/h}$

RT로 환산하면

$4{,}778.33/3{,}320 = 1.44\mathrm{RT}$

**17** 열교환기를 쓰고 그림 (A)와 같이 구성되는 냉동장치가 있다. 이 압축기 Piston 압출량 $V_a = 200m^3/h$이다. 이 냉동장치의 냉동사이클은 그림 (B)와 같고 1, 2, 3, … 점에서의 각 상태치는 다음과 같을 때 물음에 답하여라.(단, $\eta_v = 0.64$, $\eta_c = 0.72$, $\eta_m = 0.70$이다.)

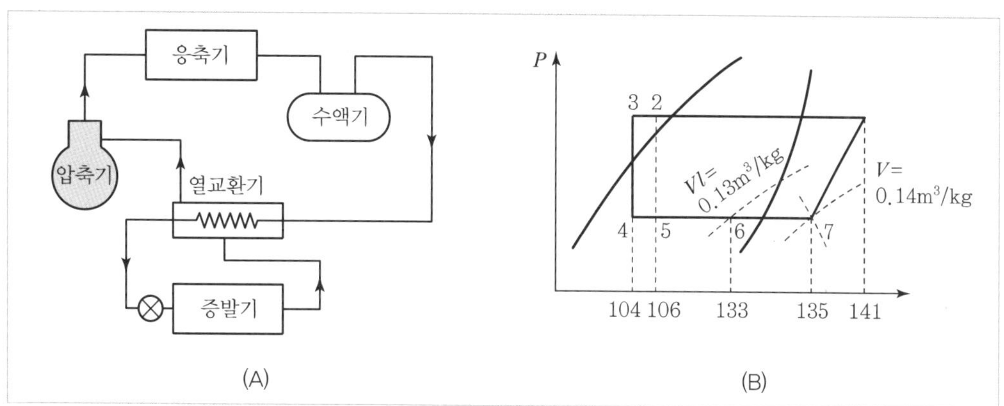


(A) (B)

(1) 압축기의 냉동능력(kcal/h)은?

(2) 냉동기의 실제적인 성적계수 $\varepsilon_a$는?

**정답**

$$(1)\ Q = \frac{V_a \times (i_6 - i_4) \times \eta_v}{V} = \frac{200 \times (133 - 104) \times 0.64}{0.14} = 26,514.29\text{kcal/h}$$

$$(2)\ \varepsilon_a = \frac{i_6 - i_4}{i_1 - i_7} \times \eta_c \times \eta_m = \frac{133 - 104}{143 - 135} \times 0.72 \times 0.70 = 1.83$$

**18** 어떤 냉장실의 방열재의 두께를 250mm에서 냉각효율을 높이기 위해 400mm로 하였을 때, 열손실은 몇 % 감소되겠는가?(단, 이 경우 방열재 이외의 열전도저항은 무시한다.)

- 외기와 외벽면 간의 열전도율 : 20kcal/m²h℃
- 실내공기와 내벽면 간의 열전도율 : 10kcal/m²h℃
- 방열재의 열전도율 : 0.035kcal/m²h℃

**정답**

(1) 방열재의 두께를 250mm를 사용했을 경우 열통과율($K_1$)

$$K_1 = \frac{1}{\frac{1}{\alpha_1} + \frac{l_1}{\lambda_1} + \frac{1}{\alpha_2}} = \frac{1}{\frac{1}{20} + \frac{0.25}{0.035} + \frac{1}{10}} = 0.137\text{kcal/m}^2\text{h℃}$$

(2) 방열재의 두께를 400mm로 사용했을 경우 열통과율($K_2$)

$$K_2 = \frac{1}{\frac{1}{\alpha_1} + \frac{l_1}{\lambda_1} + \frac{1}{\alpha_2}} = \frac{1}{\frac{1}{20} + \frac{0.4}{0.035} + \frac{1}{10}} = 0.086\text{kcal/m}^2\text{h℃}$$

따라서 열손실 감소량(%)은 $\left(1 - \frac{0.086}{0.137}\right) \times 100 = 37.23\%$

**19** 냉동능력이 2RT이고 소요마력이 4HP일 때 소요 냉각수량(kg/h)을 구하시오.(단, 냉각수 입구온도는 22℃, 출구온도는 27℃이다.)

정답

$$W = \frac{Q_2 + A_w}{C \times \Delta t} \text{에서 } \frac{(2 \times 3,320) + (4 \times 632)}{1 \times (27 - 22)} = 1,833.60\text{kg/h}$$

**20** 암모니아 2단압축 냉동사이클에서 각 상태점의 엔탈피값이 다음 선도와 같다. 1(R/T)당 성적계수를 산출하시오.(단, 저단 압축기의 토출가스는 중간압력에 있는 액냉매의 증발에 의하여 냉각된 것으로 하고, 기타 열원은 없는 것으로 한다.)

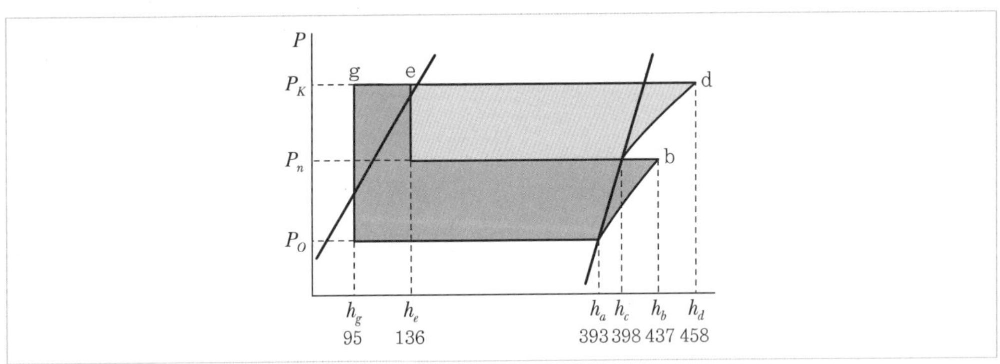


정답

(1) 저단압축기의 냉매순환량($G_L$)

$$G_L = \frac{3,320}{i_a - i_g} = \frac{3,320}{393 - 95} = 11.14\text{kg/h}$$

(2) 중간냉각기에서 제거열량($Q_M$)

$$Q_M = G_L \times \{(i_b - i_c) + (i_e - i_g)\} = 11.14 \times \{(437 - 398) + (136 - 95)\}$$
$$= 891.2\text{kcal/h}$$

(3) 중간냉각기에서 증발하는 냉매량( $G_M$)

$$G_M = \frac{Q_M}{i_c - i_e} = \frac{891.2}{398-136} = \frac{891.2}{262} = 3.4\text{kg/h}$$

(4) 고단측 압축기의 흡입냉매량( $G_H$)

$$G_H = G_L + G_M = 11.14 + 3.4 = 14.54\text{kg/h}$$

(5) 고단측 압축기의 압축일량( $AWH$)

$$AWH = G_H \times AW = 14.54 \times (458-398) = 872.4\text{kcal/h}$$

(6) 저단압축기의 압축일량( $AWL$)

$$AWL = G_L + AW = 11.14 \times (437-393) = 490.16\text{kcal/h}$$

(7) 합계 일량( $AW$)

$$AW = AWH = AWL = 872.4 + 490.16 = 1{,}362.56\text{kcal/h}$$

(8) 성적계수( $\varepsilon$)

$$\varepsilon = \frac{Q}{AW} = \frac{3{,}320}{1{,}362.56} = 2.44$$

**21** **프레온 응축기에서 냉각관의 조건이 다음과 같을 때 물음에 답하시오.(단, 냉각관의 유막은 없는 것으로 하고, 관벽을 통한 전열은 평면벽을 통하는 전열과 같다고 본다.)**

- 관두께 : 1.5mm
- 관재료의 열전도율 : 300kcal/m · h · ℃
- 물때의 두께 : 0.2mm
- 물때의 열전도율 : 1kcal/m · h · ℃
- 관 표면 열전달률
  - 냉각수 측 : 2,000kcal/m² · h · ℃
  - 냉매 측 : 1,500kcal/m² · h · ℃

(1) 이 응축기 냉각관의 열통과율은 몇 kcal/m² · h · ℃인가?

(2) 냉각수 평균온도가 25℃, 냉매응축온도가 35℃일 때 냉각면적 1m²당 몇 kcal의 열이 매시 전달되는가?

**정답**

(1) $K = \dfrac{1}{\dfrac{1}{\alpha_1} + \dfrac{l_1}{\lambda_1} + \dfrac{l_2}{\lambda_2} + \dfrac{l_3}{\lambda_3} + \dfrac{1}{\alpha_2}}$

$$= \frac{1}{\dfrac{1}{1{,}500} + \dfrac{0.0002}{1} + \dfrac{0.0015}{300} + \dfrac{1}{2{,}000}}$$

$$= 729.04\text{kcal/m}^2 \cdot \text{h} \cdot ℃$$

(2) $Q_c = K \cdot F(t_2 - t_1)$의 공식에서 $729.04 \times 1 \times (35-25) = 7{,}290.4\text{kcal/h}$

**22** 프레온 12(R－12)용 2단압축 냉동장치에서 고단측 압축기의 실린더 내경은 100mm, 피스톤 행정은 100mm, 기통수는 6기통, 회전수는 1,280rpm, 저단측의 실린더 내경은 85mm, 피스톤 행정은 58mm, 기통수는 8기통, 회전수는 1,560rpm이라 할 때 이 장치의 냉동능력은 몇 냉동톤인가?(단, 프레온－12, 냉매정수 13.9, $\pi$＝3.14이다.)

**정답**

2단압축 냉동기능력

$$RT = \frac{V_H + 0.08\,V_L}{C} \quad \cdots\cdots ①$$

$$V_H = \frac{3.14}{4} \times 0.1^2 \times 0.1 \times 6 \times 1{,}280 \times 60 = 361.728\text{m}^3/\text{h}$$

$$V_L = \frac{3.14}{4} \times 0.085^2 \times 0.058 \times 8 \times 1{,}560 \times 60 = 246.321\text{m}^3/\text{h}$$

①식에 의해 $RT = \dfrac{361.728 + (0.08 \times 246.321)}{13.9} = 27.44\text{RT}$

**23** R－22인 응축기의 응축압력은 14.6kg/cm²G, 냉각수량은 700$l$/min, 냉각수 입구온도는 30℃, 출구온도는 36℃, 열통과율은 760kcal/m²h℃라 할 때 냉각면적(m²)은 얼마인지 다음 냉매특성표를 이용하여 구하시오.(단, 냉매와 냉각수의 평균 온도차는 산술평균 온도차로 한다.)

**┃R－22 특성표┃**

| 온도(℃) | 포화압력(kg/cm²abs) |
|---|---|
| 38 | 14.89 |
| 40 | 15.63 |
| 42 | 16.42 |
| 44 | 17.22 |
| 46 | 18.06 |
| 48 | 18.92 |

**정답**

$$Q_1 = K \cdot F \cdot d_m \text{에서 } F = \frac{Q_1}{K \cdot d_m} \quad \cdots\cdots ①$$

응축부하 $Q_1 = W \cdot C \cdot \Delta t$

$= 700 \times 60 \times 1 \times (36 - 30) = 252{,}000\text{kcal/h}$

응축온도 : 14.6kg/cm²G(15.63kg/cm²A)의 포화온도는 표에서 40℃

①식에 의해서 $F=\dfrac{252,000}{760\times\left(40-\dfrac{30+36}{2}\right)}=47.37\text{m}^2$

**24** **다음 조건과 같은 브라인 냉각기에서, 전열면적과 브라인 유량(l/min)을 구하시오.**

- 냉동능력($Q$) = 100,000kcal/h
- 비중량($W$) = 1.25kg/$l$
- 열통과율($K$) = 400kcal/m²h℃
- 브라인 입구온도($t_1$) = −12℃
- 브라인 출구온도($t_2$) = −16℃
- 증발온도($t_e$) = −12℃
- 비열($C$) = 0.66kcal/kg℃

**정답**

냉동능력($Q$)$=K\cdot F\cdot d_m$ 에서

$$F=\frac{Q}{K\cdot d_m}$$

$$F=\frac{100,000}{400\times\left\{\dfrac{(-12)+(-16)}{2}-(-21)\right\}}=35.714\fallingdotseq 35.71\text{m}^2$$

유량($l$/min)은

$$W=\frac{Q}{C\cdot\Delta t}=\frac{100,000}{0.66\times 4}=37,878.788\text{kg/h}\text{ 에서}$$

$W$(kg) = 부피($l$)×비중량(kg/$l$)이므로

$$\text{유량}(l/\text{min})=\frac{37,878.788}{1.25\times 60}=505.05\,l/\text{min}$$

**25** **어떤 제빙공장에 43RT의 냉동부하에 대한 냉동기를 설계하고자 한다. 이때 증발온도는 −15℃, 응축온도는 30℃이고 냉매액은 5℃ 과냉각된다. 냉매는 암모니아로 포화증기를 흡입 압축한다. 압축기는 2기통(two cylinder) 수평단동식(single acting type)으로 행정 직경비는 1 : 1이며, 회전수는 300rpm, 체적효율 80%, 압축효율 80%, 기계효율 85%, 압축일량은 56kcal/kg이다. 주어진 특성표를 이용하여 다음 물음에 답하시오.**

(1) 냉매 순환량(kg/h)을 구하시오.
(2) 피스톤 배출량(m³/min)을 구하시오.
(3) 압축기의 피스톤경 및 행정(m)을 구하시오.
(4) 소요동력(HP)을 구하시오.

**▌암모니아 특성표▐**

| 온도 $t$℃ | 포화압력 $P_t$ kg/cm²a | 비용적 액체 $v'$ $l$/kg | 비용적 증기 $v''$ m³/kg | 비중량 액체 $r'$ kg/$l$ | 비중량 증기 $r''$ kg/m³ | 엔탈피 액체 $i'$ kcal/kg | 엔탈피 증기 $i''$ kcal/kg | 증발열 $r$ kcal/kg | 엔트로피 액체 $S'$ kcal/kg°K | 엔트로피 증기 $S''$ kcal/kg°K | $\frac{S''-S'}{T}$ kcal/kg°K |
|---|---|---|---|---|---|---|---|---|---|---|---|
| −20 | 1.910 | 1.504 | 0.6236 | 0.6650 | 1.604 | 78.17 | 395.46 | 317.29 | 0.9174 | 2.1710 | 1.2536 |
| −15 | 2.410 | 1.519 | 0.5087 | 0.6585 | 1.966 | 83.59 | 397.12 | 313.53 | 0.9385 | 2.1532 | 1.2147 |
| −10 | 2.966 | 1.534 | 0.4184 | 0.6520 | 2.390 | 89.03 | 368.67 | 309.64 | 0.9593 | 2.1362 | 1.1769 |
| −5 | 3.619 | 1.560 | 0.3469 | 0.6453 | 2.883 | 94.50 | 400.14 | 305.64 | 0.9798 | 2.1199 | 1.1401 |
| 0 | 4.379 | 1.566 | 0.2897 | 0.6386 | 3.452 | 100.00 | 401.52 | 301.52 | 1.0000 | 2.1041 | 1.1041 |
| 5 | 5.259 | 1.583 | 0.2435 | 0.6317 | 4.108 | 105.54 | 402.80 | 297.26 | 1.0200 | 2.0889 | 1.0689 |
| 10 | 6.271 | 1.601 | 0.2058 | 0.6247 | 4.859 | 111.11 | 403.95 | 292.84 | 1.0.97 | 2.0741 | 1.0344 |
| 15 | 7.427 | 1.619 | 0.1749 | 0.6175 | 5.718 | 116.72 | 404.99 | 288.27 | 1.0.592 | 2.0598 | 1.0006 |
| 20 | 8.741 | 1.639 | 0.1494 | 0.6103 | 6.695 | 122.38 | 405.93 | 283.55 | 1.0785 | 2.0459 | 0.9674 |
| 25 | 10.225 | 1.659 | 0.1283 | 0.6023 | 7.795 | 128.09 | 406.75 | 278.66 | 1.0976 | 2.0324 | 0.9348 |
| 30 | 11.895 | 1.680 | 0.1107 | 0.5952 | 9.034 | 133.84 | 407.43 | 273.59 | 1.1165 | 2.0191 | 0.9026 |
| 35 | 13.765 | 1.702 | 0.0959 | 0.5875 | 10.431 | 139.65 | 407.97 | 268.32 | 1.1352 | 2.0061 | 0.8709 |
| 40 | 15.850 | 1.726 | 0.0833 | 0.5795 | 12.005 | 145.52 | 408.37 | 262.85 | 1.1538 | 1.9933 | 0.8395 |
| 45 | 18.165 | 1.750 | 0.0726 | 0.5713 | 13.774 | 151.43 | 408.61 | 257.18 | 1.1722 | 1.9807 | 0.8085 |
| 50 | 20.727 | 1.777 | 0.0635 | 0.5629 | 15.756 | 157.40 | 408.69 | 251.29 | 1.1904 | 1.9681 | 0.7777 |

**정답**

(1) $G=\dfrac{Q_2}{q_2}$ 의 공식에서

$$\frac{43\times 3,320}{397.12-128.09}=530.647 ≒ 530.65\text{kg/h}$$

**참고**

$NH_3$ 냉매 특성표를 이용하면 다음과 같은 선도를 작도할 수 있다.

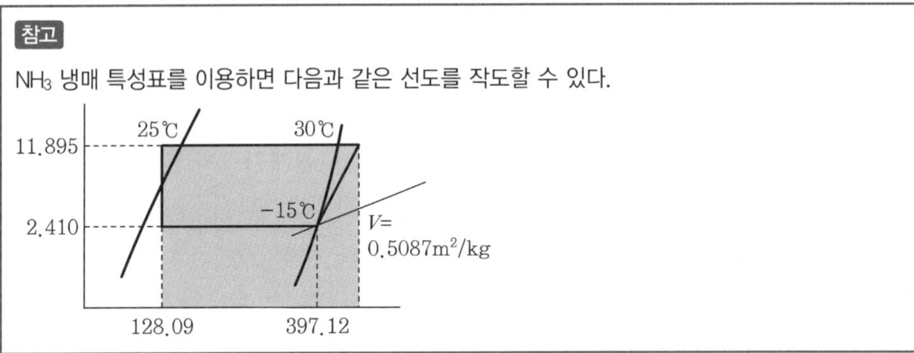


(2) $$\frac{G\times v}{60\times\eta_v}=\frac{530.647\times 0.5087}{60\times 0.8}=5.62375 ≒ 5.62\text{m}^3/\text{min}$$

(3) $V_a = \frac{3.14}{4} \times D^2 \times L \times N \times R \times 60$

$5.62375 = \frac{3.14}{4} \times (D^2 \times L) \times 2 \times 300$

$(D^2 \times L) = \frac{4 \times 5.62375}{3.14 \times 2 \times 300}$

$D = \sqrt[3]{\frac{4 \times 5.62375}{3.14 \times 2 \times 300}} = 0.22856 \fallingdotseq 0.23\text{m}$

(4) $\text{HP} = \frac{G \times A_w}{632 \times \eta_c \times \eta_m} = \frac{530.647 \times 56}{632 \times 0.8 \times 0.85} = 69.146 \fallingdotseq 69.15\text{HP}$

**26** **다음 그림은 2단압축 1단팽창 냉동장치도를 나타낸 것이다. 물음에 답하시오.**

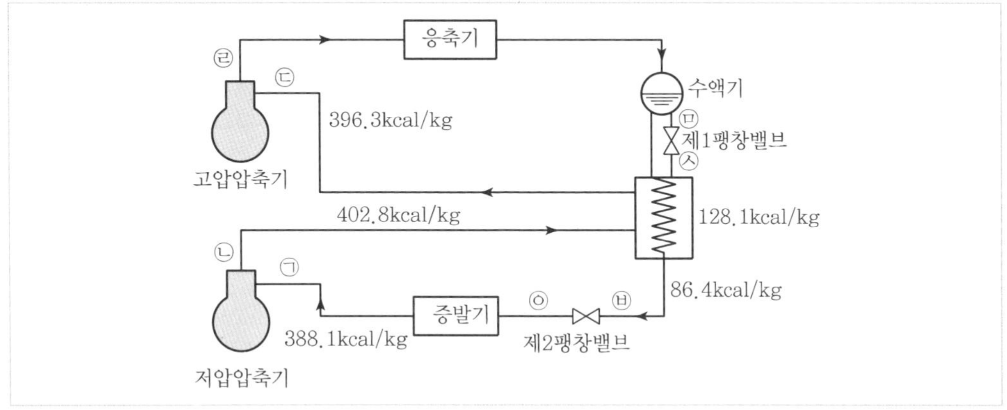


(1) 암모니아를 냉매로 하는 2단압축 1단팽창 냉동장치의 저압압축기의 피스톤 압출량이 540m³/h, 고압압축기의 피스톤 압출량이 270m³/h, 증발온도가 −40℃, 주팽창밸브전 액온이 0℃, 응축온도가 30℃, 고 · 저압 압축기 체적효율 $\eta_v$ =0.76, 압축효율 $\eta_c$ =1일 때 냉동능력(kcal/h)과 제1팽창밸브를 통하여 중간냉각기에 들어가는 냉매량(kg/h)을 구하시오.(단, 저압압축기는 건조포화증기를 흡입압축하는 것으로 하고, 비체적은 1.55m³/kg이다.)

(2) $P-h$(압력−엔탈피) 선도와 $T-S$(온도−엔트로피) 선도를 그리고, 각 상태점(㉠−㉧)을 나타내시오.

**정답**

(1) ① 저단측 : 냉매순환량$= \frac{540 \times 0.76}{1.55} = 264.774\text{kg/h}$

② 냉동능력 : 264.774×(388.1−86.4)=79,882.3158≒79,882.32kcal/h

따라서 중간냉각기 냉매순환량$= \frac{264.774 \times \{(402.8 - 396.3) + (128.1 - 86.4)\}}{396.3 - 128.1}$

$= 47.584 \fallingdotseq 47.58\text{kg/h}$

(2) ($P-h$ 선도)

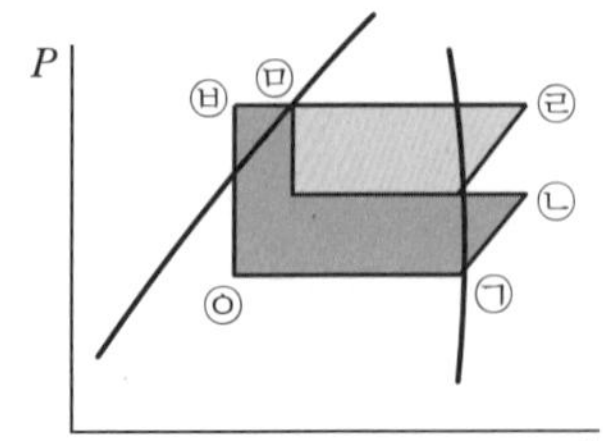


($T-S$ 선도)

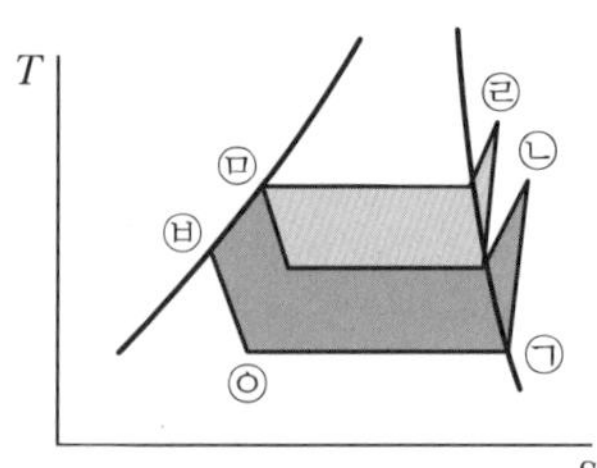


> **참고**
>
> ⓑ지점의 온도는 ⓢ지점의 온도보다 항상 높아야 한다. 이유는 2단압축 1단팽창이므로 중간냉각기에서 과냉각은 아무리 낮아져도 중간냉각기 포화온도만큼 낮아지지 않기 때문이다.

**27** **기압이 680mmHg인 고지에서 압력계의 눈금이 진공 10cm Mg을 나타내고 있을 때의 냉매압력(kg km²)을 구하시오.**

**정답**

$760 : 1.033 = 680 : x$

$x = 0.924\text{kg/cm}^2\text{a}$

$$0.924 \times \left(1 - \frac{10}{76}\right) = 0.8\text{kg/cm}^2\text{a}$$

**28** **피스톤 압축량이 50m³/hr이고 체적효율이 0.75인 압축기에 조절밸브를 사용하였을 때 다음 그림을 보고 냉동능력(RT)을 구하시오.**

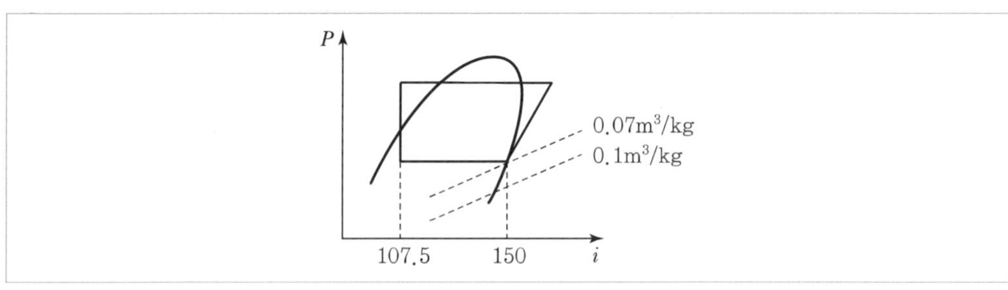


**정답**

$$RT = \frac{V_a \times 82 \times 3V}{3{,}320 \times V_a} = \frac{50 \times (150 - 107.5) \times 0.75}{3{,}320 \times 0.1} = 10.44\text{RT}$$

**29** 실린더 지름이 150mm, 피스톤 행정이 180mm, 회전수가 250rpm인 단단 왕복동식 압축기의 피스톤 토출량($m^3$/hr)을 구하시오.

**정답**

$$V = \frac{T_c}{4} D^2 LNR \times 60$$

$$= 0.785 \times 0.15 \times 0.18 \times 250 \times 60 = 47.68\text{m}^3/\text{hr}$$

**30** 프레온 냉동장치 압축기의 능력이 100RT이며, 응축 부하가 418000kcal/h일 때 압축기의 이론적 소요동력(kW)은 얼마인가?

**정답**

$$A\,W = Q_1 - Q_2 = 418{,}000 - (100 \times 3{,}320) = 86{,}000\text{kcal/h}$$

$$\therefore \text{kW} = \frac{86{,}000}{860} = 100\text{kW}$$

**31** 열교환기가 설치된 다음의 냉동장치에서 냉동능력(RT)을 구하시오.(단, 증발기 출구의 엔탈피 $i_1$은 135.5kcal/kg, 응축기 출구의 포화액의 엔탈피 $i_2$는 105.5kcal/kg, 팽창밸브 직전의 과냉각된 냉매액의 엔탈피 $i_3$는 104kcal/kg, 흡입가스의 비체적은 0.12$m^3$/kg, 이론적 피스톤 압출량($V_a$)은 48$m^2$/h, 체적효율($\eta_v$)은 0.75이다.)

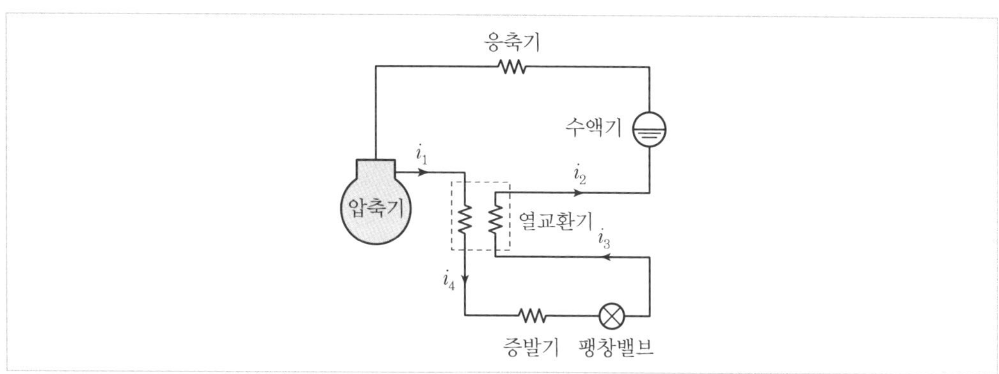

정답

$$RT = \frac{V_a \times q_2 \times \eta_v}{3,320 \times v_A} = \frac{48 \times (134 - 104) \times 0.75}{3,320 \times 0.12} = 2.71\text{RT}$$

$i_4$의 값을 구하면

$i_4 = 135.5 - (105.5 - 104) = 134\text{kcal/kg}$이므로

$q_2 = i_4 - i_3 = 134 - 104 = 30\text{kcal/kg}$

**32** 이론적 피스톤 압출량($V_a$) = 100m$^3$/h, 흡입가스의 비체적($V_A$) = 0.5m$^3$/kg, 동력이 1kW, 체적효율($\eta_v$) = 0.70일 때 냉매순환량(kg/h)을 구하시오.

정답

$$G = \frac{V_a}{V_A} \times \eta_v = \frac{100}{0.5} \times 0.70 = 140\text{kg/h}$$

**33** 20℃에서 $NH_3$ 포화액의 엔탈피가 78kcal/kg, 건조포화증기의 엔탈피가 395.5kcal/kg, 팽창밸브 직전의 액의 엔탈피가 128kcal/kg일 때, 냉매액이 팽창밸브를 통과하여 증발기로 들어갈 때 액은 중량비로 몇 %인가?

정답

$$\text{증기중량비 } x = \frac{\text{플래시가스량}}{\text{증발잠열}} = \frac{128 - 78}{395.5 - 78} = 0.15$$

액중량비 $= 1 - x = 1 - 0.15 = 0.85$

$\therefore$ 85%

**34** 냉동장치의 냉동능력이 5RT이고, 축동력이 6kW, 전열면적이 5.8m$^2$, 응축온도와 냉각수 평균온도가 5℃일 때 열통과율을 구하시오.(계산식과 답은 소수점 셋째자리에서 반올림하시오.)

정답

$$K = \frac{Q}{F\Delta t_m} = \frac{(5 \times 3,320) + (6 \times 860)}{5.8 \times 5} = 750.34\text{kcal/m}^2\text{h℃}$$

**35** R－502를 냉매로 사용하고 A, B 두 대의 증발기를 동일 압축기에 연결하여 사용하는 냉동장치가 있다. 증발기 A는 증발압력 조정밸브(E.P.R)가 부착되어 있을 때 다음 몰리에르 선도와 도표를 참고하여 물음에 답하시오.(단, 압축효율은 0.65로 하고, 실제 압축상태는 2′이다.)

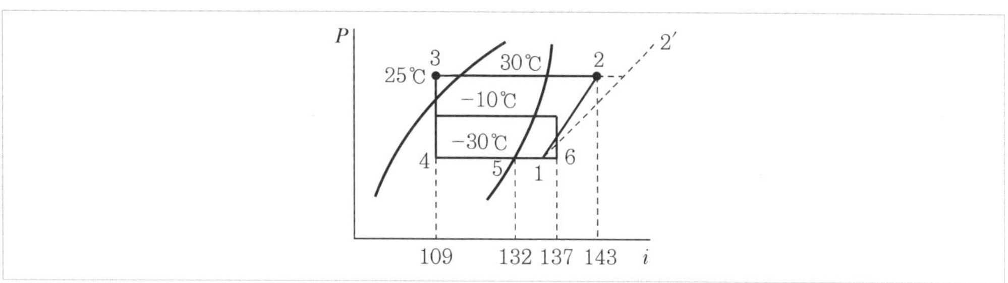


| 증발기 | 냉동부하(RT) | 증발온도(℃) | 응축온도(℃) | 증발기 출구의 냉매증기상태 |
|---|---|---|---|---|
| A | 2 | －10 | 30 | 과열도 10℃ |
| B | 4 | －30 | 30 | 건조포화증기 |

(1) 증발기 A의 냉매 순환량( $G_A$ )은?

(2) 증발기 B의 냉매 순환량( $G_B$ )은?

(3) 증발기 A, B 출구의 혼합가스인 1지점의 엔탈피는?

(4) 2′ 지점의 실제 토출가스 엔탈피는?

(5) 이 장치의 응축부하(kcal/h)는?

**정답**

(1) $G_A = \dfrac{2 \times 3,320}{137-109} = 237.14\text{kg/h}$

(2) $G_B = \dfrac{4 \times 3,320}{132-109} = 577.39\text{kg/h}$

(3) $i_1$의 엔탈피$= \dfrac{(237.14 \times 137)+(577.39 \times 132)}{237.14+577.39} = 133.46\text{kcal/kg}$

(4) $i_2$의 엔탈피 값이 143kcal/kg이므로

압축일량$= i_2 - i_1 = 143 - 133.46 = 9.54\text{kcal/kg}$

압축효율 $\eta_c = 0.65$이므로 실제 압축일량$= \dfrac{9.54}{0.65} = 14.68\text{kcal/kg}$

또는 $i_2{}' = i_1 + \dfrac{i_2 - i_1}{\eta_c} = 133.46 + \dfrac{143-133.46}{0.65} = 148.14\text{kcal/kg}$

(5) 응축부하( $Q_c$ )$= G(i_2{}' - i_3) = 814.53 \times (148.14 - 109) = 31,880.7\text{kcal/h}$

여기서, $G = G_A + G_B = 237.14 + 577.39 = 814.53\text{kg/h}$

**36** **피스톤 압출량 $V=200m^3/Hr$, 체적효율 $\eta_v=0.64$, 압축효율 $\eta_c=0.72$, 기계효율 $\eta_m=0.9$일 때 다음 그림 및 선도에 대한 물음에 답하시오.**

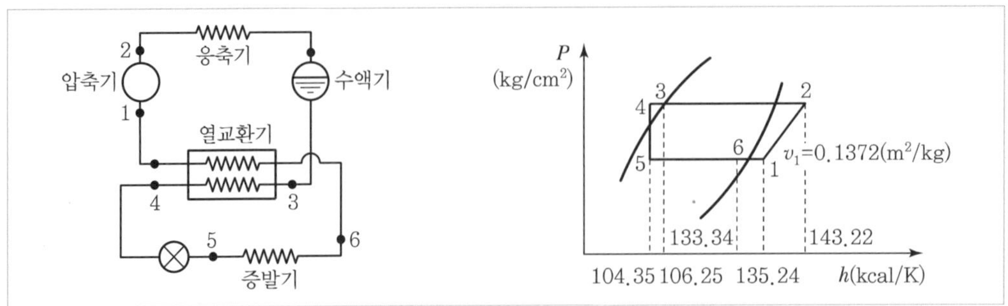


(1) 냉동능력(kcal/h)은?

(2) 이론적 성적계수는?

(3) 실제적 성적계수는?

**정답**

(1) $R\text{kcal/h} = \dfrac{200 \times 0.64}{0.1372} \times (133.34 - 104.35) = 27{,}045.93\text{kcal/h}$

(2) 이론 $C_{op} = \dfrac{133.34 - 104.35}{143.22 - 135.24} = 3.63$

(3) 실제 $C_{op} = \dfrac{133.34 - 104.35}{143.22 - 135.24} \times 0.72 \times 0.9 = 2.35$

**37** **냉장고의 방열에 관한 다음 물음에 답하시오.**

(1) 냉장고의 벽 면적이 $100m^2$, 냉장고의 고내온도가 −30℃, 외기온도가 35℃일 때 다음 조건에 따른 전열량을 구하시오.

(2) 콘크리트의 외벽표면 온도를 구하시오.

| 재료 | 열전도율(kcal/mh℃) | 두께(mm) | 벽면 | 표면열전달율(kcal/m²h℃) |
|---|---|---|---|---|
| 콘크리트 | 0.9 | 100 | 외벽면 | 20 |
| 발포스티로폼 | 0.04 | 200 | 내벽면 | 5 |
| 내장합판 | 0.15 | 10 | | |

정답

(1) $Q = K \cdot F \cdot \Delta t$ 공식에서

$$K = \frac{1}{\frac{1}{\alpha_1} + \frac{l_1}{\lambda_1} + \frac{l_2}{\lambda_2} + \frac{l_3}{\lambda_3} + \frac{1}{\alpha_2}} = \frac{1}{\frac{1}{20} + \frac{0.1}{0.9} + \frac{0.2}{0.04} + \frac{0.01}{0.15} + \frac{1}{5}}$$

$$= 0.184\text{kcal/m}^2\text{h℃}$$

$$\therefore Q = 0.184 \times 100 \times [35 - (-30)] = 1{,}196\text{kcal/h}$$

(2) 외벽표면온도 $t = 35 - \frac{[35-(-30)] \times R_1}{R} = 30 - \frac{65 \times 0.05}{5.428} = 34.4℃$

여기서 $R$은 열통과 저항

$$R = R_1 + R_2 + R_3 + R_4 + R_5 = 5.428$$

$$R_1 = \frac{1}{20} = 0.05,\ R_2 = \frac{0.1}{0.9} = 0.111,\ R_3 = \frac{0.2}{0.04} = 5,$$

$$R_4 = \frac{0.01}{0.15} = 0.067,\ R_5 = \frac{1}{5} = 0.2$$

**38** **냉각탑의 냉각수로서 횡형 암모니아 응축기를 냉각하고 있다. 냉각수의 입구온도는 32℃, 출구온도는 38℃로 하고, 냉각수량은 200$l$/min, 냉각관의 열통과율 $K$=800kcal/m²H℃, 냉각면적은 10m²라고 하면 응축온도는 몇 ℃인가?(단, 응축온도와 냉각수 온도의 평균 온도차는 산술평균치로 한다.)**

정답

$$t_2 = \frac{Q}{K \cdot F} + t_{w1} + \frac{Q}{2W \cdot C} \text{ 공식에서}$$

$$Q = W \cdot C \cdot \Delta t = 200 \times 60 \times 1 \times (38 - 32) = 72{,}000\text{kcal/h}$$

$$\therefore t_2 = \frac{72{,}000}{800 \times 10} + 32 + \frac{72{,}000}{2 \times 200 \times 60 \times 1} = 44℃$$

**39** 2단압축 냉동장치에서 압축비가 25일 때 이상적인 성적계수를 얻기 위한 중간압력(kg/cm$^2$ · G)과 증발압력(kg/cm$^2$ · abs)을 구하시오.(단, 응축압력은 9kg/cm$^2$ · G이며, 대기압은 1kg/cm$^2$ · abs이다.)

**정답**

$$압축비 = \frac{토출절대}{흡입절대},\ 25 = \frac{9+1}{P_1}$$

$$P_1 = \frac{10}{25} = 0.4\text{kg/cm}^2 \cdot \text{a}$$

$$P_m = \sqrt{P_1 \times P_2} = \sqrt{0.4 \times 10} = 2\text{kg/cm}^2 \cdot \text{a}$$

증발압력 : 0.4kg/cm$^2$ · a

중간압력 : 1kg/cm$^2$ · G

**40** 팽창밸브 입구에서 450kcal/kg의 엔탈피를 갖고 있는 냉매가 팽창밸브를 통과한 후 압력이 저하되어 포화액과 포화증기의 혼합물, 즉 습증기가 되었다. 습증기 중의 포화액의 냉매량이 8kg/min일 때 전유출 냉매량을 구하시오.(단, 팽창밸브를 통과한 후의 포화액의 엔탈피는 65kcal/kg, 건포화증기의 엔탈피는 510kcal/kg이다.)

**정답**

$$\frac{510-65}{510-450} \times 8 \times 60 = 3{,}560\text{kg/h}$$

**41** 1시간에 15℃의 물 400kg을 −5℃의 얼음으로 만드는 데 필요한 마력을 구하시오.(단, 다음 $P-i$ 선도를 이용하시오.)

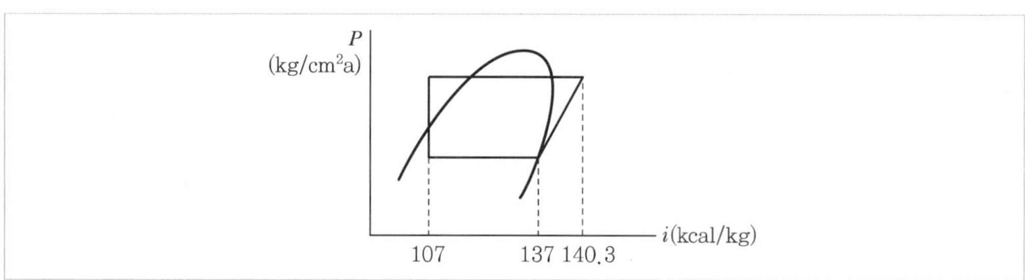

**정답**

15℃ 물 → 0℃ 물
0℃ 물 → 0℃ 얼음
0℃ 얼음 → −5℃ 얼음

$$Q_1 = G \cdot C \cdot \Delta t = 400 \times 1 \times 15 = 6,000\text{kcal}$$
$$Q_2 = G \cdot r = 400 \times 79.68 = 31,872\text{kcal}$$
$$Q_3 = G \cdot C \cdot \Delta t = 400 \times 0.5 \times 5 = 1,000\text{kcal}$$

$$\therefore Q = Q_1 + Q_2 + Q_3 = 6,000 + 31,872 + 1,000 = 38,872\text{kcal}$$

$$q_2 = (137 - 107) = 30\text{kcal/kg}$$
$$G = \frac{38,872}{30} = 1,295.73\text{kg/h}$$
$$HP = \frac{G \times AW}{632} = \frac{1,295.73 \times (140.3 - 137)}{632} = 6.77\text{HP}$$

**42** 피스톤 압출량이 258m³/h, 비체적이 0.102m³/kg 체적효율이 0.68, 냉동효과가 27.6 kcal/kg일 때 필요한 냉동능력 RT는?

**정답**

$$RT = \frac{V_a \times \eta_v \times q_2}{v \times 3,320} = \frac{258 \times 0.68 \times 27.6}{0.102 \times 3,320} = 14.30\text{RT}$$

**43** 공랭식 응축기를 사용하는 3RT의 소형 에어컨이 있다. 공기의 입구온도가 25℃, 출구 온도가 28℃일 때 냉각풍량을 구하시오.(단, 공기의 비중량은 1.2kg/m³, 정압비열은 0.24kcal/kg℃이다.)

**정답**

$Q_c = G \cdot C \cdot \Delta t$에서 냉각풍량(m³/h)

$$G = \frac{Q_c}{C \cdot \Delta t} = \frac{3 \times 3320 \times 1.2}{0.24 \times 1.2 \times (28 - 25)} = 13833.33\text{m}^3/\text{h}$$

**44** 다음은 암모니아($NH_3$)를 냉매로 사용하는 냉동사이클을 $T-S$(온도 – 엔트로피) 선도상에 나타낸 것이다. $T-S$ 선도와 암모니아 특성표를 참고하여 물음에 답하시오.

(1) 아래 냉동사이클의 $T-S$(온도 – 엔트로피) 선도를 주어진 암모니아 특성표를 참고하여 $P-h$(압력 – 엔탈피) 선도에 표시하시오.

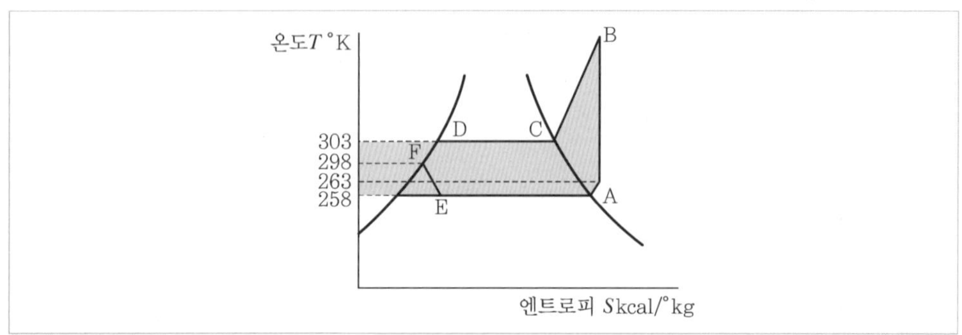


(2) 이 냉동사이클에서 냉동능력 2RT를 얻기 위한 필요한 냉매량(kg/h)을 구하시오.

(3) $T-S$ 선도상에 냉동효과는 사선(/////)으로, 압축일량은 역사선(\\\\\\)으로 그려 표시하시오.

(4) 압축토출가스(gas)의 온도를 구하시오.(단, 압축은 단열변화이고, $k=1.3$이다.)

**❙ 암모니아 특성표 ❙**

| 온도 $t$℃ | 포화압력 $P_t$ kg/cm²a | 비용적 | | 비중량 | | 엔탈피 | | 증발열 $r$ kcal/kg | 엔트로피 | | $\frac{S''-S'}{T}$ kcal/kg°K |
|---|---|---|---|---|---|---|---|---|---|---|---|
| | | 액체 $v'$ $l$/kg | 증기 $v''$ m³/kg | 액체 $r'$ kg/$l$ | 증기 $r''$ kg/m³ | 액체 $i'$ kcal/kg | 증기 $i''$ kcal/kg | | 액체 $S'$ kcal/kg°K | 증기 $S''$ kcal/kg°K | |
| −20 | 1.910 | 1.504 | 0.6236 | 0.6650 | 1.604 | 78.17 | 395.46 | 317.29 | 0.9174 | 2.1710 | 1.2536 |
| −15 | 2.410 | 1.519 | 0.5087 | 0.6585 | 1.966 | 83.59 | 397.12 | 313.53 | 0.9385 | 2.1532 | 1.2147 |
| −10 | 2.966 | 1.534 | 0.4184 | 0.6520 | 2.390 | 89.03 | 368.67 | 309.64 | 0.9593 | 2.1362 | 1.1769 |
| −5 | 3.619 | 1.560 | 0.3469 | 0.6453 | 2.883 | 94.50 | 400.14 | 305.64 | 0.9798 | 2.1199 | 1.1401 |
| 0 | 4.379 | 1.566 | 0.2897 | 0.6386 | 3.452 | 100.00 | 401.52 | 301.52 | 1.0000 | 2.1041 | 1.1041 |
| 5 | 5.259 | 1.583 | 0.2435 | 0.6317 | 4.108 | 105.54 | 402.80 | 297.26 | 1.0200 | 2.0889 | 1.0689 |
| 10 | 6.271 | 1.601 | 0.2058 | 0.6247 | 4.859 | 111.11 | 403.95 | 292.84 | 1.0.97 | 2.0741 | 1.0344 |
| 15 | 7.427 | 1.619 | 0.1749 | 0.6175 | 5.718 | 116.72 | 404.99 | 288.27 | 1.0.592 | 2.0598 | 1.0006 |
| 20 | 8.741 | 1.639 | 0.1494 | 0.6103 | 6.695 | 122.38 | 405.93 | 283.55 | 1.0785 | 2.0459 | 0.9674 |
| 25 | 10.225 | 1.659 | 0.1283 | 0.6023 | 7.795 | 128.09 | 406.75 | 278.66 | 1.0976 | 2.0324 | 0.9348 |
| 30 | 11.895 | 1.680 | 0.1107 | 0.5952 | 9.034 | 133.84 | 407.43 | 273.59 | 1.1165 | 2.0191 | 0.9026 |
| 35 | 13.765 | 1.702 | 0.0959 | 0.5875 | 10.431 | 139.65 | 407.97 | 268.32 | 1.1352 | 2.0061 | 0.8709 |
| 40 | 15.850 | 1.726 | 0.0833 | 0.5795 | 12.005 | 145.52 | 408.37 | 262.85 | 1.1538 | 1.9933 | 0.8395 |
| 45 | 18.165 | 1.750 | 0.0726 | 0.5713 | 13.774 | 151.43 | 408.61 | 257.18 | 1.1722 | 1.9807 | 0.8085 |
| 50 | 20.727 | 1.777 | 0.0635 | 0.5629 | 15.756 | 157.40 | 408.69 | 251.29 | 1.1904 | 1.9681 | 0.7777 |

**정답**

(1)

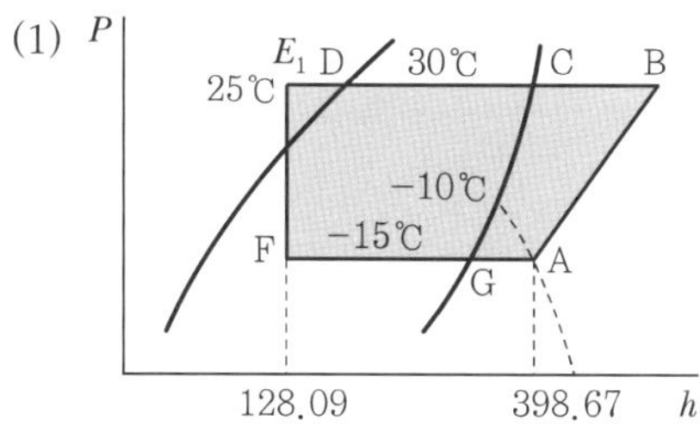


※ 25℃ 포화액 엔탈피는 표에서 128.09kcal/kg
−10℃ 포화증기 엔탈피는 표에서 398.67kcal/kg
(약간의 오차가 있음)

(2) 냉매순환량

$$G = \frac{Q_2}{q_2} = \frac{2 \times 3{,}320}{398.67 - 128.09} = 24.5398$$

$\therefore\ G = 24.54\text{kg/h}$

(3)

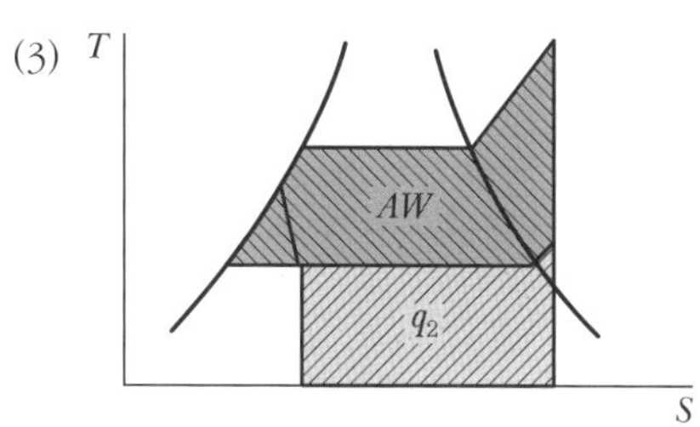


(4) $\dfrac{T_2}{T_1} = \left(\dfrac{P_2}{P_1}\right)^{\frac{k-1}{k}}$ 식에서

$$T_1 = \frac{T_2}{\left(\dfrac{P_2}{P_1}\right)^{\frac{k-1}{k}}} = \frac{263}{\left(\dfrac{2.41}{11.895}\right)^{\frac{1.3-1}{1.3}}} = \frac{263}{0.692} = 380.06°\text{K}$$

$\therefore$ 토출가스 온도 $= 380.06 - 273$
$= 107.06$℃

# 제4장 압축기 종류 및 특성

**01** 다음 화면상에 나타난 개방형 압축기, 밀폐형 압축기의 장점을 4가지씩만 쓰시오.

개방형 냉동기 밀폐형

정답

(1) 개방형 압축기

1. 압축기의 회전수 가감이 가능하다.
2. 고장 시 분해나 조립이 가능하다.
3. 전원이 없어도 타 구동으로 운전이 가능하다.
4. 서비스밸브를 이용하여 오일 충전이 가능하다.

(2) 밀폐형 압축기

1. 과부하 운전이 가능하다.
2. 소음이 적다.
3. 냉매의 누설 우려가 적다.
4. 소형, 경량으로 제작이 가능하여 가격이 저렴하다.

**02** 다음 화면상에 나타난 개방형 압축기, 밀폐형 압축기의 단점을 4가지씩만 쓰시오.

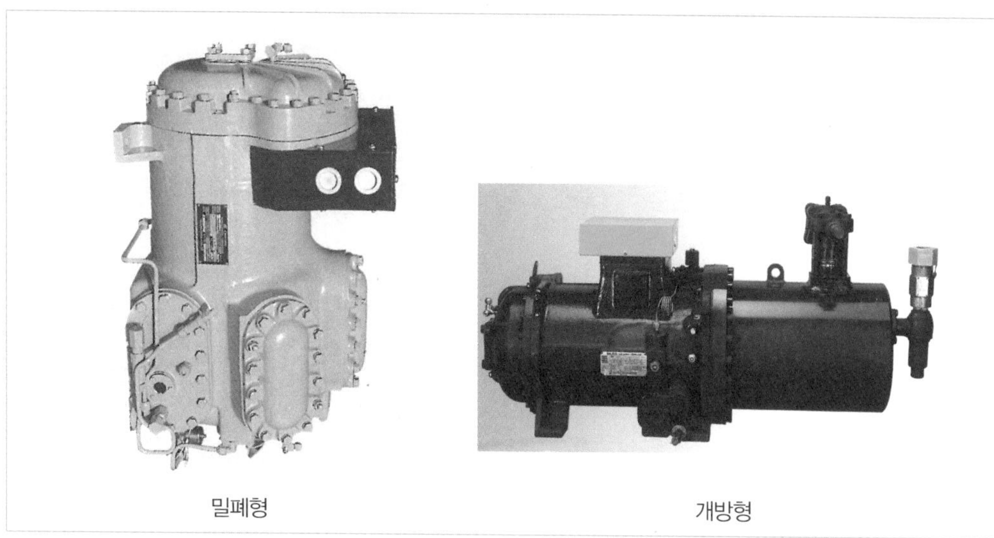

밀폐형 개방형

정답

(1) 개방형
1. 외형이 커서 설치면적이 커야 한다.
2. 소음이 커서 고장 발견이 어렵다.
3. 냉매 및 오일의 누설 우려가 있다.
4. 제작비가 많이 든다.

(2) 밀폐형
1. 수리 시 작업이 어렵다.
2. 전원이 없으면 사용이 불가능하다.
3. 회전수의 가감이 불가능하다.
4. 오일의 충전 및 오일회수가 불가능하다.

**03** 다음 화면상에 나타난 압축기의 명칭 및 그 특징을 5가지만 기술하시오.

정답

(1) 명칭 : 왕복동 압축기

(2) 특징

1. 압축이 단속적이다.
2. 진동이나 소음이 크고 설치면적이 크다.
3. 기동력이 크다.
4. 수리가 간편하다.
5. 회전수가 적어도 된다.
6. 용량의 조절범위가 넓다.
7. 용적식 압축기이다.

## 04 다음 화면상에 나타난 냉동기의 명칭을 쓰고 그 장점을 5가지만 쓰시오.

정답

(1) 명칭 : 터보형 압축기(원심식 압축기)

(2) 장점

1. 회전 운동을 하므로 동적인 밸런스를 잡기가 쉽고 진동이 적다.
2. 밸브나 피스톤 실린더의 마찰부분이 없어서 고장이 적고 마모에 의한 손상이 없다.
3. 보수가 용이하고 수명이 길다.
4. 저압의 냉매 사용이 가능하여 위험성이 적고 취급이 간편하다.
5. 용량제어가 간단하고 정확한 제어가 가능하다.
6. 대형화 제작으로 냉동톤당 가격이 저렴하여진다.

**05** 다음에 열거한 냉동기의 압축기 기종에 따라서 필요한 오일의 토출압력($kg/cm^2$)을 쓰시오.(단, 저압을 기준으로 하여 쓰시오.)

1. 소형냉동기
2. 입형저속
3. 고속다기통
4. 터보형
5. 스크류형

정답

1. 소형냉동기 = 저압 + 0.5
2. 입형저속 = 저압 + 0.5~1.5
3. 고속다기통 = 저압 + 1.5~3
4. 터보형 = 저압 + 6~7
5. 스크류형 = 토출압력 + 2~3

**06** 다음 화면상에 나타난 고속다기통 압축기의 장점 3가지와 단점 4가지를 쓰시오.

정답

(1) 장점

1. 고속이므로 소형 제작이 가능하고 설치면적을 적게 차지한다.
2. 기통수가 많아서 실린더 직경이 작아도 되고 정적 및 동적 밸런스가 양호하다.
3. 운전 중 진동이 적고 무게가 가볍다.
4. 용량제어가 다른 압축기에 비하여 용이하고 기동 시 무부하 기동이 가능하다.
5. 각 부품 교환이 편리하며 자동운전이 수월하다.

(2) 단점

1. 기통수가 많고 고속이라 윤활유 소비량이 많다.
2. 암모니아용으로는 냉각작용이 불충분하여 탄화작용이 염려된다.
3. 기계적으로는 음향으로 고장 발견이 어렵다.
4. 기통의 체적이 작고 압축기 회전수가 빨라서 체적효율이 낮다.
5. 톱클리어런스(간극)가 크고 흡입밸브의 저항이 커서 고진공 상태를 만들기가 어렵다.

07 다음 화면에 나온 압축기는 암모니아 사용 냉매 압축기이다. 이 압축기에는 워터재킷(Water Jacket)을 설치하여 운전하는데, 그 워터재킷을 설치하는 이유를 3가지만 쓰시오.

정답

1. 압축효율 향상 도모
2. 토출가스 냉매의 온도상승 방지로 실린더 과열 방지
3. 윤활유 탄화에 의한 압축기 밸브 및 스프링 수명 연장
4. 피스톤링 및 실린더 마모를 방지한다.

08 압축기의 안전을 위한 보호장치 6가지를 쓰시오.

정답

1. 안전두
2. 안전밸브
3. 고압차단 스위치
4. 저압차단 스위치
5. 유압조절밸브
6. 언로드 장치

**09** 다음 화면에서 보이는 압축기는 스크류 압축기인데, 사용 시 흡입밸브 및 역류방지밸브를 설치하는 이유를 간단히 기술하시오.

정답

운전 정지 시 토출압력과 흡입압력 차로 모터가 역회전하거나 모터의 구간에서 냉매가스가 고압측에서 저압측으로 역류하는 것을 방지하기 위해 설치한다.

**10** 다음 화면상에 나타난 압축기의 명칭과, 토출 측에 역지밸브를 설치하는 이유를 간단히 기술하시오.

정답

(1) 명칭 : 스크류 압축기

(2) 설치 이유 : 압축기 정지 시 응축기와 연락하고 있는 가스가 온도차로 응축한 냉매가 압축기로 역류하는 것을 방지하기 위함이다.

## 11 다음 화면상에서 나타난 압축기에 윤활유를 급유하는 목적을 4가지만 쓰시오.

정답

1. 압축기 내의 활동부에 유막을 형성하여 마찰에 의한 마모 방지
2. 과열 및 열을 제거하여 기계효율 향상
3. 냉매가스 누설방지 및 외기침입을 방지
4. 가스켓이나 패킹재료를 보호
5. 방청작용

## 12 압축기에서 윤활유 급유방법 2가지를 쓰고, 2가지 급유방법을 간단하게 기술하시오.

정답

1. 강제급유식 : 오일펌프로 오일을 가압하여 강제적으로 급유를 순환시킨다.
2. 비말급유식 : 크랭크샤프트의 회전 시 오일을 튀겨 올려서 급유하는 방식이다.

**13** 화면에 보이는 압축기용 포핏밸브의 특성을 3가지만 기술하시오.

정답

1. 밸브의 개폐가 확실하다.
2. 내구력이 있다.
3. 입형 암모니아 사용 압축기 토출밸브에 이상적이다.

**14** 화면에 보이는 압축기용 플레이트밸브의 특성을 2가지만 기술하시오.

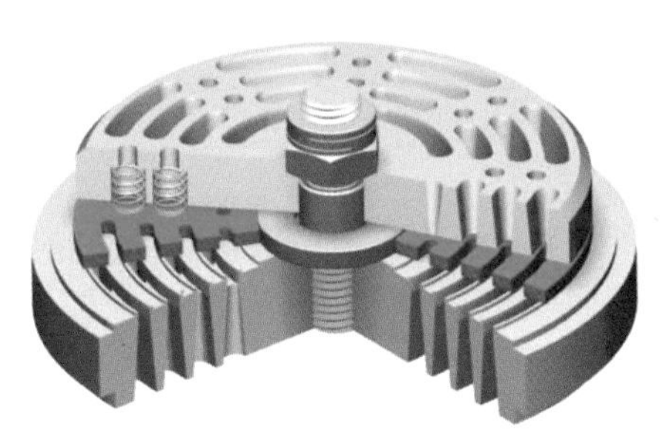

정답

1. 고속회전에 사용이 편리하다.
2. 입형 암모니아 압축기 흡입밸브로 사용이 가능하다.

**15** 화면에 보이는 압축기의 내부 흡입 또는 토출밸브에 사용되는 밸브 종류를 3가지만 쓰시오.

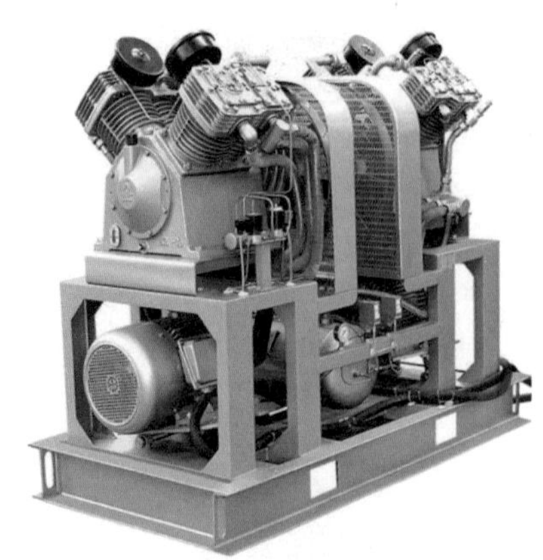

정답

1. 포핏밸브
2. 리드밸브
3. 링플레이트밸브

**16** 고속다기통 압축기에서 흡입 및 토출밸브에 이상적인 밸브의 명칭 및 특징을 4가지만 쓰시오.

정답

(1) 명칭 : 링플레이트밸브

(2) 특징
1. 가벼운 경량밸브이다.
2. 고속회전으로 실린더 내의 압력변화에 민감한 작동이 가능하다.
3. 밸브의 동작 시 양정이 작아도 통과면적을 크게 할 수가 있다.
4. 밸브시트 변좌 및 변판이 받는 압력이 적고 또한 소음이 적다.

**17** 다음 화면에 보이는 터보형 압축기는 서징(surging)현상을 일으키는데, 서징 현상에 대하여 설명하고 이러한 현상이 일어나는 원인을 4가지만 기술하시오.

**정답**

(1) 서징 현상 : 압축기 가동 중 소음이나 진동을 일으키며 맥동을 일으켜서 고압, 저압의 게이지 및 전류계 지침을 흔들리게 하는 현상이다.

(2) 서징현상의 원인

1. 냉각수량 감소 및 수온의 상승
2. 응축기에 유막 및 물때 부착
3. 불응축가스 혼입
4. 흡입용 가이드베인을 지나치게 조인 경우

**18** 화면에 나타난 왕복동식 압축기의 특징을 4가지만 쓰시오.

정답

1. 압축작용이 단속적이다.
2. 진동과 소음이 크다.
3. 하우징 내의 압력은 저압으로 유지한다.
4. 정지 후에 냉각시간이 짧다.
5. 회전방향은 상관이 없다.
6. 수리작업이 용이하다.

**19** 화면상에 나타난 회전식(로터리식) 압축기의 특징을 5가지만 기술하시오.

정답

1. 압축작용이 연속적이다.
2. 진동과 소음이 작다.
3. 하우징내의 압력이 고압이다.
4. 정지 후에 압축기 냉각시간이 길다.
5. 회전방향이 일정 방향이다.
6. 수리 시 작업이 어렵다.

**20** 화면에 보이는 터보형 밀폐식 냉동기에서 무정전 히터를 사용하는 이유를 간단히 기술하시오.

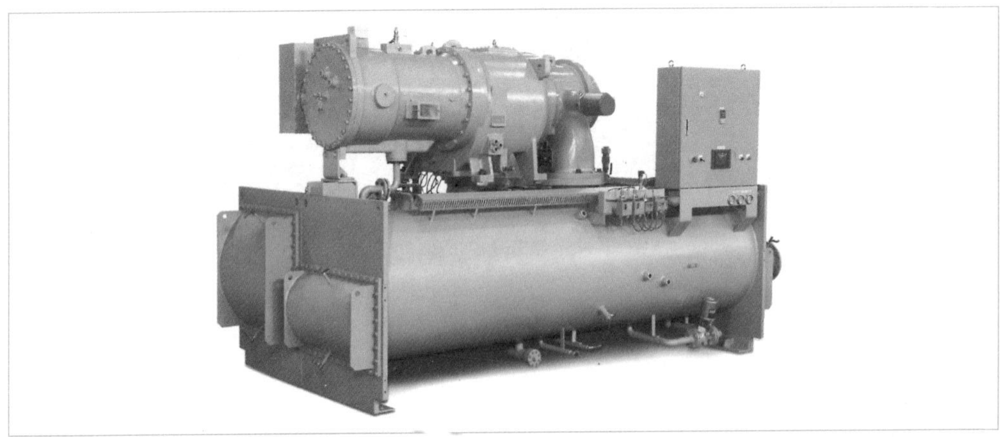

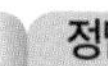

정답

압축기 정지 시 온도가 저하되면 윤활유 중에 냉매가 용해되어 운전 초기에 거품이 발생하여 베어링의 소손 사고가 발생하므로 연중 무휴로 히터를 가동하여 윤활유의 온도 하강을 방지하기 위함이다.

**21** 압축기에 사용하는 오일(윤활유)의 구비 조건이나 성질상 조건을 5가지만 쓰시오.

정답

1. 점도
2. 유동점
3. 중화점
4. 유황분
5. 임계 용해온도

**22** 화면에 보이는 압축기의 작동 중 저압이 현저하게 낮아지는 경우 나타나는 영향을 5가지만 쓰시오.

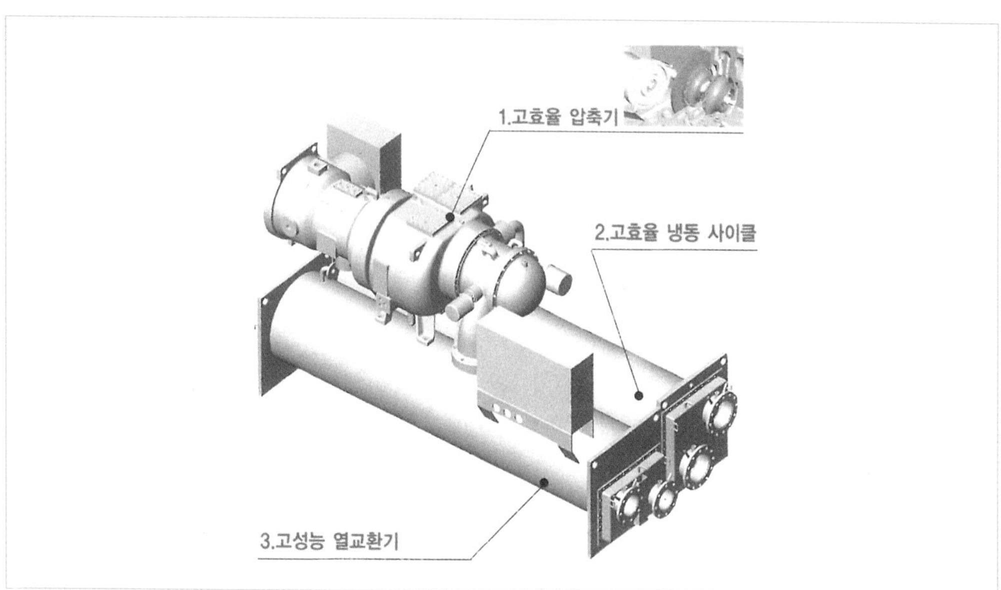


정답

1. 압축비의 증대
2. 토출가스 온도 상승
3. 실린더 과열에 의한 윤활유 열화 및 탄화
4. 체적효율 감소
5. 냉매순환량 감소에 의한 냉동능력 감소
6. 소요동력 증대

## 23 화면에 나타난 냉동기 운전 중에 고압이 저하하고 저압이 상승하는 원인을 5가지만 기술하시오.

**정답**

1. 토출, 흡입밸브 누설
2. 내장형 안전밸브 누설
3. 압축기 용량 부족
4. 핫가스제상용 전자밸브 누설
5. 피스톤링의 마모
6. 기동바이패스밸브의 누설

## 24 화면상에 나타난 펌프에서 캐비테이션(공동현상)이 일어나는 원인을 4가지만 쓰시오.

**정답**

1. 흡입양정이 지나치게 높을 경우
2. 임펠러의 원주속도가 고속이어서 수중의 공기가 유리하는 경우
3. 물이 증발하여 작은 기포가 다수 발생할 경우
4. 터보형 펌프를 사용할 경우

**25** 화면상에 보이는 압축기 운전 중 유압계가 흔들리는 진동원인을 5가지만 쓰시오.

**정답**

1. 오일이 부족하여 펌프로 냉매가스가 유입될 경우
2. 윤활유펌프의 고장
3. 오일 흡입용 필터가 막힌 경우
4. 오일의 온도가 너무 낮은 경우
5. 유압조절밸브의 작동불능
6. 유압계 자체의 고장

**26** 화면상에 보이는 압축기에서 오일 유면이 낮아지는 원인을 3가지만 기술하시오.

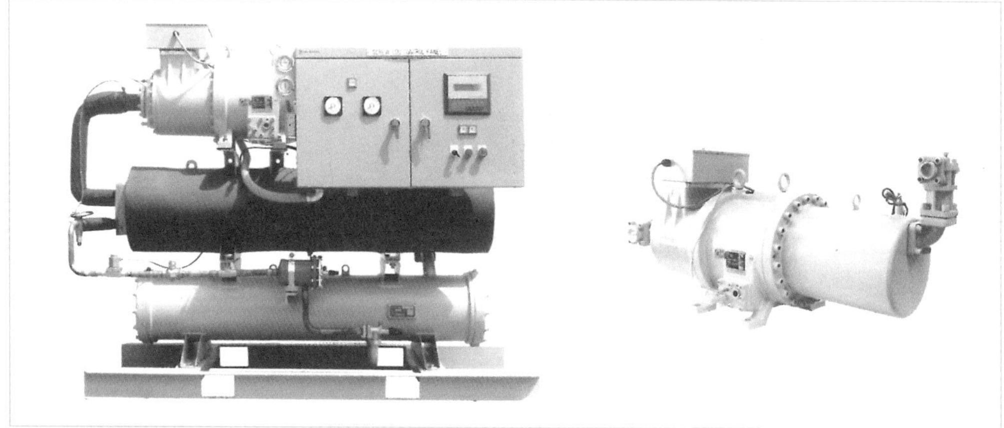

**정답**

1. 오일포밍 현상 발생
2. 유분리기의 반유관 불량이나 축봉부 누설
3. 피스톤링 및 슬리브의 마모

**27** 화면에 보이는 냉동기 운전 중에 유면계 유면이 낮아지는 경우 미치는 영향을 4가지만 쓰시오.

정답

1. 냉매토출가스 온도 상승
2. 윤활유의 열화 및 오일의 탄화
3. 냉동능력 감소
4. 소요동력의 증대

**28** 화면에 보이는 오일 공급펌프로 회전식인 기어펌프를 사용하는 이유를 4가지만 쓰시오.

정답

1. 유체의 저항이 적다.
2. 저속상태에서도 일정한 압력 유지가 가능하다.
3. 소형으로도 압력을 높게 유지한다.
4. 구조가 간단하다.

**29** 화면상에 나타난 냉동기의 압축기 운전 중 압축기 과열운전의 원인을 5가지만 쓰시오.

정답

1. 토출밸브의 누설이나 파열
2. 실린더 워터재킷의 기능 불량
3. 흡입밸브 누설
4. 응축기의 냉각수량 부족 및 수온상승
5. 피스톤링의 마모, 불량
6. 불응축가스 혼입
7. 바이패스밸브 누설
8. 냉동기 내 냉매량 부족
9. 내장형 안전밸브 누설
10. 냉매 액관에서 플래시가스 발생
11. 팽창밸브 개도가 지나치게 적을 경우
12. 흡입여과망 폐쇄 및 흡입밸브의 개도가 과소한 경우

**30** 압축기의 과열 시 나타나는 영향을 5가지만 쓰시오.

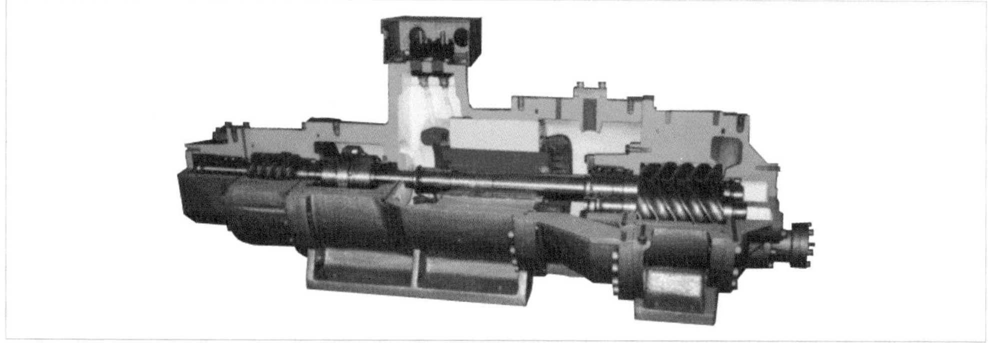

정답

1. 토출가스 온도상승 및 실린더 과열
2. 윤활유 열화 및 탄화 발생
3. 냉동능력 감소
4. 냉동톤당 소요동력 증대
5. 기계효율 및 체적효율의 감소

**31** 화면에 보이는 냉동기의 고압압력계 지침이 많이 흔들리는 이유를 4가지만 열거하시오.

정답

1. 압력계 자체의 불량이나 고장
2. 토출밸브의 심한 누설
3. 고압측 압력 이상으로 토출가스 파동이 심한 경우
4. 공기 등 불응축가스의 혼입

**32** 암모니아 고속다기통 압축기 운전 중 축수부의 온도가 지나치게 높은 경우 그 원인을 5가지만 기술하시오.

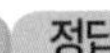

정답

1. 이상고압 발생
2. 압축비 증대
3. 압축기 과열운전
4. 워터재킷 기능 불량 및 순환수의 흐름 불량
5. 유온상승
6. 오일펌프 고장에 의한 윤활유 불량

**33** 화면상의 냉동기에 사용되는 방진기 또는 방진재료로 사용되는 종류를 4가지만 쓰시오.

**정답**

1. 고무
2. 콜크
3. 스프링
4. 플랙시블

**34** 압축기의 체적효율이 감소되는 원인을 4가지만 쓰시오.

**정답**

1. 톱 클리어런스가 클 경우
2. 압축비가 클수록
3. 기통의 체적이 작을수록
4. 회전수가 빠를수록

**35** 냉각수 메탈이 마모할 경우 나타나는 영향을 간단히 쓰시오.

**정답**

펌프의 진동이 발생한다.

**36** 각종 냉동기 운전 중 고압이 상승하지 못하는 원인을 3가지만 쓰시오.

정답

1. 밸브 및 밸브판의 누설
2. 축봉부 등의 냉매 누설
3. 피스톤링의 마모

**37** 냉동기 흡입, 토출관에 설치하는 플렉시블 설치 이유를 간단하게 쓰시오.

정답

압축기의 진동이 타 기기로 전달되는 것을 방지한다.

**38** 표준대기압하에서 냉동기유의 일반적인 인화점, 발화점은 몇 (℃) 정도인가?

정답

1. 인화점 : 180~200(℃)
2. 발화점 : 300~400(℃)

**39** 고속다기통 압축기의 운전 중 정전 시 긴급하게 해야 하는 조치사항을 5가지만 쓰시오.

정답

1. 주전원 스위치 차단
2. 흡입밸브 차단
3. 압축기 정지 후에 토출밸브 차단
4. 각 순환펌프 전원 스위치 차단
5. 배관계통의 밸브를 조작한다.

**40** 화면에 나타난 냉동기 운전 중 일반적인 주의사항을 5가지만 기술하시오.

정답

1. 냉매액 유입 방지
2. 윤활유 상태 확인
3. 압력계, 전류계를 항상 주시
4. 불응축가스 수시 배출
5. 흡입가스 과열 방지
6. 유분리기, 응축기, 증발기 등의 배유 실시
7. 응축기 냉각관을 수시로 청소하고 청결상태 확인
8. 토출가스 온도가 120(℃) 이상 되지 않도록 한다.

**41** 화면에 나타난 압축기의 샤프트실의 기능을 3가지만 쓰시오.

정답

1. 냉매누설 방지 2. 오일누설 방지 3. 외기 등 불응축가스 침입방지

**42** 냉동기 운전 중 부하 감소 시 언로드장치가 작동하여야 하지만 작동을 하지 않는 원인을 4가지만 쓰시오.

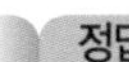

정답

1. 전자밸브 불량
2. 언로드용 저압 스위치 불량
3. 언로드장치 고장
4. 오일 통로 폐쇄

**43** 화면상 보이는 흡입 여과망이 막힐 경우에 장치에 미치는 장애요인을 5가지만 기술하시오.

**정답**

1. 증발기 압력상승 및 냉매가스 온도상승
2. 압축기의 과열로 체적효율 감소
3. 소요동력 증대 및 체적효율 감소
4. 흡입압력 저하 및 흡입가스 과열
5. 압축기 소손 및 오일의 열화

## 44 화면상에 나타난 압축기의 피스톤링 마모 시 나타나는 현상을 5가지만 쓰시오.

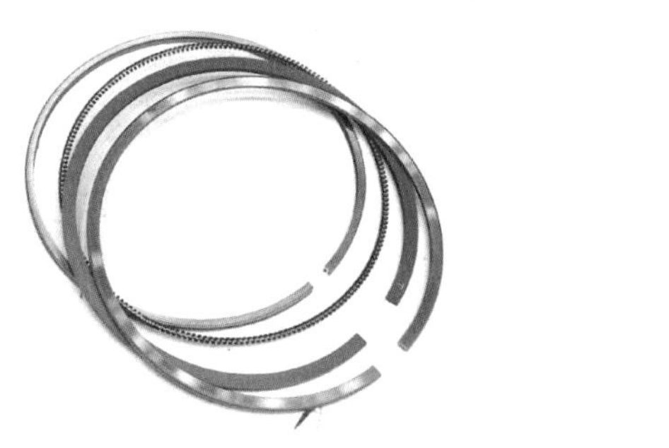

**정답**

1. 사이드 클리어런스 증대에 따른 냉매누설로 냉동능력 저하
2. 체적효율 저하
3. 냉동능력당 소요동력 증대
4. 압축기 크랭크케이스 내의 압력상승

## 45 냉동기 운전 중 오일의 압력이 저하하는 원인을 5가지만 기술하시오.

**정답**

1. 오일유량 부족 현상
2. 오일 여과망 폐쇄
3. 윤활유의 온도 상승
4. 오일 내에 다량의 수분 혼입
5. 윤활유 열화 및 탄화로 오일의 변질
6. 오일펌프 고장
7. 유압조절밸브 개도가 너무 크게 열리는 경우
8. 진공상태가 너무 심할 경우

**46** **화면에 나타난 입형 압축기의 증발기에서 액냉매가 소량으로 들어오는 경우 액압축이 발생한다. 액압축 방지를 위한 안전장치는 어떤 것을 설치해야 하는지 그 명칭을 쓰시오.**

실린더 상부 안전두

**47** **오일쿨러의 냉각불량이 일어날 때 냉동기에 미치는 영향을 5가지만 쓰시오.**

1. 윤활유 온도상승
2. 점도저하로 윤활유 불량
3. 압축기의 소손 발생
4. 유압저하
5. 크랭크케이스 내 고온 및 과열 운전
6. 토출가스 온도 상승

**48** **냉동기 운전 중 윤활유 오일 소비량이 많은 원인을 5가지만 기술하시오.**

1. 유압이 높을 경우
2. 실린더 과열로 오일 탄화가 심한 경우
3. 축봉부 누설
4. 장치 내로 넘어간 오일의 유회수 불량
5. 오일링 및 피스톤링의 마모

**49** 화면에 보이는 터보냉동기의 서징 현상에 대하여 간단하게 설명하시오.

정답

터보형 냉동기나 펌프 운전 중 흡입압력 저하, 토출압력 증가 시 어느 한계치 이하 유량으로 운전되는 경우에 운전이 불안전하고 소음, 진동이 일어나며 한숨 쉬는 소리가 반복하는 현상을 말한다.

**50** 화면에 나타난 압축기의 명칭 및 유온저하 방지장치를 2가지만 쓰시오.

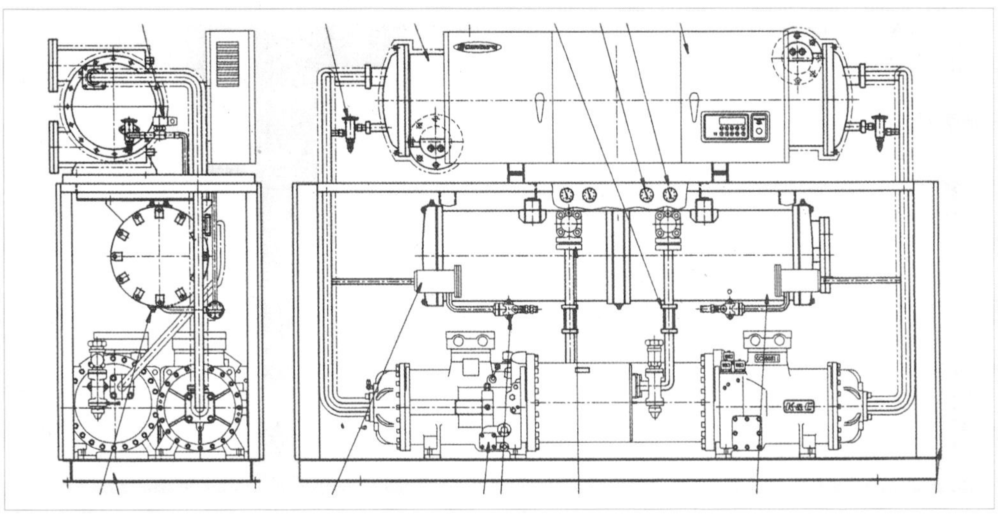

정답

1. 명칭 : 스크류 압축기
2. 유온저하 방지장치 : 오일히터, 서모스탯

## 51 화면상에 보이는 압축기용 피스톤링 교환 시 주의사항을 4가지만 쓰시오.

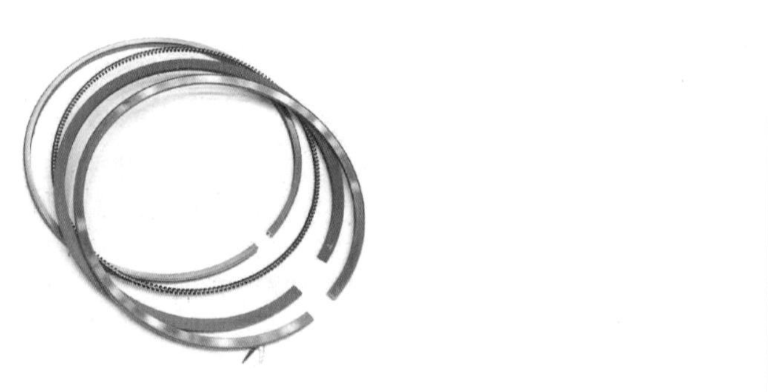

정답

1. 피스톤에 흠이 나지 않도록 한다.
2. 링의 휘어짐 여부를 점검한다.
3. 장력에 강한지를 점검한다.
4. 적당한 구격을 사용한다.

## 52 냉동기의 오일 선정 시 주의사항이나 필요한 조건을 4가지만 쓰시오.

정답

1. 사용냉매의 종류
2. 윤활방식
3. 작동온도
4. 압축기 종류

**53** 다음 화면상에 나타난 회전식 압축기(로터리식) 토출 측 역지밸브가 파손될 경우에 나타나는 현상을 2가지만 쓰시오.

정답

1. 토출가스 역류에 의한 고압냉매가스 압축으로 모터 소손 우려
2. 냉매 순환불량으로 냉동능력 감소

**54** 오일 중 수분이 침입하면 윤활작용에 미치는 영향을 2가지만 기술하시오.

정답

1. 오일을 유화시켜 윤활기능을 저하한다.
2. 밀폐형 압축기에서 오일의 절연내력을 저하시켜 모터 소손을 일으킨다.

**55** 화면에 나타난 펌프의 명칭 및 펌프설치 시 주의사항을 5가지만 기술하시오.

정답

(1) 명칭 : 터빈펌프

(2) 주의사항

1. 보수나 점검이 편리한 곳을 선정한다.
2. 수랭식 응축기를 사용하는 냉동기는 냉각수 배관이 편리한 곳을 선정한다.
3. 공랭식 응축기의 냉동기는 응축기에서 냉각 공기를 받아들이고 배출이 잘 되는 장소를 선정한다.
4. 햇빛이나 복사열을 받지 않는 장소를 선정한다.
5. 펌프의 소음이 실내 사용목적에 지장이 없도록 위치선정을 잘 한다.

**56** **화면에 보이는 팩케이지 에어컨 밀폐형 모터가 소손되는 원인을 4가지만 쓰시오.**

정답

1. 전압 변동 시
2. 냉매부족에 의한 모터 냉각 불량
3. 모터발정이 잦을 경우
4. 냉매오염으로 절연저항 감소 시

**57** 화면에 보이는 압축기 모터 연결 운전 중 점검사항을 3가지만 기술하시오.

정답

1. 전동기의 온도상승
2. 베어링의 온도상승
3. 전동기 소음의 유무 확인

**58** 화면에 보이는 부품인 피스톤링의 용도나 작용을 3가지만 쓰시오.

정답

1. 압축가스가 크랭크 케이스 내로 누설하는 것을 방지한다.
2. 피스톤 상행 시 올라간 오일 및 하행 시 실린더에 묻어 있는 오일을 크랭크 케이스 내로 긁어 내려 준다.
3. 기계효율을 증대시켜준다.

**59** 화면상에 보이는 실린더가 과열되는 원인을 5가지만 쓰시오.

정답

1. 밸브 내의 냉매가스 누설
2. 냉매에 불응축가스인 공기 혼입
3. 바이패스밸브 가스 누설
4. 응축기 냉각수량 부족, 수온상승
5. 실린더 워터재킷 기능 불량
6. 윤활유 오일 부족 상태

**60** 압축기 기동불량 원인을 5가지만 쓰시오.

정답

1. 모터 코일의 결선불량, 누전발생
2. V벨트의 장력이 너무 큰 경우
3. 압축기 기동부하가 지나치게 큰 경우
4. 공급전압이 너무 낮은 경우
5. 압축기 축수에 주유 불량
6. 모터 코일의 단선 발생

**61** 화면에 나타난 스크류 압축기의 기호에 대하여 설명하시오.

N, 300, L, U, M

정답

N=사용냉매 명
L=로터길이
M=사용조건
300=로터외경
U=비대칭형

62 암모니아 압축기 운전 시 주의사항을 4가지만 쓰시오.

정답

1. 냉각수가 충분하게 응축기를 통과시킬 것
2. 그랜드 축수부에 거영되지 않게 운전할 것
3. 압력계는 정확한 것을 설치할 것
4. 액압축 발생으로 실린더에 상이 부착하지 않게 할 것
5. 압축기의 토출가스 밸브를 닫은 채로 운전하지 말 것
6. 압력계 지침이 흔들리면 불응축가스가 혼입된 것이므로 즉시 에어를 퍼지할 것

63 화면에 보이는 고속다기통 압축기 설계 시 중점적으로 설계해야 할 장치를 4가지만 기술하시오.

정답

1. 윤활장치
2. 부하 조절장치
3. 축봉장치
4. 흡입, 토출밸브

## 64 압축기용 윤활유의 유온이 상승하는 원인을 4가지만 기술하시오.

**정답**

1. 오일쿨러 냉각 불량
2. 토출가스 온도상승으로 크랭크케이스의 열화
3. 압축비 증대
4. 윤활유 점도 과소로 마찰열 증가

## 65 다효압축기의 역할에 대하여 간단하게 기술하시오.

**정답**

증발온도가 다른 두 개의 증발기에서 발생하는 압력이 다른 가스를 1개의 압축기로 흡입하기 위해 2개의 흡입구를 가지는 압축기이다.

**66** **화면에 보이는 유압조정밸브의 설치목적을 간단하게 기술하시오.**

**정답**

강제윤활방식인 경우 그 유압을 사용가능한 적당한 압력이 되도록 조정하여 윤활상태를 양호하게 만든다.

**67** **고속다기통 압축기에서 유압조정밸브 조작 잘못으로 유압이 지나치게 높게 나타나는 경우 일어나는 현상을 3가지만 쓰시오.**

**정답**

1. 오일 해머링 발생
2. 축봉부의 오일 누설 우려
3. 장치 내로 오일이 다량으로 넘어가서 전열불량에 의한 냉동능력 감소

**68** **화면에 나타난 유압조정밸브의 설치 위치를 쓰시오.**

**정답**

오일펌프와 크랭크 케이스 사이

**69** **화면에 나타난 스크류 압축기에서 2가지 냉매 사용에 따른 유온의 적정한 온도를 쓰시오.**

**정답**

1. 프레온 냉매 : 55(℃)
2. 암모니아 냉매 : 50(℃)

**70** 화면에 나타난 오일 안전밸브를 설치하는 이유를 쓰시오.

**정답**

유압이 일정압력 이상 높아지면 작동하여 기어펌프 출구 오일을 크랭크 케이스 내로 회수하는 기능을 한다.
(설치 위치＝기어펌프 출구와 크랭크 케이스 사이)

**71** 압축기 축봉부의 누설검사 방법을 3가지만 기술하시오.

**정답**

1. 비눗물 등의 발포액 사용
2. 암모니아 냉매의 경우 리트머스 시험지 사용
3. 프레온 냉매 사용 시 핼라이드 토치 사용

**72** 냉동기 운전을 하고자 기동하는 경우 기동 스위치 작동 후에 소음이 발생하는 이유를 4가지만 기술하시오.

**정답**

1. 전압강하
2. 축수오일의 건조
3. 과부하 상태
4. 회전자와 고정자의 접촉
5. 권선의 단선발생

**73** **화면에 나타난 압축기의 명칭 및 유면이 증가하는 원인을 2가지만 쓰시오.**

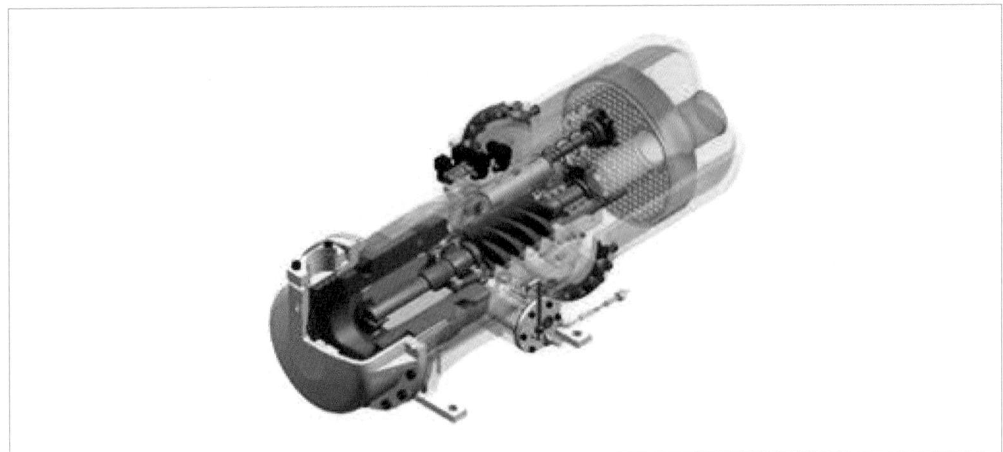

**정답**

(1) 명칭 : 스크류 압축기

(2) 원인

1. 리키드백(액해머)에 의해 냉매가 오일에 녹아서 겉보기 유면이 상승한다.
2. 증발기로부터 다량의 오일－백 발생

**74** **압축기 기동 후에 긴급히 점검해야 하는 사항이나 부위를 4가지만 쓰시오.**

**정답**

1. 압축기 진동 및 이상음 상태
2. 팽창밸브 작동상태
3. 각종 게이지 압력계 이상유무 점검
4. 크랭크 케이스 내 유면높이 상태

**75** **고속다기통 압축기에서는 실린더 직경보다 실린더 내 피스톤행정을 적게 하고 있다. 그 이유를 설명하시오.**

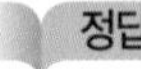

**정답**

행정을 크게 하면 왕복동에서는 피스톤 속도가 빨라져서 위험하다.

**76** 화면상에 보이는 터보냉동기의 추기용 회수장치의 역할에 대하여 간단하게 설명하시오.

정답

응축기 상부 추기구에서 공기 및 불응축가스를 추기하여 불응축가스에 함유된 냉매는 분리회수 한 후 증발기로 돌려보내고 불응축가스만 대기 중으로 방출하는 장치이다.

**77** 윤활방식인 비말식, 강제급유식의 각 사용용도 및 사용동력을 기술하시오.

정답

1. 비말식 : 개방형 저속압축기용, 3.7(kW) 이하 및 1,000(rpm) 이하용
2. 강제급유식 : 고속다기통, 3.7(kW) 초과의 대형 냉동장치에 사용(기어펌프 사용)

**78** 압축기에서 진공운전 시 윤활유에 미치는 영향을 간단히 쓰시오.

정답

오일펌프로 오일 흡입이 저해되어 충분한 유압을 얻을 수가 없어서 장치 내부에 윤활유 불량을 초래하며 압축기 마모 및 소손을 일으킨다.

**79** **화면상의 입형용 압축기 운전 중 볼트를 골고루 조이지 않으면 사고를 유발하게 된다. 어떤 밸브에 주의가 필요한지 필히 주의해야 할 볼트를 4개만 적으시오.**

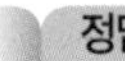


1. 크랭크 핀 메탈볼트
2. 실린더커버 조임 볼트
3. 스타티악스의 그랜드 조임 볼트
4. 압축기 기초볼트

**80** **암모니아 냉매 사용 시 배관계통에 배유구를 설치하는 이유를 간단히 기술하시오.**

암모니아 냉매는 오일과 잘 용해하지 않으므로 오일 비중이 암모니아보다 커서 장치 내에 체류하게 되므로 회수가 곤란한데, 이런 경우에 토출가스 온도가 높아서 오일이 탄화될 우려가 크므로 배유구를 통해 장치 외부로 오일을 배출시켜 준다.

**81** **냉동기 운전 중 냉매의 압축에서 습압축이 발생하는 경우 유의해야 할 압축기의 종류를 쓰시오.**

개방형압축기

**82** **압축기 냉매 흡입압력이 냉동기 신설 설치보다 저하하는 경우 어느 것을 살펴보아야 하는지 점검이 필요한 것을 3가지만 기술하시오.**

**정답**

1. 냉매누설에 의한 냉매부족 점검
2. 오일유막, 스케일 부착, 증발기 적상에 의한 전열불량 확인
3. 건조기인 드라이어 휠터의 막힘, 팽창밸브 조작불량에 의한 냉매순환량 부족 점검

**83** **화면상에 보이는 압축기 3가지 등의 크랭크 케이스 내의 유온의 적정온도는 몇 도(℃)가 이상적인지 쓰시오.**

**정답**

1. 암모니아 냉동기 : 40(℃) 이하
2. 프레온 냉동기 : 30(℃) 이상
3. 터보 냉동기 : 60~70(℃) 정도

**84** 화면상에 보이는 플레이트밸브의 특징을 3가지만 쓰시오.

정답

1. 중량이 가볍다.
2. 작동이 경쾌하며 고속다기통에 많이 사용한다.
3. 리프트 간격은 1~3(mm) 정도이다.
4. 프레온 가스통과 유속은 30~40(m/s) 정도이다.
5. 암모니아 냉매가스 통과 유속은 80~100(m/s) 정도이다.

**85** 화면상에 보이는 밀폐형 압축기의 전동기 모터소손을 방지하는 방법을 3가지만 쓰시오.

정답

1. 모터의 권선 조온기를 사용한다.
2. 과전류계전기를 내장한 전자개폐기를 사용한다.
3. 수리 시 이물질, 불순물이 침입하지 않도록 한다.

**86** 화면상에 보이는 스크류 압축기의 안전장치를 5가지만 기술하시오.

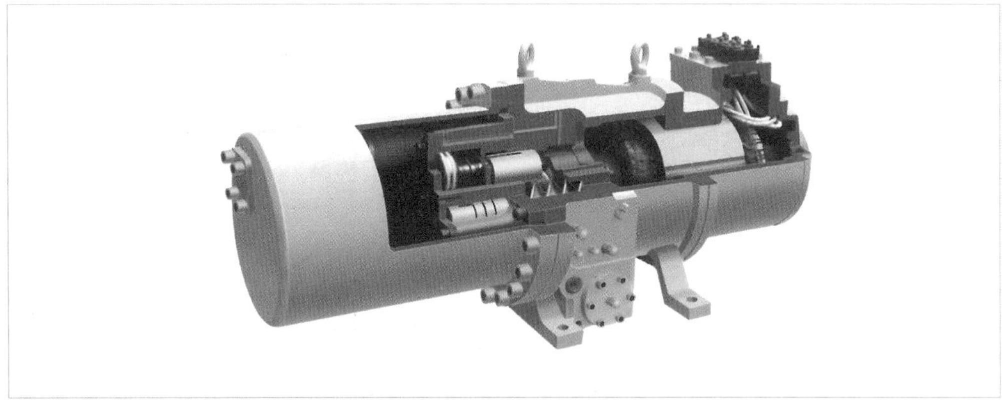

정답

1. 유온저하 방지 보호장치
2. 급유이상 고온방지 서모스탯
3. 유압보호 스위치
4. 수동복귀형 고압차단 스위치
5. 안전밸브

**87** 화면상의 스크류압축기 유압보호스위치 타임래그 시간 및 냉매별 급유이상 고온 스위치의 압축기 정지온도를 기술하시오.

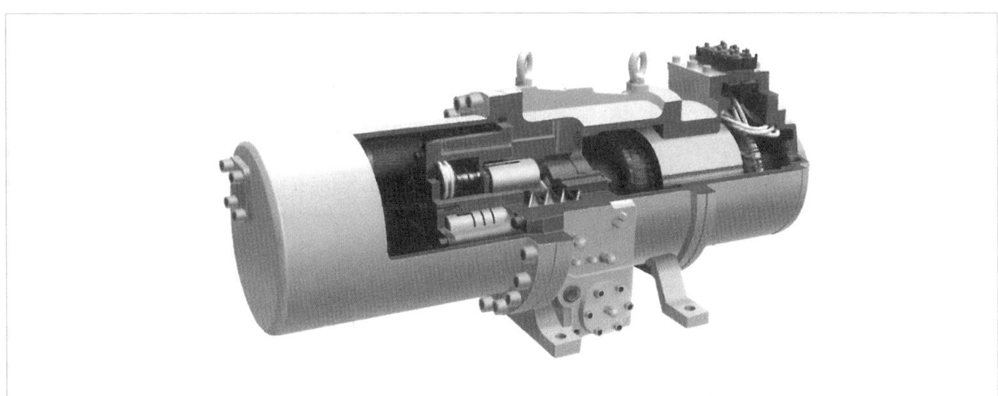

정답

(1) 유압보호 스위치 타임래그 시간 : 30(초)

(2) 압축기 작동정지 유온

1. 암모니아 냉매 유온 : 50(℃) 이상
2. 프레온 냉매 유온 : 55(℃) 이상

**88** 화면상에 보이는 진공펌프를 작동하여도 고도의 진공을 얻을 수가 없는 이유나 그 원인을 3가지만 쓰시오.

정답

1. 계통과 진공펌프 연결관의 누설
2. 진공펌프 흡입 불량
3. 계통 내 다량의 수분 혼입

**89** 다음 화면에 나타난 부속품의 명칭을 쓰시오.

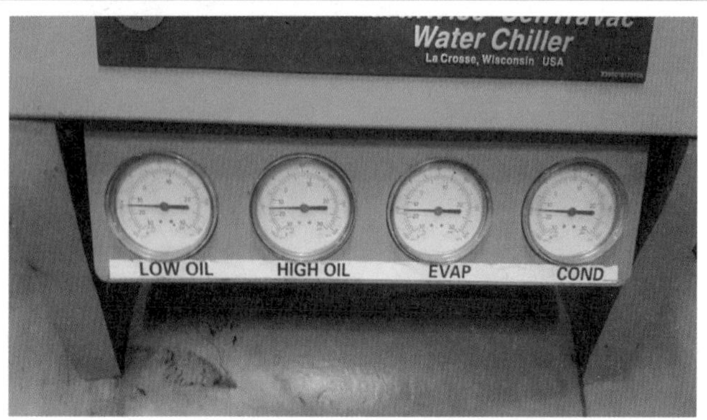

정답

오일 압력계

**90** 다음 화면에 보이는 장치의 명칭을 쓰시오.

정답

오일펌프

**91** 다음 화면에 나타난 압축기의 명칭을 쓰시오.

정답

스크롤 압축기

**92** 다음 화면에 나타난 장치의 명칭을 쓰시오.

**정답**

V-벨트

# 제5장 증발기

**01** 화면에서 보이는 액체냉각용 냉동장치에서 동파의 방지방법을 4가지만 쓰시오.

**정답**

1. 부동액 첨가
2. 브라인 순환펌프와 압축기 인터록 연결
3. 단수릴레이 사용
4. 동결방지용 TC부착
5. 증발압력 조정밸브 사용

**02** 냉수배관 동결방지용인 부동액의 선정 시 주의사항을 5가지만 쓰시오.

**정답**

1. 금속을 부식시키지 말 것
2. 펌프의 메커니컬 실을 손상시키지 말 것
3. 열교환 성능이 우수할 것
4. 스케일 생성을 방지할 것
5. 독성이 적고 화재의 위험성이 없을 것
6. 동결방지 효과가 우수한 제품일 것

**03** 증발기 제상방법 중 하나인 핫－가스(Hot－gas) 제상 방식의 종류를 5가지만 쓰시오.

**정답**

1. 액냉매를 제상용 수액기에 받는 방식
2. 가스압력을 저하시켜 감열에 의해 제상하는 방식
3. 증발기에서 응축액화한 냉매를 다른 냉각코일로 공급해 주는 방식
4. 재증발기를 이용한 방식
5. 축열조를 이용한 제상방식
6. 가역사이클을 채용한 제상방식

## 04 화면상에 보이는 증발기에서 저압이 과도하게 낮아지는 원인을 5가지만 기술하시오.

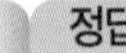

정답

1. 흡입여과망 폐쇄
2. 부하의 감소
3. 냉매충전량 과소 및 냉매의 누설
4. 증발기에 적상 과다 및 유막의 부착
5. 팽창밸브 개도의 과소

## 05 증발기 제상(서리제거)방법 중에서 핫–가스 제상에 대하여 설명하시오.

정답

보온하지 않은 나관의 코일 제상에 사용하며 압축기에서 배출한 고온 고압의 냉매가스를 증발기에 보내서 이 열기로 제상하는 방식이다.

## 06 화면에 나타난 냉동장치에서 운전 중 냉동능력이 감소하는 원인을 5가지만 기술하시오.

**정답**

1. 불응축가스 혼입
2. 증발기의 적상 과대 및 유막의 형성
3. 응축압력 상승
4. 증발압력 저하
5. 팽창밸브의 조작 불량

**07** 고압가스 제상에서 화면에 보이는 전자밸브의 누설 시 장치에 미치는 영향을 5가지만 쓰시오.

**정답**

1. 리퀴드백 발생 우려
2. 저압상승 및 고압상승
3. 냉동능력 감소에 의한 냉장실 온도상승
4. 소요동력 증대
5. 압축기가 장기간 과부하로 인하여 전동기 소손의 우려

**08** 화면상에 나타난 증발기에 유막이 형성된 경우(오일막 현상) 나타나는 부작용을 5가지만 기술하시오.

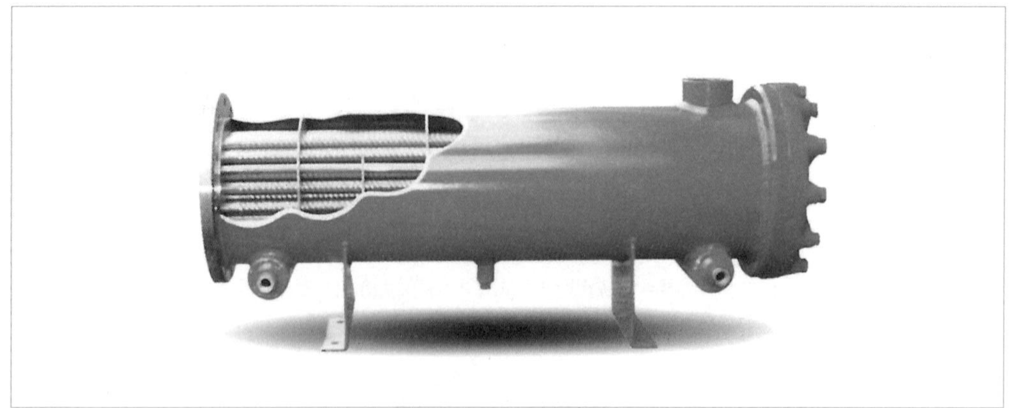

**정답**

1. 냉동능력 감소 및 소요동력 증대
2. 압축기 소손 및 체적효율 감소
3. 크랭크 케이스 내 유면 저하로 윤활기능 불량
4. 압축기 오일백 현상으로 오일 해머링 발생 우려
5. 증발압력 저하 및 냉장실 온도상승
6. 증발기 내 온도 저하 발생

**09** 화면에 보이는 증발기에 적상인 서리가 심하게 쌓인 경우 장치에 미치는 영향을 5가지만 기술하시오.

**정답**

1. 리키드백 발생 우려
2. 냉동능력 감소
3. 압축비 증가
4. 냉동능력당 소요동력 증가
5. 증발압력 저하
6. 냉동고 내 온도상승

## 10 증발기 적상 제거에 필요한 제상방법을 5가지만 쓰시오.

정답

1. 고압가스 제상(핫-가스 제상)
2. 브라인 분무제상(부동액 제상)
3. 온공기 제상
4. 압축기 정지제상
5. 전열식 제상
6. 살수식 제상

## 11 만액식 증발기에서 암모니아 냉매 사용 시 특징을 2가지만 쓰시오.

정답

1. 액헤더가 없으며 하부에 오일 드레인밸브가 있다.
2. 냉매액 입구가 하부에 존재한다.

## 12 화면상 보이는 액펌프식 냉각방식의 이점을 5가지만 쓰시오.

정답

1. 리키드백을 완전히 방지한다.
2. 제상 시 자동화가 용이하다.
3. 증발기에 오일이 고일 염려가 없다.
4. 증발기 냉각관에서 압력강하에 대한 영향이 없다.
5. 증발기 열통과율이 타 증발기보다 양호하다.

**13** 화면에서 보이는 핀을 부착한 핀코일 타입 증발기의 장점을 2가지만 쓰시오.

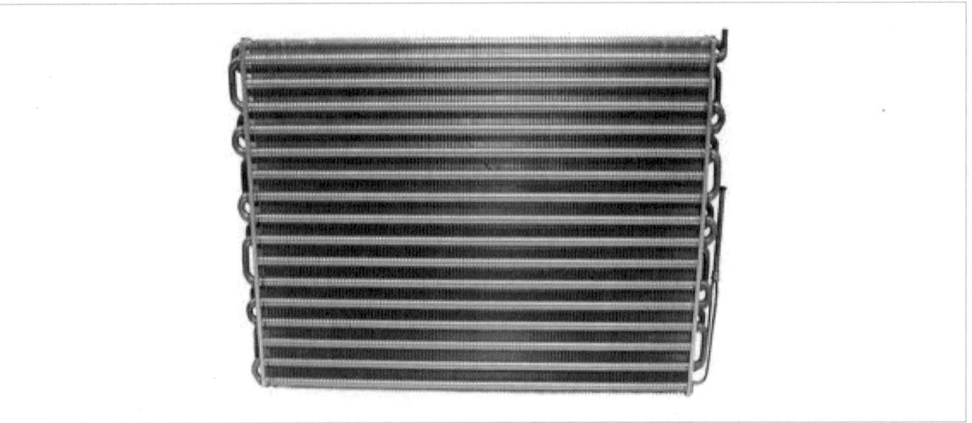

정답

1. 증발기 크기가 작아져서 설치 면적이 적어도 된다.
2. 같은 용량의 증발기에 비해 냉매 충전량이 적다.
3. 열교환이 양호하다.

**14** 냉장고에 필요한 열부하 계산에 필요한 열부하 종류를 5가지만 쓰시오.

정답

1. 냉장품에 의한 냉각에 필요한 부하
2. 전동기 발산에 의한 부하
3. 조명에 의한 발산 부하
4. 침입공기에 의한 냉각부하
5. 작업원의 발산 부하
6. 주위 벽을 통한 침입열 부하

**15** 냉장실의 에어커튼 설치 목적을 간단히 기술하시오.

정답

냉장실 입구 상부에 팬을 설치하여 도어 개폐 시 팬이 내부 공기와의 접촉을 막아주는 것을 에어커튼이라고 한다. 에어커튼은 냉장실 도어 개폐 시 외부공기와의 접촉을 막아서 냉장실 온도를 일정하게 유지하므로 동력부하를 방지하며 압축기 운전부하를 경감시킨다.

**16** 화면에 보이는 액체냉각용에 사용하는 증발기의 종류를 5개만 쓰시오.

정답

1. 만액식 셸 앤드 튜브식 증발기
2. 셸 앤드 코일식 증발기
3. 헤링본식 증발기(탱크형 증발기)
4. 건식 셸 앤드 튜브식 증발기
5. 보데로 증발기

**17** 공기냉각용 증발기 종류를 5가지만 쓰시오.

정답

1. 관코일식 증발기(나관식 증발기)
2. 판형 증발기
3. 멀티피드 멀티석션 증발기
4. 핀코일식 증발기
5. 캐스케이드식 증발기

## 18 증발방식 중 직접팽창 방식의 장점, 단점을 3가지씩 기술하시오.

정답

(1) 장점

1. 피냉각물질과 직접 열교환하므로 실온과 증발온도의 온도차가 적어서 효율적인 운전이 가능하다.
2. 시설이 간단하고 설치비가 적게 든다.
3. 순환하는 냉매량이 적다.

(2) 단점

1. 냉매의 소요 충전량이 많이 든다.
2. 여러 개의 냉장실을 동시 운영 시 팽창밸브수가 많아진다.
3. 냉동능력당 저장성이 작아서 정전이나 고장 시 냉장실온의 상승이 빠르다.
4. 냉매 누설로 냉장품 손실이 우려된다.

## 19 프리즈 업(Freeze up)에 대하여 간단히 설명하시오.

정답

냉동장치에 수분이 침투하여 팽창밸브 동결 폐쇄로 증발기로 냉매공급이 중단되어 증발기, 팽창밸브에 부착한 상이 녹았다가 녹은 수분이 다시 증발기로 재차 공급되어 상이 끼는 현상이다.

**20** **직접팽창식 증발기의 원리를 설명하고, 장점, 단점을 3가지씩 기술하시오.**

정답

(1) 원리 : 냉장실 냉각관 내로 직접 냉매를 흘려 보내서 피냉각물체로부터 직접 냉매의 증발잠열에 의해 열을 흡수하는 증발기이다.

(2) 장점
1. 동일 하한 냉장고 유지온도에 대하여 냉매의 증발온도가 높다.
2. 시설이 간단하다.
3. 순환하는 냉매량이 적다.

(3) 단점
1. 냉매가 누설하여 냉장품의 소손 우려가 있다.
2. 압축기 정지와 동시에 냉장실 온도가 상승한다.
3. 여러 개의 냉장실을 동시에 운영하는 경우 팽창밸브수가 많아진다.

**21** **간접팽창식 증발기의 원리를 설명하고, 장점, 단점을 3가지씩 기술하시오.**

정답

(1) 원리 : 브라인식이라고 하며, 액냉매의 증발에 의해 냉각이 된 브라인 2차 냉매를 냉각관에 순환시켜 물 또는 공기를 감열(현열)에 의해 냉각시켜 주는 간접 방식의 증발기이다.

(2) 장점
1. 냉매의 누설에 의한 냉장품의 소손 우려가 없다.
2. 팽창밸브 하나로도 냉장실이 여러 대가 설치되어도 능률적 운전이 가능하다.
3. 냉동기 운전 정지 후라도 냉장실 온도 상승이 느리다.

(3) 단점
1. 설비가 복잡하다.
2. 설치비가 많이 든다.
3. 소요동력이 증대하여 운전비가 많이 소요된다.

**22** **화면에 보이는 증발기에서 증발기 종류 4개마다 증발기 내의 냉매액, 냉매가스 범위를 (%)로 나타내시오.**

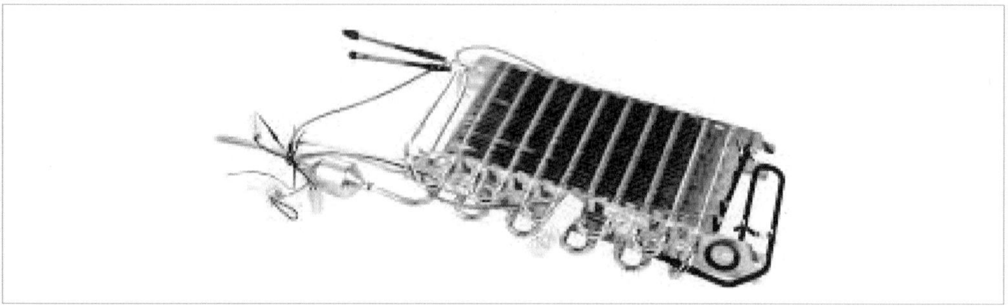

(1) 건식증발기
(2) 반만액식 증발기
(3) 만액식 증발기
(4) 액펌프식 증발기

**정답**

(1) 건식증발기 : 냉매액 : 25%, 냉매증기 75%
(2) 반만액식 증발기 : 냉매액 50%, 냉매증기 50%
(3) 만액식 증발기 : 냉매액 75%, 냉매증기 25%
(4) 액순환식 증발기(액펌프식 증발기) : 증발기출구 냉매액 80%, 냉매가스 20%

**23** **화면상 보이는 액펌프식 증발기의 장점을 3가지만 기술하시오.**

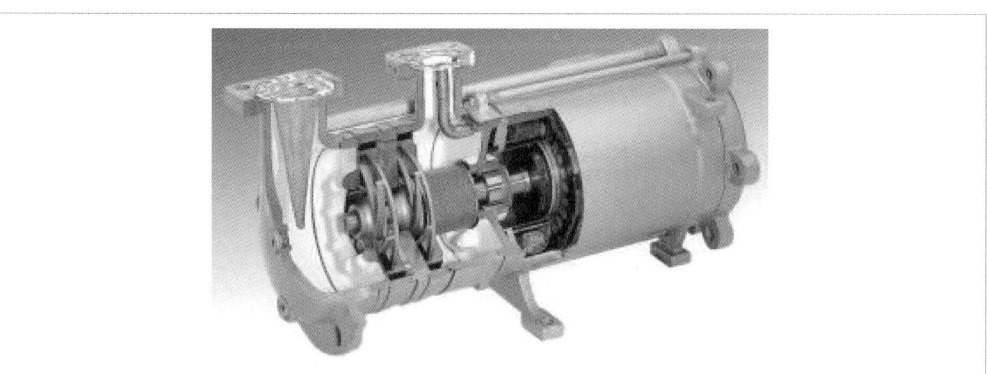

**정답**

1. 리키드백이 완전히 방지된다.
2. 세상의 사동화가 용이하나.
3. 전열 비율이 타 증발기에 비해 20%가 양호하다.

**24** 냉매액 분리기(어큐뮬레이터)가 충분해야 하는 증발기의 명칭을 쓰시오.

액분리기식 증발기

**25** 화면에 보이는 건식 증발기의 사용이 가능한 용도처를 2곳만 쓰시오.

**정답**

1. 냉장고
2. 에어컨

**26** 전열이 가장 양호한 증발기이며 대용량 사용이 가능한 증발기 종류를 2가지만 쓰시오.

1. 액펌프식 증발기 : 가장 양호하다.
2. 만액식 증발기

**27** 증발기에서 증발하는 냉매량의 4~6배로 액냉매를 액펌프에 의해 강제 순환시키는 증발기의 명칭을 쓰시오.

정답

액펌프식 증발기

**28** 대용량의 저온이나 급속동결 냉동장치에 알맞은 증발기 명칭을 쓰시오.

정답

액펌프식 증발기

**29** 액펌프식 증발기는 캐비테이션 방지를 위해 저압수액기가 액펌프보다 높아야 하는데, 액펌프보다 몇 (m) 높이에 설치하는 것이 이상적인지 쓰시오.

정답

1.2(m)

**30** 암모니아 만액식 셸 앤드 튜브식 증발기에서 셸 및 튜브 내에 흐르는 유체명을 쓰시오.

정답

1. 셸 : 냉매가 흐른다.
2. 튜브 : 브라인 냉매가 흐른다.

**31** 제빙장치로 많이 사용하는 증발기의 명칭을 쓰시오.

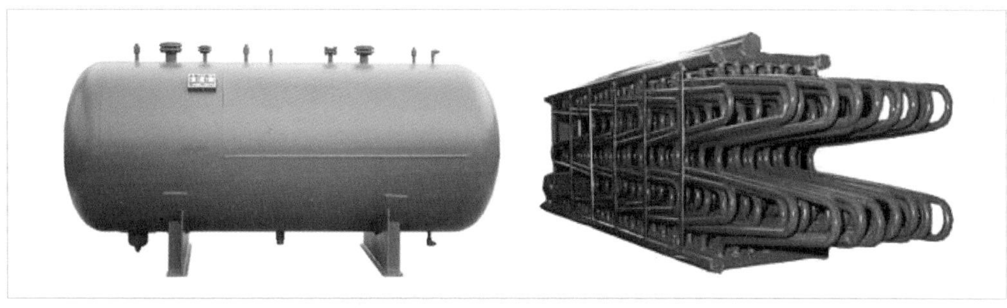

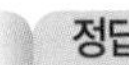
**정답**

탱크형증발기(헤링본식증발기)

**32** 교반기에 의해 브라인이 순환하는 탱크형 증발기는 전열이 양호한데, 교반기 속도는 약 (m/s) 인가?

**정답**

0.75(m/s)

**33** 공기를 냉각하는 증발기에는 대기 중의 수분이 응축하여 동결하고 냉각관 표면에 이것이 부착하여 전열불량, 냉장실 내 온도상승, 습압축 초래 등의 악영향을 미친다. 이 물질의 명칭을 쓰시오.

**정답**

적상(서리부착)

**34** 증발기 적상이 심한 경우 냉동장치에 미치는 나쁜 영향을 5가지만 쓰시오.

**정답**

1. 액압축현상 초래
2. 압축비 증대
3. 전열불량으로 냉장실 내 온도상승
4. 증발온도나 압력 저하 발생
5. 냉동능력 감소 및 체적효율 감소

6. 토출가스 온도상승으로 인한 윤활유 열화 및 탄화
7. 냉동능력당 소요동력 증대

## 35 고압가스(Hot－gas) 제상 시 주의할 점을 4가지만 기술하시오.

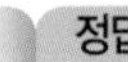


1. 증발기의 송풍기는 정지시킨다.
2. 냉매가스 압력은 0.6~0.7(MPa) 정도가 효과가 크다.
3. 제상전 송액을 차단하고 냉각기 내의 냉매액을 충분하게 흡입시킨 후에 제상을 실시한다.
4. 배수량이 적으므로 배수관을 가열시킬 필요가 있다.
5. 적당한 시기 및 신속한 시간 내에 제상을 실시한다.

## 36 살수식 제상의 원리 및 제상 시 주의할 점을 3가지만 쓰시오.

정답

(1) 원리 : 증발기 냉각관 표면에 온수를 살수하여 제상을 하는 방식이다.

(2) 제상 시 주의할 점
1. 제상 시 증발기의 팬을 정지시킨 후에 실시한다.
2. 핀 코일식 증발기의 경우 고압가스 제상과 병행하면 더 이상적이다.
3. 제상 살수 온도는 10~25(℃) 정도이다.
4. 수량공급은 약 140(L/min · $m^2$) 정도로 하면 이상적이다.

## 37 전열히터 제상의 원리와, 특성 및 제상 시 주의할 점을 4가지만 기술하시오.

(1) 원리 : 증발기 적상에 직접 히터를 설치하여 히터열로 제상하는 방식이다.

(2) 특성 및 제상 시 주의할 점
1. 자동제어가 용이하고 소형 냉동장치용이다.
2. 제상 시 반드시 전동기 모터를 정지시킨다.
3. 제상 전에 송액을 차단하고 실시한다.
4. 열손실이 많아서 동력소비가 많다.

**38** 브라인 분무 제상의 특징을 2가지만 쓰시오.

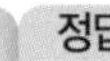

정답

1. 온-브라인(Hot brine)을 냉각관 표면에 분사시켜 제상하는 방식이다.
2. 브라인 저장 탱크가 필요하다.

**39** 부동액을 이용한 제상방식의 원리 및 제상 시 주의사항을 간단히 기술하시오.

정답

(1) 원리 : 에틸렌글리콜, 소금물 등 부동액으로 냉각관 표면을 순환시켜 적상이 생기지 않게 하는 제상방식이다.
(2) 주의사항 : 부식방지를 위하여 부동액 사용시 pH값의 조정이 반드시 필요하다.

**40** 온공기 제상방식에 대하여 주의사항을 3가지만 쓰시오.

정답

1. 압축기를 정지한 후에 증발기 팬을 가동시키면서 따뜻한 공기로 제상한다.
2. 제상시간은 약 6~8시간 정도 실시하여야 한다.
3. 냉장실 온도는 2~5(℃) 정도로 하고 냉장품에서 손상이 없는 경우에 제상을 실시한다.

**41** 다음 화면에 나타난 증발기의 명칭을 쓰시오.

정답

핀 튜브형 증발기

# 제6장 응축기

**01** 화면상에 나타난 장치의 명칭과 그 역할을 간단하게 기술하시오.

정답

1. 명칭 : 응축기
2. 역할 : 압축기에서 토출한 고온, 고압의 냉매가스를 상온하의 공기나 냉각수 중에 방출하여 고온의 냉매가스가 가지고 있는 열을 제거한 후에 기체상태의 가스를 응축, 액화시키는 기능을 한다.

**02** 화면에 나타난 응축기 중 냉매가스 열을 제거하는 냉각매체를 2가지로 구별하여 쓰시오.

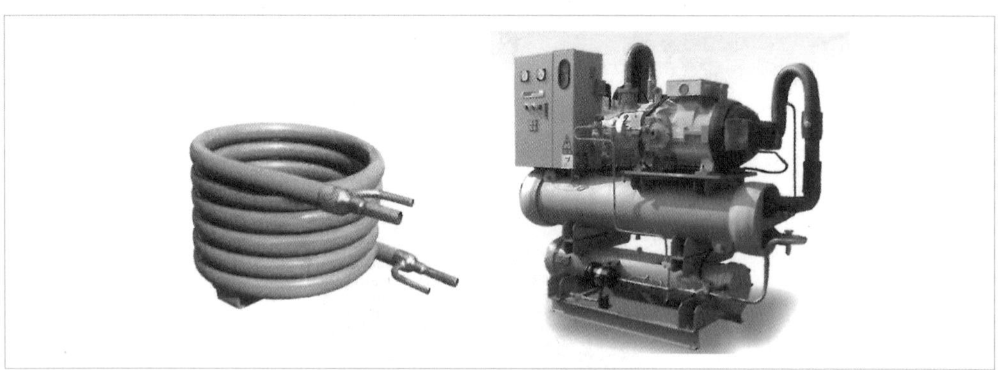

정답

(1) 공랭식 응축기
　1. 자연대류식
　2. 강제대류식

(2) 수랭식 응축기

**03** 화면에 나타난 공랭식 응축기와 수랭식 응축기의 특성을 3가지씩 쓰시오.

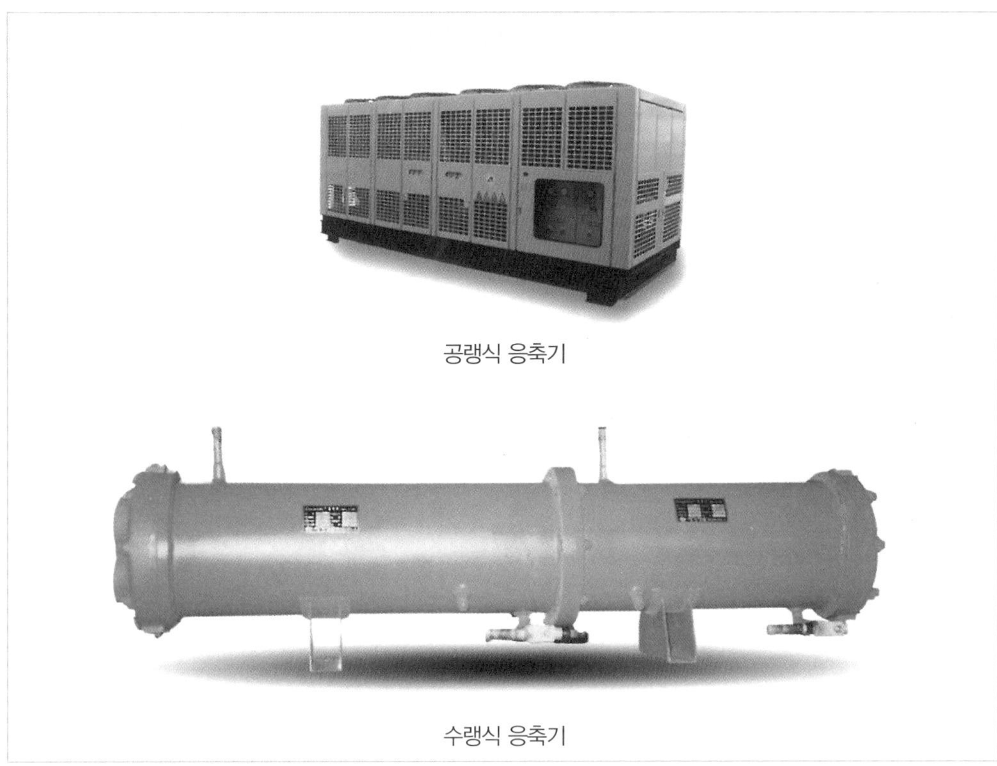

공랭식 응축기

수랭식 응축기

**정답**

(1) 공랭식 응축기

1. 전열이 수랭식에 비하여 불량하다.
2. 응축온도 및 응축압력이 높다.
3. 소형의 프레온 냉동장치에 사용된다.

(2) 수랭식 응축기

1. 응축기 배관 내에 냉각수를 통과시켜 냉매가스를 응축시킨다.
2. 공랭식보다 전열계수가 크다.
3. 대용량의 냉동장치에 많이 사용한다.

## 04 응축기의 종류를 5가지만 쓰시오.

정답

1. 입형 셸 앤드 튜브식 응축기

2. 횡형 셸 앤드 튜브식 응축기

3. 7통로식 응축기
4. 2중관식 응축기
5. 셸 앤드 코일식 응축기
6. 대기식 응축기
7. 증발식 응축기

## 05 셸 내부에는 냉매, 튜브에는 냉각수가 스월(swirl)에 의해서 관벽을 따라서 흐르면서 냉매가 응축되는 응축기의 명칭을 쓰시오.

정답

입형 셸 앤드 튜브식 응축기

**06** 다음 각 응축기의 열통과율(kcal/m$^2$ · h · c)을 쓰시오.

정답

1. 입형 셸 앤드 튜브식 응축기 : 750
2. 횡형 셸 앤드 튜브식 응축기 : 900
3. 7통로식 응축기 : 1,000
4. 2중관식 응축기 : 900
5. 셸 앤드 코일식 응축기 : 500~900
6. 대기식 응축기 : 600~650
7. 증발식 응축기 : 200~280

**07** 화면에 보이는 수랭식 응축기로 공급하는 냉각수의 단수사고를 예방하기 위한 조건을 4가지만 쓰시오.

수랭식 응축기

정답

1. 단수 릴레이를 사용한다.
2. 이상감수 경보장치를 설치한다.
3. 안전밸브를 충분하게 점검한다.
4. 고압차단스위치(HPS)를 설치한다.

**08** 화면에 나타난 수랭식 응축기용 냉각탑(쿨링타워)에서 손실수가 발생하는 원인을 쓰시오.

**정답**

물의 증발잠열에 의해 손실수가 발생한다.

**09** 화면에 보이는 공랭식 응축기에서 겨울철 외기온도가 내려가면 냉각이 불충분하다. 그 이유를 쓰고, 대책을 3가지만 기술하시오.

정답

(1) 이유 : 응축기의 주위 온도가 저하하여 응축압력이 너무 낮아져 팽창밸브를 통한 냉매순환량이 감소하여 냉각 능력이 저하한다.

(2) 대책

1. 응축압력을 올리기 위해 냉각풍량을 감소시킨다.
2. 액체냉매를 응축기에 고이게 하여 유효 냉각 면적을 감소시킨다.
3. 압축기 토출가스를 응축기로 직접 바이패스 시킨다.

**10** **수랭식 응축기 운전 중 고압이 조금 상승하는 이유나 원인을 3가지만 기술하시오.(단, 압축기는 이상이 없다.)**

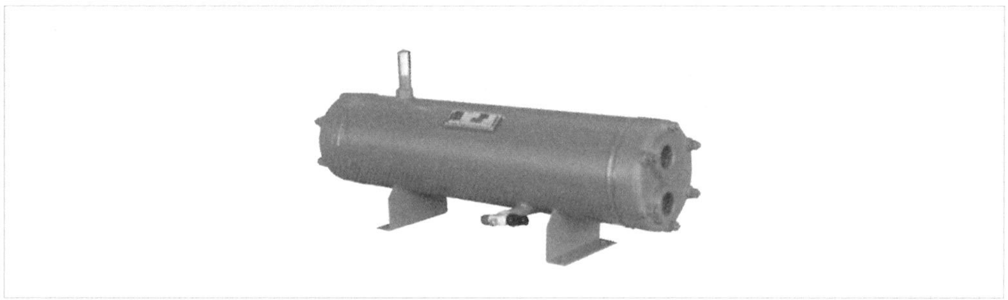

정답

1. 냉각수량 감소 및 냉각수 온도상승
2. 응축기 냉각관에 스케일 부착으로 전열이 방해된다.
3. 냉매 중의 불응축가스 존재를 확인한다.

**11** **냉매가스 토출압력을 조금 낮게 유지하고 능률적인 냉동기 운전을 하려면 어떤 점에 중점을 두어야 하는지 3가지만 기술하시오.**

정답

1. 냉각수 흐름이 일정하고 균등하게 분포되도록 한다.
2. 응축기에 스케일이나 오일 유막이 생기지 않도록 한다.
3. 응축기 내부에 공기 등 불응축가스가 혼입되지 않도록 한다.
4. 냉각관을 수시로 청소하고 전열을 양호하게 한다.

## 12 화면에 보이는 응축기의 3대 작용을 기술하시오.

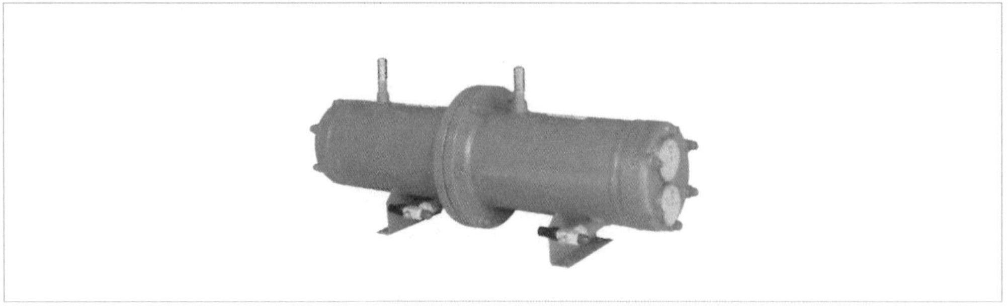

정답

1. 과열도 제거　　2. 냉매가스 응축　　3. 과냉각도 유지

## 13 화면에 보이는 횡형 응축기의 장점, 단점을 각 3가지씩 기술하시오.

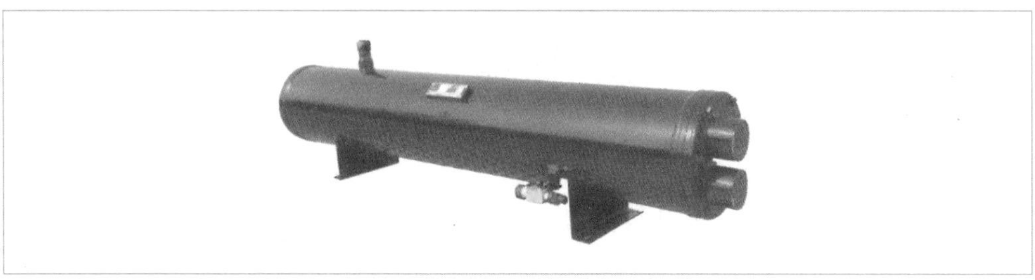

정답

(1) 장점

1. 냉각수량이 적게 든다.
2. 설치면적이 적다.
3. 능력에 비해 소형 제작이 가능하고 경량화가 가능하다.
4. 전열이 양호하다.

(2) 단점

1. 과부하가 곤란하다.
2. 냉각관이 부식되기 쉽다.
3. 냉각관 청소가 곤란하다.

## 14 응축기에서 사용하는 냉각수량이 큰 것, 작은 것에 해당하는 응축기를 하나씩만 쓰시오.

정답

1. 큰 것 : 입형 셸 앤드 튜브식 응축기
2. 작은 것 : 증발식 응축기

**15** 압력손실이 가장 중요시 되는 응축기를 쓰시오.

정답

증발식 응축기

**16** 소형 냉동기에 가장 적합한 응축기를 쓰시오.

정답

횡형 셸 앤드 튜브식 응축기

**17** 응축기 용량을 결정하는 데 필요한 요인을 5가지만 기술하시오.

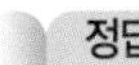

정답

1. 응축기의 표면적
2. 응축기의 온도차
3. 응축기의 청결도
4. 냉각유체의 순환상태
5. 유효한 냉각면적

## 18 응축 능력을 증가시키는 방법을 3가지만 기술하시오.

정답

1. 냉각수량을 증가시키거나 수온을 낮춘다.
2. 응축기 코일을 수시로 세척한다.
3. 냉각수 유속을 응축기에 맞게 설계한다.

## 19 2중관식 응축기의 장점과 단점을 3가지씩 기술하시오.

정답

(1) 장점
1. 고압에 잘 견딘다.
2. 냉각수량이 적게 든다.
3. 냉각수와 냉매가 역류하므로 과냉각도가 크다.

(2) 단점
1. 냉각관의 부식 발견이 어렵다.
2. 냉각관 교환이 불가능하다.
3. 냉각관 청소가 곤란하다.

**20** 습도에 영향을 많이 받는 응축기 종류를 2가지만 쓰시오.

정답

1. 대기식 응축기
2. 증발식 응축기

**21** 다음 화면에 보이는 냉각수를 만드는 쿨링타워(냉각탑) 설치 시 위치 선정에 관한 주의사항을 3가지만 기술하시오.

정답

1. 고온의 배기가스 영향을 받지 않는 장소에 설치할 것
2. 먼지나 공해가 적은 곳일 것
3. 공기의 유통이 원활하고 인접건물의 영향을 받지 않는 장소일 것
4. 냉동기로부터 가까운 장소일 것
5. 통풍 팬이나 물의 낙차로 인한 소음으로 주위에 피해를 주지 않는 장소일 것
6. 설치 보수 및 점검이 용이한 장소일 것
7. 현재 기존의 냉각탑이 있는 장소라면 상호 2(m) 이상 이격거리를 두고 설치할 것

**22** 다음 화면상에 보이는 대향류식 수랭식 응축기의 냉각관 화학세정방법 2가지 및 세정제 4가지, 세정효과를 확인하는 방법 3가지를 쓰시오.

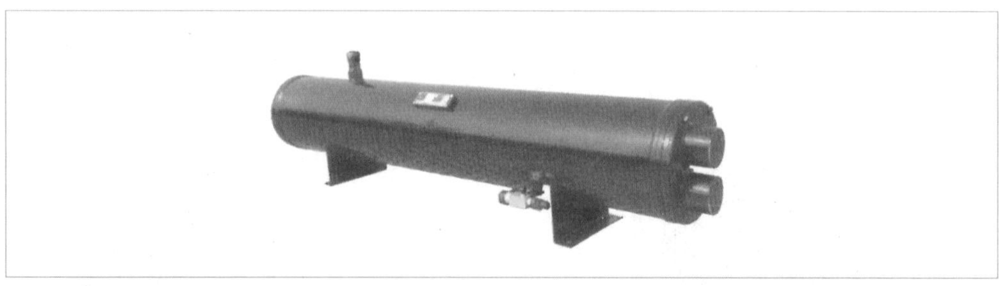

정답

(1) 화학세정법
  1. 정치법
  2. 순환법
(2) 화학세정제 : 쿨민, 묽은 황산, 묽은 염산 등
(3) 화학 세정효과 확인 방법
  1. 세정 중 나오는 물때의 정도로 확인
  2. 압축기 토출가스 압력의 감소 정도로 확인
  3. 냉각수 계통의 압력손실 감소 정도로 확인

**23** 증발식 응축기나 쿨링타워에서 물이 증발하지 않고 비산되어 손실수량이 발생하는 것을 무슨 현상이라고 하는지 쓰시오.

정답

캐리오버(Carry over) 현상

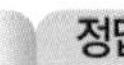
**24** 스케일 형성을 방지하기 위하여 순환수의 일부를 버리거나 일시적으로 배수하는 작업형태를 무엇이라고 하는지 쓰시오.

**정답**

블로 다운(Blow down)

**25** 냉각탑에서 증발하거나 캐리오버 현상, 블로 다운에 의해서 손실되는 물을 보급하여 주는 작용을 뜻하는 용어를 무엇이라고 하는지 쓰시오.

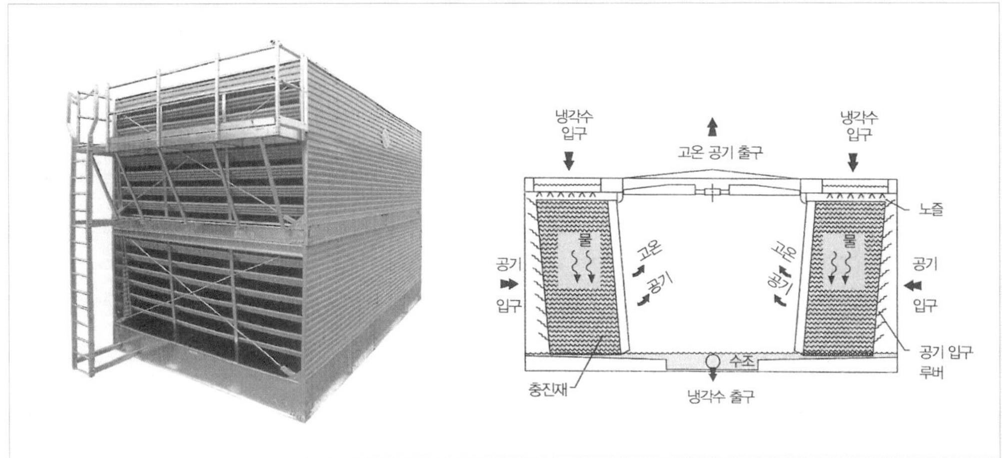


**정답**

메이크 업(Make up)

**26** 냉동장치에서 동절기 외기온도가 급격히 저하하는 경우 공랭식 냉동기 운전에서 일어나는 문제점을 3가지만 쓰시오.

**정답**

1. 응축압력 감소로 고압, 저압의 차가 적어져서 냉매의 공급량이 감소한다.
2. 저압이 낮아져서 냉동능력이 감소한다.
3. 과냉각도가 감소하여 플래시가스가 증가하므로 냉동능력이 감소한다.

## 27 화면에 나타난 응축기에서 응축온도가 높아지는 경우 그 원인을 3가지만 기술하시오.

정답

1. 불응축가스의 혼입
2. 응축부하 증대
3. 냉각수량 부족 및 수온의 상승
4. 응축기 냉각관의 물때부착 및 유막이 끼어서 전열 열교환이 불량한 경우

## 28 화면상의 각종 응축기에서 이용하는 냉각 열매체를 5가지만 쓰시오.

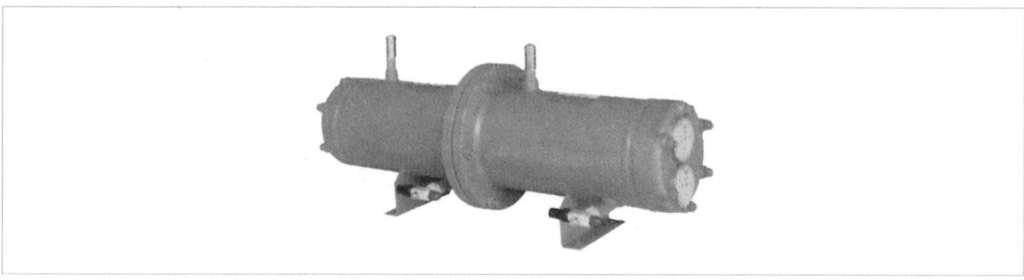

정답

1. 자연통풍식 이용
2. 분수지 이용
3. 강제통풍식 이용
4. 대기 이용식
5. 냉수지 이용

## 29 응축기를 2대 이상 병렬로 사용할 경우 주의사항을 간단하게 기술하시오.

정답

1. 응축기의 전열상태를 확인한다.
2. 응축압력의 차가 없어야 한다.
3. 응축기 코일을 자주 세척한다.

**30** 응축압력의 상승 원인을 5가지만 쓰시오.

정답

1. 냉각수량 부족 및 수온상승
2. 불응축가스 혼입
3. 냉매 과충전
4. 응축부하 증대
5. 응축기 하부에 냉매액, 오일이 고여서 유효 전열면적 감소

**31** 화면상에 나타난 냉각탑에서 쿨링 레인지에 대하여 설명하시오.

정답

쿨링 레인지 = (냉각탑 냉각수 입구수온 – 냉각탑 냉각수 출구수온)

**32** 냉각탑의 쿨링 어프로치에 대하여 설명하시오.

정답

쿨링 어프로치 = (냉각탑 냉각수 출구수온 – 입구공기 습구온도)

**33** 공랭식 응축기의 열통과율(kcal/m² · h · c)을 자연대류식, 강제대류식으로 구분하여 쓰시오.

**정답**

1. 자연 대류식 = 5(kcal/m² · h · c)
2. 강제 대류식 = 25(kcal/m² · h · c)

**34** 응축기 중 열통과율이 1,000(kcal/m² · h · c)이나 되는 가장 큰 2중관식 응축기에서 내관, 외관에 서로 역류로 흐르는 유체명을 쓰시오.

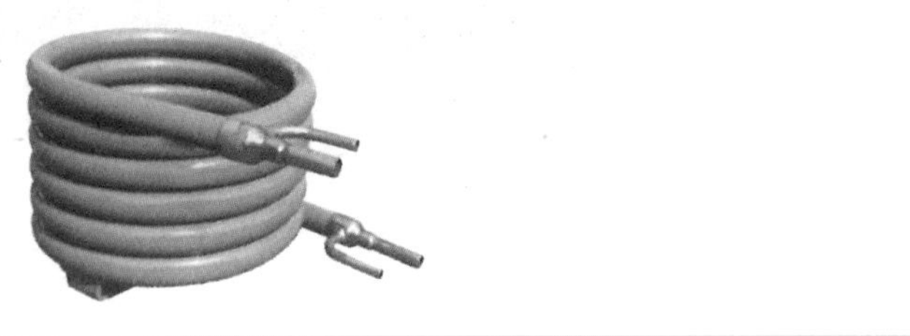

**정답**

1. 내관 = 냉각수
2. 외관 = 냉매

**35** 응축기 배관에 분무노즐을 통해 냉각수를 분사시켜 여기에 풍속 3(m/s) 정도의 외기를 통해 물을 증발시켜 냉매를 응축시키는 응축기 명칭을 쓰시오.

증발식 응축기

**36** 상부에 스프레이 노즐이 설치되어 냉각수를 고르게 분포시키며 냉각수 분사로 물의 일부가 증발작용에 의해서도 일부 냉각되는 응축기 명칭을 쓰시오.

**정답**

대기식 응축기

**37** 화면상에 나타난 수랭식 냉각탑의 기능이나 역할을 간단하게 기술하시오.

**정답**

응축기에서 냉매로부터 열을 흡수하여 온도가 높아진 냉각수를 냉각시켜 다시 사용함으로써 냉각수의 소비를 경감시켜 냉동기 등의 경제적인 운전을 도모한다.

## 38 화면에 나타난 대향류형 쿨링타워(Cooling tower)의 특징이나 기능을 5가지만 기술하시오.

정답

1. 공기접촉 및 물의 증발잠열에 의해서 냉각되므로 증발식 응축기와 원리는 비슷하다.
2. 외기의 습구온도에 영향을 받는다.
3. 외기 습구온도는 냉각탑의 냉각수 출구 온도보다 항상 낮다.
4. 수원이 풍부하지 못하거나 냉각수를 절약하고자 하는 경우에 사용이 편리하다.
5. 물의 증발로 냉각수를 냉각시키는 경우에 2% 정도 소비로 1℃의 수온을 하강시킨다.
6. 사용되는 냉각수의 95% 정도가 회수된다.

## 39 공랭식 응축기의 세관방식을 3가지만 기술하시오.

정답

1. 와이어 브러시 등을 사용한다.
2. 0.4~0.6(MPa) 압력의 스팀 클리너를 사용한다.
3. 공기 압축기를 사용한다.

**40** 냉각수의 절약방법을 5가지만 쓰시오.

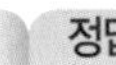

정답

1. 절수밸브 사용
2. 응축기 내 불응축가스 제거
3. 증발식 응축기(에바콘) 사용
4. 냉각수의 균일한 분포
5. 냉각탑 사용
6. 압축기 토출가스 과열도 제거(과열제어기 사용)
7. 응축기 내 유막 및 스케일 제거

**41** 화면에 보이는 응축기에서 상부는 따뜻하나 하부는 식어 있는 원인을 3가지만 쓰시오.

정답

1. 냉매액이나 오일이 응축기에 고여서 냉각면적이 감소
2. 응축기 출구밸브 조작 미숙
3. 냉매의 과충전

**42** 20RT 냉동장치에서 25PS 마력이 필요하다면 응축부하는 몇 (kcal/h)인가?(단, 1PS = 641 (kcal/h)이다.)

정답

1RT = 3,320(kcal/h)

∴ 응축부하 = 20×3,320 + 25×641 = 82,425(kcal/h)

**43** 냉각탑의 냉각수량이 200(L/min)이고 냉동기의 응축기 전열면적이 20($m^2$), 냉각수 입구온도가 24.5℃, 출구온도가 29.5℃일 때 응축온도는 몇 (℃)인가?(단, 응축기 열통과율은 750(kcal/$m^2$h℃)이다.)

**정답**

냉각부하($Q$)$= W \cdot C \cdot \Delta t = 200 \times 1 \times (29.5 - 24.5) \times 60 = 60,000$(kcal/h)

온도차($\Delta t_m$)$= \dfrac{Q}{K \cdot F} = \dfrac{60,000}{750 \times 20} = 4$

$\therefore t$(응축온도)=평균온도+온도상승$= \dfrac{24.5 + 29.5}{2} + 4 = 31$(℃)

**44** 다음 그림을 보고 응축온도(℃)를 구하시오.

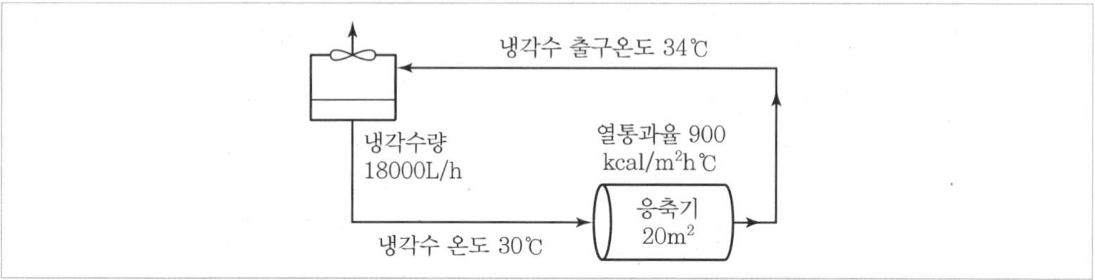


**정답**

응축부하($Q$)$= 18,000 \times 1 \times (34 - 30) = 72,000$(kcal/h)

온도차($\Delta t_m$)$= \dfrac{Q}{K \cdot F} = \dfrac{72,000}{900 \times 20} = 4$℃

$4 = t_2 - \dfrac{30 + 34}{2}$ $\therefore$ 응축온도($t_2$)$= \dfrac{30 + 34}{2} + 4 = 36$(℃)

**45** 45RT 냉동기(프레온 냉매 사용)에서 냉각수 입구수온이 23(℃), 출구수온이 28(℃)이면 응축기에 필요한 냉각수량은 몇 (L/h)인가?(단, 1RT = 3,320(kcal/h)이다.)

**정답**

$Q = W \cdot C \cdot \Delta t$

$W = \dfrac{Q}{C \cdot \Delta t} = \dfrac{45 \times 3320}{1 \times (28 - 23)} = 29,880$(L/h)

**46** 암모니아 냉동 수랭응축기에서 응축부하가 12,000(kcal/h)이다. 냉각탑에서 냉각수량을 50(L/min) 소비하며 냉각수 입구 온도가 18(℃)이면 응축기 출구 냉각수 온도는 몇 (℃)인가?(단, 1시간 = 60min이다.)

**정답**

온도차$(\Delta t) = \dfrac{Q}{W \cdot C} = \dfrac{12,000}{50 \times 1 \times 60} = 4$

∴ 출구온도$(t) = 18 + 4 = 22$(℃)

**47** 다음 그림을 보고 냉각탑(응축기 등)에서 냉각탑 냉각수 순환량(L/min)을 구하시오.

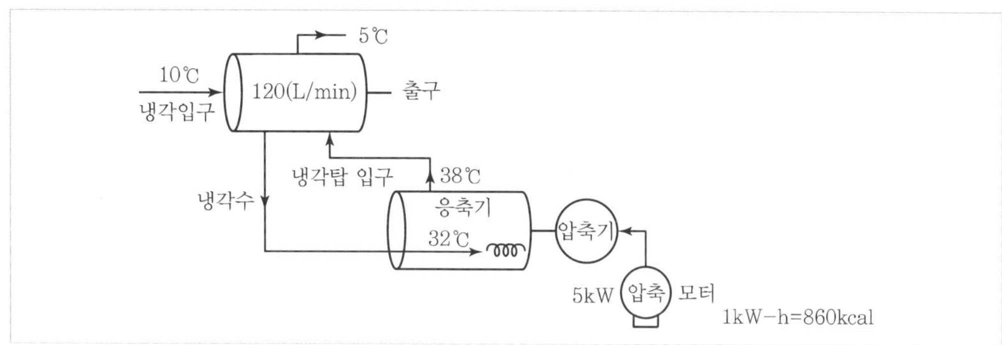


**정답**

냉방부하$(Q) = W \cdot C \cdot \Delta t$

$= 120 \times 1 \times (10-5) \times 60 = 36,000$(kcal/h)

전동기 일의 열당량 = 5×860 = 4,300(kcal/h)

총부하 = 36,000 + 4,300 = 40,300(kcal/h)

∴ 냉각수 순환량$(W) = \dfrac{40300}{1 \times (38-32) \times 60} = 111.9$(L/min)

**48** 암모니아 냉동기에서 1RT의 수랭식 응축기의 열통과율이 900(kcal/m²h℃)이다. 냉각수와 응축냉매의 온도차가 5(℃)일 경우 냉동기 응축기의 전열면적은 몇 (m²)인가?(단, 냉각탑은 대향류형이다.)

정답

$Q = K \cdot F \cdot \Delta t_m$, $F = \dfrac{Q}{K \cdot \Delta t_m}$, $\Delta t_m$ (냉각수와 응축 냉매의 온도차)

$\therefore$ 전열면적$(F) = \dfrac{1 \times 3,320}{900 \times 5} = 0.74(\text{m}^2)$

**49** 다음의 조건에서 수랭식응축기의 응축전열면적(m$^2$)을 구하시오.(단, 1RT 냉동기, 방열계수 1.3, 응축온도 35℃, 냉각수 입구수온 27℃, 냉각수 출구수온 33℃, 응축온도와 냉각수 평균온도차 5℃, 전열면적 열통과율($K$) = 900(kcal/m$^2$h℃)이다.)

정답

냉동기 응축부하$(Q) = 1 \times 3,320 \times 1.3 = 4,316$(kcal/h)

$Q = K \cdot F \cdot \Delta t_m$, $F = \dfrac{Q}{K \cdot \Delta t_m}$

$\therefore$ 응축기면적$(F) = \dfrac{4,316}{900 \times \left(35 - \dfrac{27+33}{2}\right)} = 0.96(\text{m}^2)$

**50** 5RT 냉동기에서 압축기의 소요동력이 5PS이면 응축기의 응축부하는 몇 (kcal/h)인가? (단, 1RT = 3,320kcal/h, 1PS = 632kcal/h이다.)

정답

응축부하$(Q) = Q_1 + A_w = (5 \times 3,320) + (5 \times 632) = 19,760$(kcal/h)

**51** 냉동기 압축기 소요동력 10kW에서 응축기 냉각수 입구온도 22(℃), 냉각수 출구온도 30(℃), 냉각수량이 70(L/min)일 때 이 냉동장치의 냉동능력은 몇 RT인가?(단, 1kW = 860kcal/h, 1RT = 3,320kcal/h이다.)

정답

응축부하 $= 70 \times 1 \times (30 - 22) \times 60 = 33,600$(kcal/h)

압축기 일의 열당량 $= 10 \times 860 = 8,600$(kcal/h)

냉동능력(증발능력) $= 33,600 - 8,600 = 25,000$(kcal/h)

$\therefore$ 냉동능력(RT) $= \dfrac{25,000}{3,320} = 7.53$(RT)

# 제7장 팽창밸브

**01** 화면상에 보이는 팽창밸브의 기능을 간단하게 기술하시오.

**정답**

응축기에서 응축된 고온, 고압의 냉매액을 증발기에서 다시 증발하기 좋도록 저온, 저압의 냉매액으로 만들고 부하변동에 따라서 적당한 냉매량을 증발기에 공급해 주는 기능을 가지는 기기이다.

**02** 화면에 보이는 수동식 팽창밸브를 과도하게 잠그면 장치에 어떤 영향을 미치는지 5가지만 기술하시오.

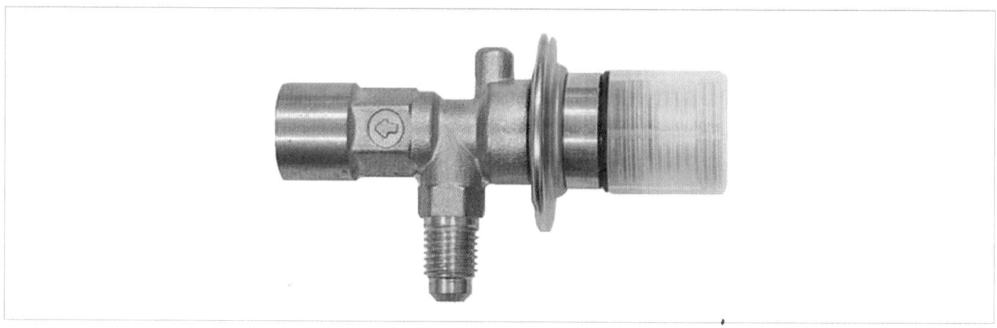

**정답**

1. 저압이 저하된다.
2. 냉동능력이 감소한다.
3. 냉매 토출가스 온도가 상승된다.
4. 냉동능력당 소요동력이 증대한다.
5. 흡입가스 과열로 압축기 과열이 염려된다.
6. 오일의 탄화 및 윤활불량이 초래된다.

**03** 다음 화면에 보이는 온도식 자동팽창밸브의 설치 위치를 쓰시오.

정답

흡입관 감온통을 넘어서 흡입관 상부에 설치한다.

**04** 화면상의 모세관용 팽창밸브 사용 시 열교환이 이루어지지 않을 경우에 나타나는 영향을 2가지만 쓰시오.

정답

1. 리키드백 우려가 있다.
2. 과냉각도가 작아져서 플래시가스 발생이 증가하므로 냉동능력이 감소한다.

## 05 화면상에 나타난 팽창밸브 구입 시 선정 조건을 3가지만 쓰시오.

**정답**

1. 사용냉매 명
2. 냉동기의 용량에 맞을 것
3. 고온용, 저온용 구별

## 06 온도식 자동 팽창밸브(TEV) 설치 시 주의사항을 3가지만 쓰시오.

**정답**

1. 팽창밸브 본체는 감온통보다 높은 곳에 설치한다.
2. 감온통 설치 시 냉매액이 고이는 트랩 부분에 설치하지 않는다.
3. 증발압력강하가 0.14(kg/cm$^2$) 이상인 경우에는 외부 균압관을 설치한다.

## 07 팽창밸브 선정 시 선정 기준을 5가지만 쓰시오.

**정답**

1. 사용용도
2. 냉매 종류
3. 응축 및 증발 압력
4. 응축 및 증발 온도
5. 이음치수
6. 밸브 본체의 설치장소 및 온도조건

## 08 디스트리뷰터(냉매분배기)의 종류를 3가지만 쓰시오.

정답

1. 압력강하형
2. 원심형
3. 벤투리형

## 09 냉동기용 팽창밸브의 종류 5가지를 쓰시오.

정답

1. 수동식 팽창밸브
2. 정압식 팽창밸브
3. 온도식 자동팽창밸브
4. 플로트식 팽창밸브
5. 모세관 팽창밸브

## 10 화면에 나타난 전자밸브(솔레노이드 밸브) 설치 시 주의사항을 3가지만 기술하시오.

정답

1. 유체가 흐르는 방향으로 전자밸브 출구와 입구를 맞추어 설치할 것
2. 플란저가 수직이 되도록 설치할 것
3. 사용하는 전압에 주의할 것
4. 전자밸브 입구측에 여과기를 설치할 것

## 11 화면상으로 보이는 팽창밸브에서 팽창밸브 작동 시 불안정되는 원인을 5가지만 쓰시오.

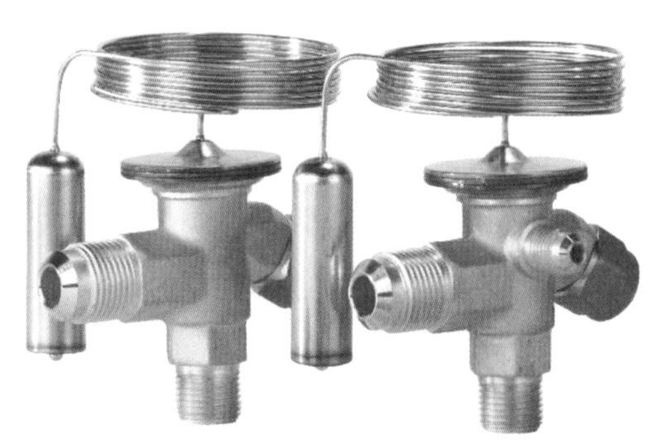

정답

1. 부하가 너무 작다.
2. 급격한 부하변동 시
3. 냉각관 길이가 너무 길다.
4. 액관 내 수시로 플래시가스 발생
5. 용량이 너무 크다.
6. 응축압력 및 온도의 급격한 변화

## 12 온도조절식 자동팽창밸브 개폐 시 작용하는 압력을 3가지만 기술하시오.

정답

1. 감온통에 도입된 가스 압력이 다이어프램(격막)에 작용하는 압력이나 힘
2. 과열도 조절나사의 스프링 압력
3. 증발기 내의 증발압력

## 13 온도식 자동 팽창밸브 사용 시 감온통을 포켓에 삽입하는 이유를 2가지만 쓰시오.

정답

1. 감온통의 감도를 증가시킬 경우
2. 외부 공기의 흐름에 영향을 받을 경우

## 14 온도조절 자동 팽창밸브 설치시 과열도 조절에 대하여 물음에 답하시오.

(1) 조절나사를 시계방향으로 돌리면 어떠한 현상이 나타나는지 쓰시오.
(2) 조절나사를 시계 반대방향으로 돌리면 어떠한 현상이 나타나는지 쓰시오.

정답

(1) 스프링의 장력이 증가하여 과열도가 커진다.
(2) 스프링 장력이 감소하여 과열도가 작아진다.

## 15 온도식 자동팽창밸브 감온통 누설 시 냉동장치에 미치는 영향을 4가지만 기술하시오.

정답

1. 기계효율 감소
2. 실린더 과열
3. 윤활유 열화 및 탄화의 우려
4. 소요동력 증대 및 냉동능력 감소
5. 팽창밸브 폐쇄로 흡입가스 과열로 인한 토출가스 온도 상승

## 16 화면상에서 보이는 모세관 팽창밸브 사용 시 다음 물음에 답하시오.

(1) 모세관의 길이가 너무 길 때 나타나는 현상을 쓰시오.
(2) 모세관의 길이가 너무 짧을 때 나타나는 현상을 쓰시오.

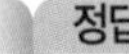

정답

⑴ 고압상승, 저압저하로 순환냉매량이 부족하여 흡입가스 과열이 우려된다.
⑵ 저압상승에 의해 저압측 냉매가 과대하여 냉매가스 습압축이 우려된다.

**17** **모세관 팽창밸브 부착 시 냉동장치에서 고압이 상승하는 경우 장치 내에 어떤 현상이 일어나는지 간단하게 설명하시오.**

정답

고압, 저압의 차가 커지고 압축비가 커지면서 냉매통과량이 많아져서 액압축의 우려가 생긴다.

**18** **화면에 보이는 전자밸브의 역할이나 기능을 간단하게 기술하시오.**

정답

전기적인 조작에 의하여 밸브 본체를 자동적으로 개폐하여 냉매 유량을 조절한다.
(종류 : 직동식, 파일럿식)

**19** 수동식 팽창밸브에 사용하는 밸브의 명칭을 쓰시오.

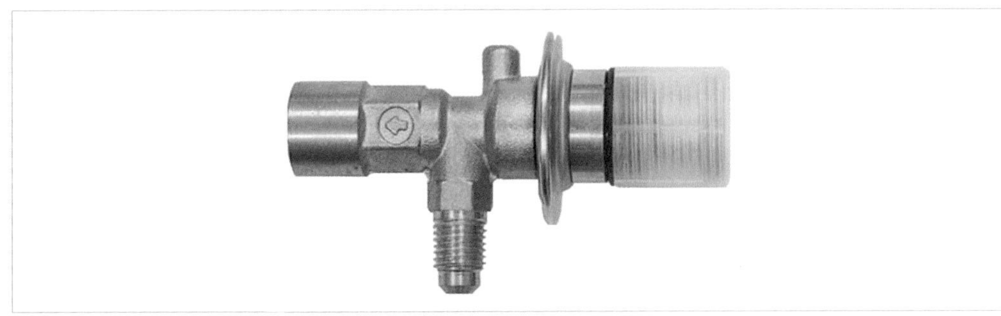

**정답**

니들밸브

**20** 화면상에 나타난 정압식 팽창밸브(AEV)의 원리를 간단하게 기술하시오.

**정답**

증발압력이 높아지면 밸브가 닫히고 증발압력이 낮아지면 밸브가 열려서 증발압력을 항상 일정하게 유지하기 위해 개폐가 된다.

**21** 온도식 자동팽창밸브의 기능이나 역할을 간단하게 서술하시오.

**정답**

증발기 출구의 흡입증기 냉매의 과열도를 일정하게 유지하며 팽창밸브가 개폐된다. 즉, 냉동부하의 변동에 따라 개도가 조절되는 구조의 팽창밸브이다.
(부하가 감소하면 밸브가 닫히고 부하가 증가하면 밸브가 열리는 구조이다.)

**22** 온도식 자동팽창밸브의 냉매 충전방식 3가지를 쓰시오.

정답

1. 가스충전 방식
2. 액체충전 방식
3. 크로스 충전 방식(벨로스식, 다이어프램식의 2가지가 있다.)

**23** 온도식 자동팽창밸브(TEV) 흡입관경에 따라서 감온통 부착 위치가 서로 다른데, 다음에 열거한 관경에 따라서 감온통 부착 위치를 쓰시오.

(1) 흡입관경 20(mm) 이상
(2) 흡입관경 20(mm) 이하
(3) 흡입관경이 굵거나 외기 온도의 영향을 받을 경우

정답

(1) 흡입관 수평에서 아래쪽으로 45° 위치에 밀착
(2) 흡입관 상부에 밀착
(3) 흡입관 내 포켓을 설치한 후 부착

**24** 냉동기에 설치된 고압식 부자밸브의 사용처를 2가지만 쓰시오.

정답

1. 만액식 증발기
2. 터보 냉동기

## 25 모세관 팽창밸브의 장점, 단점을 각 2가지씩 기술하시오.

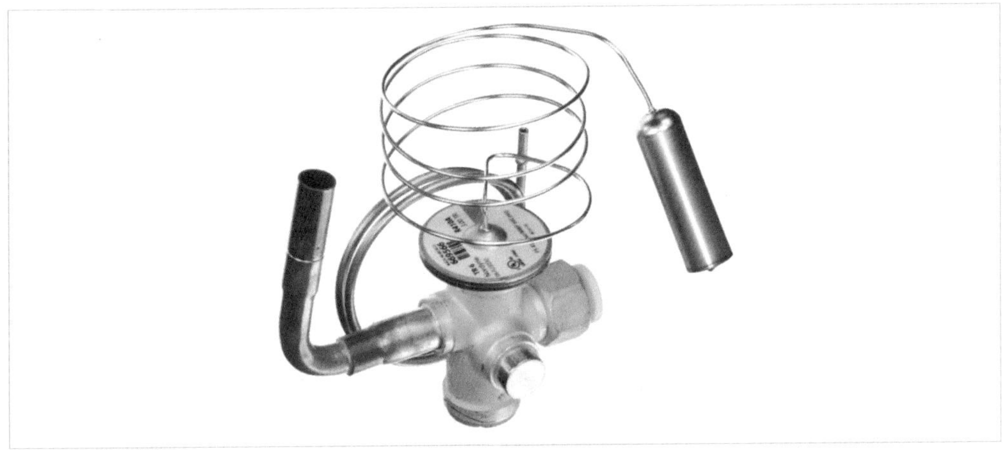

정답

(1) 장점

1. 구조가 간단하고 가격이 싸다.
2. 조절이 불필요하다.
3. 냉동기 운전 시 기동부하가 적다.

(2) 단점

1. 쉽게 막히거나 휘기가 쉽다.
2. 냉매의 충전량을 정확하게 해야 한다.

## 26 다음 화면에 나타난 장치의 명칭을 쓰시오.

정답

팽창밸브

# 제8장 2단압축, 2원냉동, 다효압축

**01** 다음 그림에서 나타난 압축기에서 2단압축의 필요성이나 선택목적을 기술하시오.

**정답**

1대의 압축기로 저온의 증발온도를 유지하려면 압축비가 6 이상 증대하고 토출가스 온도상승, 실린더 과열, 윤활유 열화, 체적효율 감소, 냉동능력 감소, 소요동력 증대 등 여러 가지 장치에 악영향이 나타난다. 이를 해소하기 위하여 압축방식을 고단, 저단 등으로 2단압축 하면 압축비가 감소하여 효율적인 냉동을 행하기가 용이해진다.

**02** 다음 압축기에서 2단압축을 해야 하는 조건을 3가지만 기술하시오.

**정답**

1. 압축비가 6 이상인 경우
2. 암모니아 냉동장치에서 −35(℃) 이하를 얻고자 하는 경우
3. 프레온 냉동장치에서 −50(℃) 이하의 저온을 얻고자 하는 경우

**03** 다음 화면에 보이는 2단압축에서 중간냉각기(인터쿨러)의 역할을 3가지만 기술하시오.

**정답**

1. 저단측 토출가스의 온도를 냉각시켜 고단측 압축기가 과열되는 것을 방지
2. 고단측 압축기 흡입가스 중 냉매액을 분리하여 리키드백을 방지
3. 증발기에 공급되는 고압의 냉매액을 과냉각시켜 냉동효과 및 성적계수 향상

※ 중간냉각기 종류 : 피셔식 인터쿨러, 액－냉각식, 직접팽창식, 보조용 수냉각－중간냉각기 등

**04** 2단압축에서 부스터(Booster) 압축기를 사용하는 이유를 설명하시오.

**정답**

저압측 압력을 현저하게 낮게 유지해야 하는 작업장에서 저온냉동장치에서 1대의 압축기로 응축압력까지 압축하는 데는 무리가 따르므로 저압에서 중간압력까지 압축하기 위한 보조적 역할을 하는 저단측 압축기를 사용한다.

## 05 다음 화면상에서 2단압축기를 이용하는 냉동장치의 부속 구성요소를 4가지만 쓰시오.

**정답**

1. 자단압축기(부스터 압축기)
2. 중간냉각기
3. 저압수액기
4. 액펌프

## 06 액관의 액봉현상이 1단압축기보다 2단압축기에서 더 발생할 우려가 많은 이유를 쓰시오.

**정답**

1단압축(단단압축)보다 2단압축 시 조건온도가 낮기 때문에 액봉현상 발생 시 2단압축기 쪽의 냉매가스 팽창률이 더 커지기 때문이다.

## 07 2단압축 냉동장치를 3가지로 분류하시오.

**정답**

1. 이코너마이저 냉각기를 사용하는 방식
2. 써부쿨러 냉각기를 사용하는 방식
3. 인터쿨러 중간냉각기를 사용하는 방식

**08** 2단압축 팽창사이클 종류를 3가지만 쓰시오.

정답

1. 2단압축 1단팽창 사이클 방식
2. 2단압축 2단팽창 사이클 방식
3. 컴파운드 압축기 사이클 방식(단기 2단압축 방식)

**09** 압축기를 1대의 압축기로 기통을 저단측, 고단측 2단으로 나누어 사용함으로써 냉동기 설치면적, 중량, 설비비 등을 절감할 수 있는 2단압축 방식은 어떤 방식에 해당하는지 쓰시오.

정답

컴파운드 압축 방식

**10** 다음 화면상의 그림에서 나타난 2원냉동의 원리에 대하여 간단히 기술하시오.

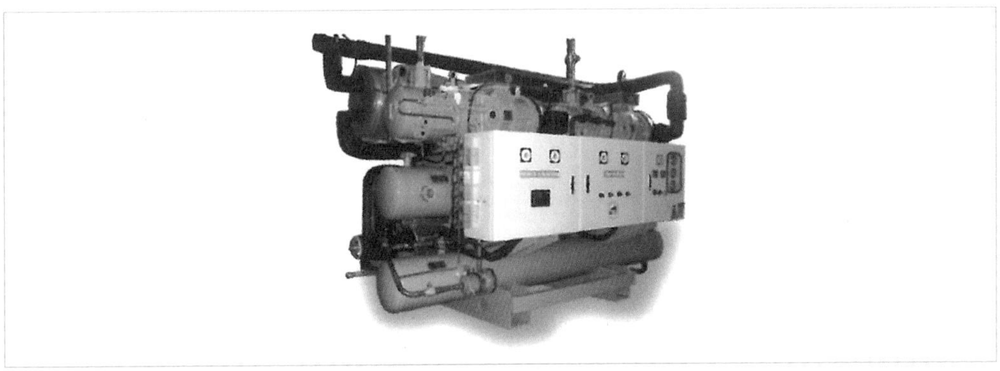

정답

2단압축이나 다단압축 방식으로는 초저온을 얻는 데 한계가 있으므로 −70(℃) 이하의 증발온도를 얻기 위해 채택하는 방식이다.
(서로 다른 냉매나 동일 냉매를 이용하여 각각 독립된 사이클을 저온측과 고온측으로 분리하여 행해지는 냉동방식)

**11** 화면에 나타난 2원냉동에서 사용하는 냉매를 저온측, 고온측 냉매로 분리하여 사용되는 냉매의 종류를 각 3가지씩 쓰시오.

정답

1. 저온측에 사용하는 비등점이 낮은 냉매 종류 : R－13, 14, 22, 에틸렌, 메탄, 프로판 등
2. 비등점이 높은 고온측 냉매 종류 : R－11, 12, 22 등

**12** 화면에 나타난 2원냉동 장치에서 팽창탱크의 역할을 간단하게 기술하시오.

정답

운전 중 저온측의 냉동기를 정지하였을 때 초저온 냉매가 임계온도 이상이 되어 모두 증발하여 체적 팽창에 따른 이상 압력상승으로 인해 저압측 장치가 소손되는 것을 방지하기 위해 설치한다. 일명, 압력도출탱크, 또는 압력보호장치라고도 한다.

**13** 2원냉동 장치에서 캐스케이드 콘덴서를 설치한 이유를 기술하시오.

**정답**

저온측의 열을 고온측으로 이동시키기 위해 저온측 응축기와 고온측 증발기를 하나의 기기로 조합시킨 일종의 열교환기이다.

**14** 다효압축 원리에 대하여 간단하게 설명하시오.

**정답**

증발온도가 다른 2개의 증발기에서 발생하는 압력이 다른 냉매가스를 1대의 압축기로 동시에 흡입시켜 압축하는 방식이다.

**15** 다효압축의 특징을 5가지만 기술하시오.

**정답**

1. 용량조절이 어렵다.
2. 소요동력이 적게 든다.
3. 암모니아 냉동장치에서 브라인 간접냉매 냉각과 예냉장치로 이용한다.
4. 흡입압력 조건에 의하여 압축기 용량이 정해진다.
5. 흡입가스량의 비를 임의로 변형시킬 수가 없다.
6. 용량의 제어가 어렵다.

# 제9장 냉동기 부속장치

## 1. 안전장치

**01** 다음 화면상에 나타난 안전밸브를 이용하여 압력계 시험압력에서 오일통에 넣고 분출압력을 시험하는 경우 분출압력에 따른 압력의 종류를 3가지로 분류하여 쓰시오.

정답

1. 분출개시 압력 : 약간의 기포를 발생하기 시작할 때의 압력
2. 분출전개 압력 : 압력상승으로 다량의 기포가 분출되고 있을 때의 압력
3. 분출종료 압력 : 압력저하로 기포발생이 완전 정지될 때의 압력

(시험압력은 질소나 공기를 이용한다.)

**02** 냉동기의 안전장치를 4가지만 쓰시오.

정답

1. 스프링식 안전밸브
2. 중추식 안전밸브
3. 가용전(가용마개)
4. 파열판식(박판식)

스프링식 안전밸브

가용전(가용마개)

파열판식(박판식)

**03** **안전밸브 작동압력의 설정범위를 2가지로 구별하여 쓰시오.**

**정답**

1. 내압시험 압력의 (8/10) 이하에서 작동하도록 설정한다.
2. 상용 응축기의 게이지압력 +0.5(MPa)을 더한 수치에서 작동하도록 조정한다.

**04** **스프링식 안전밸브의 특성을 3가지만 기술하시오.**

정답

1. 반영구적이다.
2. 고압냉동장치에 많이 사용한다.
3. 스프링 작동에 의해 이상 고압 시 냉매가스를 외부로 분출하여 압력을 정상화시킨다.

## 05 가용전식 안전장치의 사용처를 쓰시오.

정답

1. 프레온용 수액기
2. 냉매용기(암모니아 냉동장치에서는 침식되지 않으므로 사용하지 않는다.)

## 06 일명 퓨즈메탈이라고 하는 가용전 안전장치의 설치 목적이나 기능을 간단히 기술하시오.

정답

화재 등으로 냉매액의 온도상승 시 가용합금이 녹아서 냉매가스를 외부로 분출하여 수액기나 용기의 파열을 방지한다.(토출가스의 영향을 받지 않는 곳에 설치한다.)

## 07 가용전 안전장치의 재료 성분인 금속의 명칭 5가지와 용융점 온도(℃)를 쓰시오.

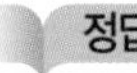

정답

1. 금속명 : 납, 주석, 안티몬, 카드뮴, 비스무트 등
2. 용융점 온도 : 68~75(℃)

## 08 화면상의 안전밸브 설치 위치를 4가지로 구별하여 쓰시오.

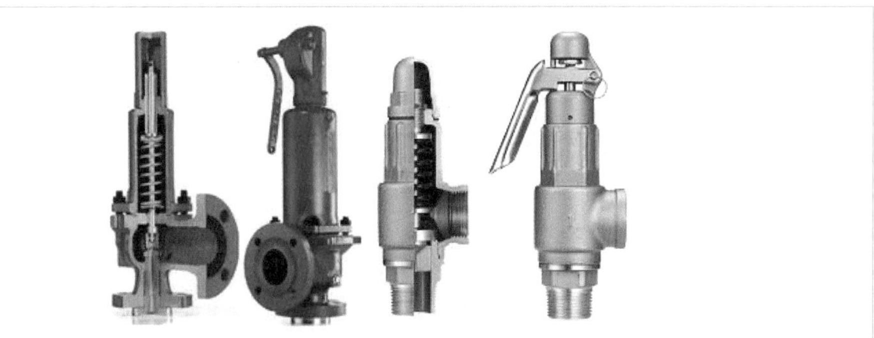

**정답**

1. 압축기에서는 토출밸브 직전의 위치에 설치한다.
2. 고압차단스위치(HPS)와 동일한 위치에 설치한다.
3. 압축기가 여러 대이면 압축기 개개마다 설치한다.
4. 고압차단 스위치는 냉매토출가스 공동 헤더에 설치한다.

## 09 화면에 나타난 파열판식(박판식) 안전장치의 특징이나 기능을 5가지만 기술하시오.

**정답**

1. 구조가 간단하고 취급이 용이하다.
2. 1회용으로 한 번 사용 후에는 재사용이 어렵다.
3. 스프링식에 비해 분출용량이 크고, 압축기가 여러 대인 경우 각각 설치한다.
4. 주로 터보형 냉동기에 설치하여 사용한다.
5. 이상 고압 시 얇은 박판이 파열되어 냉매가스를 분출시킨다.
6. 밸브시트의 누설 염려가 있다.
7. 부식성 유체나 괴상물질을 함유한 유체에 이상적이다.
   (벤트커버 고정방식에 따라서 파열막식, 이탈식, 판넬식 등이 있다.)

**10** 화면상에 나타난 고압차단 스위치(HPS)의 기능(역할) 및 이상적인 설치장소를 쓰시오.

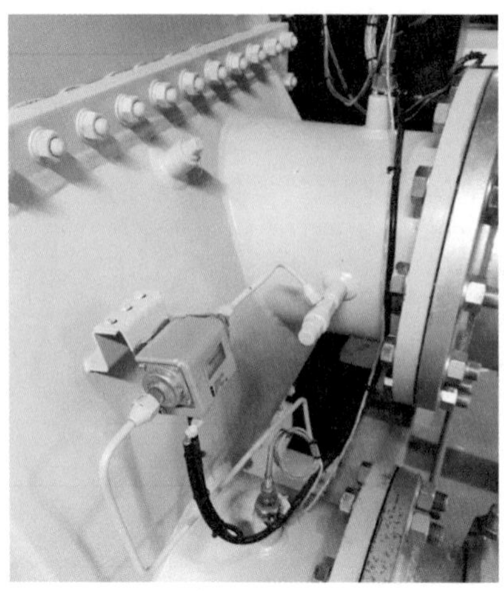

정답

(1) 기능 : 냉동기 운전 중 고압이 일정 압력 이상이 되면 전기접점이 차단되어 압축기를 정지시켜 고압에 의한 냉동장치의 소손을 사전에 방지한다.

(2) 설치장소

1. 각각의 압축기마다 설치하는 경우라면 토출밸브 직후 토출지변 직전 사이에 설치한다.
2. 압축기가 여러 대인 경우에 토출가스 공동 헤더에 설치가 가능하다.

**11** 화면에 보이는 스위치는 압력 이상저하를 방지하는 저압차단 스위치(LPS)이다. 그 역할을 간단히 기술하시오.

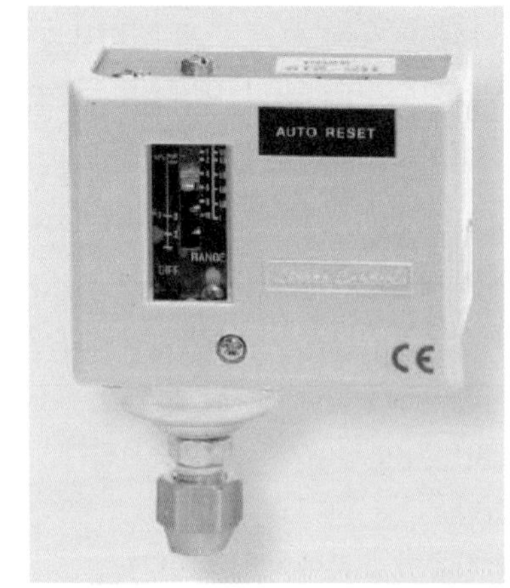

정답

냉동기 운전 중 저압이 일정 압력 이하가 되면 전기접점이 차단되어 압축기를 정지시키고, 일정 압력으로 복귀하면 다시 접점이 붙어서 재기동시킨다.
(압축기 흡입관상에 연결하여 설치하며, 압축기 정지용, 언로드 용량 제어용으로 구분한다.)

**12** 화면상에 나타난 고저압차단 스위치 작동 시 압력 원리에 대하여 설명하시오.

정답

고압차단 스위치와 저압차단 스위치의 겸용으로 고압차단 스위치는 토출압력에 의하고 저압차단 스위치는 흡입압력의 영향에 의하여 작동한다.

**13** 화면에 보이는 유압보호 스위치(OPS)의 역할을 간단하게 기술하시오.

정답

운전 중 유압이 일정 압력 이하로 저하되면 60~90초 사이에 작동하여 압축기를 정지시켜서 윤활유 불량에 의한 압축기 소손을 방지하는 기기이다.
(흡입압력검출 및 유압의 검출기능으로 차압에 의해 작동한다. 종류는 바이메탈 유압보호 스위치, 가스통식 유압보호스위치의 두 가지가 있다. 특히 바이메탈식은 압축기 기동 시 60~90초 사이에 유압이 정상작동 하지 않으면 차압접점이 붙어서 히터가 가열된다.)

**14** 냉동장치에서 사용하는 안전장치 중 가용전 안전장치의 설치장소를 3가지로 구분하여 쓰시오.

정답

1. 프레온 냉매 응축기
2. 수액기
3. 냉매용기

**15** 냉동장치에서 저압차단 스위치가 자주 작동하는 원인을 4가지만 기술하시오.

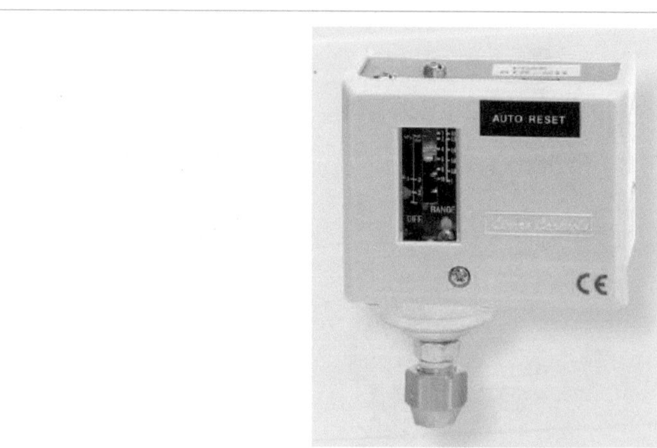

**정답**

1. 증발기에 적상이 심할 경우
2. 팽창밸브 개도 과소 시
3. 흡입여과망의 폐쇄
4. 증발기 용량 부족, 또는 압축기 용량 과대 시
5. 자동 온도조절식 증발기에서 감온통 누설 시

**16** 고압차단 스위치 작동 시 신속히 점검해야 하는 사항 또는 장치 부위를 4가지만 쓰시오.

**정답**

1. 불응축가스 혼입 여부
2. 응축부하 점검
3. 냉각수 펌프의 고장 및 냉각수 배관 계통 폐쇄
4. 응축기의 유막 부착 및 스케일 상태 점검

**17** 냉동장치에서 안전밸브가 필요한 장소나 안전밸브가 부착되어야 하는 위치를 5가지만 쓰시오.

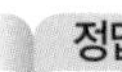

**정답**

1. 압축기 및 응축기
2. 수액기 및 중간냉각기
3. 불응축가스 퍼져장치
4. 2원냉동장치 팽창탱크 상부
5. 액순환식 증발기의 액펌프와 저압수액기 사이

## 18 다음 화면에 나타난 장치의 명칭을 쓰시오.

정답

압력 차단 스위치

# 2. 자동제어장치

## 01 화면에 나타난 증발압력 조절밸브(EPR)의 역할을 간단히 기술하시오.

정답

운전 중에 냉매 증발압력이 저하되면 압축비가 증대하여 냉수나 2차냉매인 브라인이 동결될 우려가 있으므로 장치에의 악영향을 방지하기 위하여 설치하는 자동제어 밸브로 사용된다.
(증발압력 입구측 압력에 의해 작동하며 증발압력이 일정치 이하가 되면 밸브가 닫히고 일정치 이상이면 열린다. 밸브 개폐에 필요한 최소 압력차는 0.2(kg/cm$^2$)이고 압력조정 범위는 0.2~0.5(kg/cm$^2$)이다.)

**02** 증발압력 조절밸브의 부착위치를 쓰시오.

정답

증발기 출구측 흡입관상에 설치
(단, 1대의 압축기로 증발온도가 다른 2대 이상 증발기 사용 시는 고온측 증발기 출구에 설치한다.)

**03** 화면에 나타난 흡입압력 조절밸브를 설치하는 이유 및 설치장소를 기술하시오.

정답

1. 설치 이유 : 가스의 압력이 일정한 압력 이상이 되지 않도록 하여 과부하 운전으로 전동기 모터의 소손을 방지하기 위하여 설치한다.
2. 설치 장소 : 압축기의 흡입관상에 부착(작동 개요 : 흡입압력 조절밸브 출구의 압력에 작동하며 흡입압력이 일정치 이하이면 밸브가 열리고 일정치 이상이면 밸브가 닫힌다.)

**04** 화면에 보이는 부속기기는 바이메탈식, 가스압력식, 전기저항식 등이 있는데, 그 명칭 및 설치해야 하는 이유를 기술하시오.

**정답**

1. 명칭 : 온도조절기(TC)
2. 설치 이유 : 측온부의 온도를 감지하여 전기적인 작동으로 압축기를 기동 및 정지시키는 역할을 한다.(바이메탈식 : 평판형, 원판형, 와권형의 3가지가 있다.)

## 05 화면상에 나타난 절수밸브의 설치목적을 간단하게 2가지로 구별하여 기술하시오.

**정답**

1. 응축부하 변동에 비례하여 냉각수를 제어하므로 응축압력을 일정하게 유지 가능하여 절수가 잘 이루어진다.
2. 수랭식 응축기의 부하 변동에 비례하여 냉각수를 제어하므로 냉각수 절약이 가능하여 경제적 운전이 용이하다.

## 06 절수밸브를 사용하면 안 되는 경우를 3가지만 쓰시오.

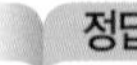

1. 수압이 낮은 경우
2. 대형 에어컨 및 히트펌프 운전 시
3. 재질에 따라서 암모니아 냉동장치의 경우
4. 냉각수 펌프를 왕복동형으로 운전하는 경우

## 07 단수릴레이의 설치 목적이나 역할을 간단히 기술하시오.

**정답**

수냉각기 운전 중에 냉수 출입구의 압력차를 검출하여 유수량의 감소를 확인함으로써 동결방지에 이용한다.
(원리 : 응축기 냉각수 출입구의 압력차를 검출하여 유수량이 감소하면 압축기를 정지시켜 응축압력 상승을 방지한다.)

## 08 단수릴레이의 종류를 3가지만 쓰시오.

**정답**

1. 수류식 릴레이(플로 스위치)
2. 단압식 릴레이
3. 차압식 릴레이

## 09 냉동기 운전 중 자동제어를 이용하는 목적을 4가지만 기술하시오.

**정답**

1. 안전운전 도모
2. 경제적인 운전 도모
3. 냉동기 운전 중 사고를 미연에 방지
4. 냉동기 운전에서 운전 조건을 원하는 대로 안정화

## 10 자동급수밸브의 종류를 4가지만 쓰시오.

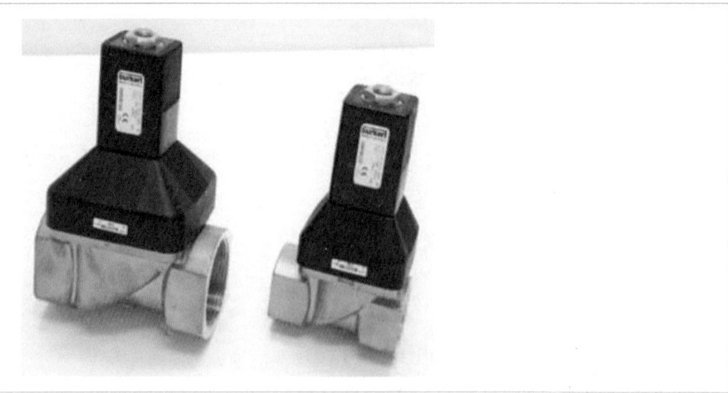

정답

1. 압력작동형
2. 온도작동형
3. 압력작동 3통로형
4. 압력 역작동형

## 11 화면에 보이는 온도조절기(TC)의 용도를 3가지만 쓰시오.

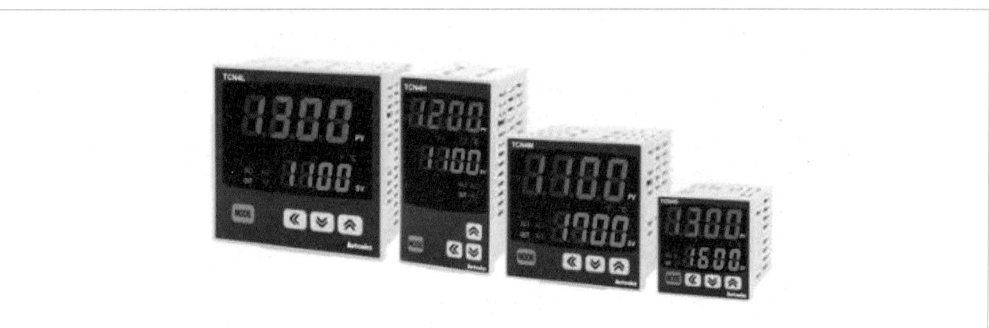

정답

1. 냉장실 온도 유지용
2. 오일유온용(오일 히터용, 압축기정지용)
3. 냉매 토출가스 검지용
4. 냉각수 온도조절용
5. 모터 전동기 검출용

**12** 다음 화면상에 나타난 냉동장치의 자동제어 용도로 사용하는 전자밸브(솔레노이드 밸브) 종류를 5가지만 쓰시오.

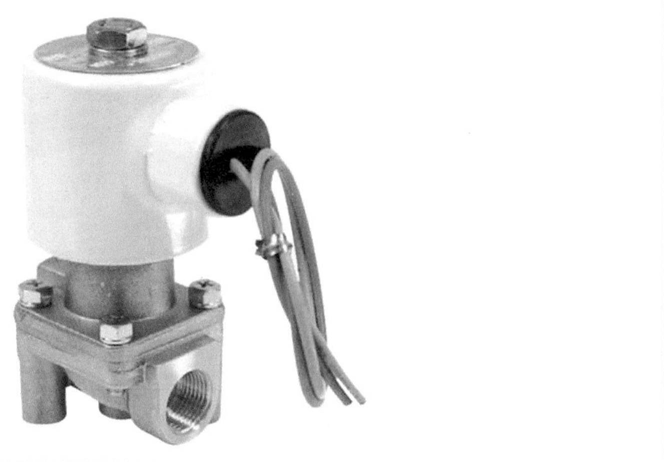

정답

1. 일반용 전자밸브
2. 온도제어용 전자밸브
3. 제상용 전자밸브
4. 액면제어용 전자밸브
5. 언로드용 전자밸브

**13** 냉동장치용 전자밸브의 용도 및 조합기기 4가지만 쓰시오.

정답

(1) 용도

1. 운전 정지 시 고압측 액냉매가 증발기로 유입되는 것을 방지
2. 온도제어에 의한 냉매유량을 일정하게 공급
3. 핫가스 제상을 위한 고압가스 공급 및 차단

(2) 조합기기

1. 온도조절기 조합으로 사용
2. 제상 타이머와 조합
3. 플로트 스위치와 조합
4. 언로더 저압스위치와 조합

**14** 다음 화면에 나타난 장치의 명칭을 쓰시오.

정답

압력 스위치

**15** 다음 화면에 나타난 밸브의 명칭을 쓰시오.

정답

서비스밸브

**16** 다음 화면에 나타난 장치의 명칭을 쓰시오.

정답

자동제어 장치

## 3. 수액기

**01** 화면에 나타난 수액기의 설치목적을 간단히 기술하시오.

정답

응축기에서 냉매가 응축된 양을 일시 저장하는 고압 용기로서 일정한 양을 팽창밸브로 보내서 다시 증발기로 공급하기 위한 장치이다.

## 02 수액기의 크기를 사용냉매 종류에 따라서 구별하시오.

정답

1. 암모니아 냉동용 : 냉동기 충전량의 (1/2)을 회수할 수가 있는 크기
2. 프레온 냉매용 : 냉동기에 충전하는 냉매량의 전체를 회수할 수 있는 크기

## 03 화면에 보이는 횡형 수액기의 설치 조건이나 기타 주의할 점을 5가지만 기술하시오.

정답

1. 수액기는 냉매를 만액시키지 않고 75% 정도 저장한다.
2. 설치장소는 응축기 하부에 설치한다.
3. 직경이 다른 두 대의 수액기를 병렬 설치 시에는 수액기 상단을 기준하여 일치시킨다.
4. 수액기 상부와 응축기 상부 사이에 적당한 굵기의 균압관을 설치한다.
5. 수액기의 액면계는 파손 방지용으로 커버를 씌우고 파손 시를 대비하여 냉매의 분출을 방지하기 위해 수동 및 자동 볼밸브를 설치한다.
6. 위험 방지를 위하여 수액기 상부에 가용전이나 안전밸브를 설치한다.
7. 수액기는 직사광선을 받지 않게 하고 화기를 피한다.

**04** 균입관을 수액기에 설치하는 이유를 기술하시오.

정답

응축기의 냉각수온이 낮고 수액기 내부 실온이 높으면 수액기 압력이 응축압력보다 높아서 응축기 냉매액을 수액기로 이송할 수 없으므로 응축기의 냉매액이 수액기로 자연낙하하도록 균형압을 맞추어 준다.

**05** 냉동장치에서 균압관이 필요한 설치장소를 4곳만 기술하시오.

정답

1. 응축기와 다른 응축기 사이
2. 수액기와 다른 수액기 사이
3. 응축기 상부와 수액기 상부사이
4. 압축기와 다른 압축기 사이

## 4. 유분리기(오일세퍼레이터)

**01** 다음 화면에 나타난 장치의 명칭을 쓰시오.

**정답**

유분리기

**02** 화면에 나타난 유분리기의 설치목적을 간단하게 쓰시오.

**정답**

압축기에서 냉매가스 중 오일이 함유한 가스를 토출하면 그 오일이 응축기 등 장치 내로 넘어가서 전열불량을 초래하고 또한 압축기에는 오일 공급이 불량해진다. 이런 경우 냉동장치에 악영향이 초래되는데 이것을 방지하고자 토출가스 중 오일을 사전에 분리시키는 역할을 한다.

## 03 유분리기 설치가 필요한 장소 4곳 및 그 종류를 3가지만 쓰시오.

**정답**

(1) 설치장소

1. 토출가스 배관이 길어지는 곳
2. 운전 중에 다량의 오일이 냉매 토출가스와 함께 배출된다고 여겨지는 장소
3. 증발온도가 낮은 저온장치
4. 만액식 증발기를 사용하는 냉동기

(2) 종류

1. 원심분리형
2. 가스충돌 분리형
3. 유속감소 분리형

## 04 화면에 보이는 오일분리기(유분리기)의 사용 냉매에 따른 설치 위치를 쓰시오.

**정답**

1. 암모니아 냉매 사용 : 압축기와 응축기 사이의 (3/4)지점
2. 프레온 냉매 사용 : 압축기와 응축기 사이의 (1/4)지점

## 5. 유냉각기(오일쿨러)

### 01 오일냉각기의 설치 이유를 간단하게 기술하시오.

**정답**

윤활유 온도가 너무 높은 경우 오일펌프에서 배출된 오일을 냉각시켜서 오일 본래의 적당한 점성 등을 회복시키고 오일 기능을 증대시킨다.

### 02 유냉각기의 특성이나 설치 시 주의사항을 2가지만 기술하시오.

**정답**

1. 일반적으로 암모니아 냉동장치에서 사용이 가능하다.
2. 프레온 냉동장치에서는 오일 탄화, 점도 저하 등으로 잘 사용하지 않는다.
3. 청소작업이 가능하고 관판과 냉각관을 분리할 수 있는 구조이다.

## 6. 유회수장치(오일회수장치)

### 01 화면에 나타난 오일회수장치의 역할이나 그 기능을 쓰시오.

정답

오일이 고이기 쉬운 장소에서 분리된 오일을 외부 및 장치 내로 유도시켜서 윤활유를 효율적으로 회수하거나 처리하기 위한 설비로 사용한다.

### 02 암모니아 냉동장치에서 유회수장치의 작업상 기능에 대하여 설명하시오.

정답

유분리기 하부로부터 직접 드레인시키거나 오일드럼을 통하여 장치의 외부로 배유시킨다.

**03** 프레온 냉동장치에서 오일회수장치의 용도를 간단하게 기술하시오.

**정답**

압축기 크랭크 케이스 내로 회유시켜 재사용한다.

**04** 다음 화면에 나타난 장치의 명칭을 쓰시오.

**정답**

오일필터

## 7. 냉매액 액분리기(어큐뮬레이터)

**01** 화면상에서 보이는 액분리기를 냉동장치에서 설치하는 이유를 설명하시오.

**정답**

만액식 암모니아 냉동기용 증발기에서 부하변동이 심한 상태에서 압축기로 유입하는 냉매가스 중 냉매액을 분리시켜 리키드백에 의한 액압축을 방지하고 동시에 압축기를 보호한다.

**02** 화면상에 나타난 액분리기의 크기나 특성을 4가지만 기술하시오.

**정답**

1. 냉매가스 유속은 약 1(m/s) 정도로 한다.
2. 액분리기의 크기는 증발기 용량의 20~25(%) 정도로 제작한다.
3. 만액식 증발기의 경우에는 증발기보다 더 높은 상부에 설치한다.
4. 구조는 유분리기(오일분리기)와 비슷하다.
   (종류는 중력급액식, 압력급액식 액분리기의 2가지가 있다.)

**03** 액분리기에서 처리된 냉매액은 처리 후 어떤 과정을 거치는지 3가지만 쓰시오.

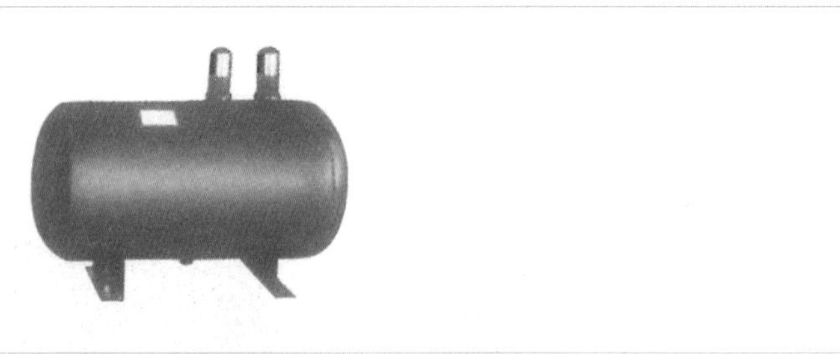

정답

1. 증발기로 재순환시켜 사용한다.
2. 열교환기로 가열시켜 압축기로 회수하여 재사용한다.
3. 액회수장치를 이용하여 고압측 수액기로 회수하여 재사용한다.

**04** 화면상으로 보이는 장치는 액분리기에서 분리된 냉매액을 고압측 수액기로 회수시켜 압축기 액압축을 방지하는 부속기기이다. 이 기기의 명칭을 쓰시오.

정답

액회수장치(냉매액 회수장치 – 리키드 리턴 시스템)

**05** 다음 화면상에 보이는 (1), (2) 장치의 명칭을 쓰시오.

(1) (2)

**정답**

(1) : 냉매액 건조기

(2) : 냉매액 분리기

**06** 다음 화면에 나타난 장치의 명칭을 쓰시오.

**정답**

냉매가스 회수장치

## 8. 열교환기

**01** **다음 화면의 표시한 부분에 해당하는 부속품의 명칭을 쓰고, 이 장치가 냉동장치에서 필요한 이유를 4가지만 기술하시오.**

정답

(1) 명칭 : 열교환기

(2) 설치 이유

1. 흡입가스를 약간 가열시켜서 리키드백을 방지한다.
2. 응축기에서 냉매액을 증발기로 유입하는 액체냉매를 과냉각시켜 플래시가스량을 억제하여 냉동기 능력을 증가시킨다.
3. 흡입가스를 과열시켜 성적계수 향상 및 냉동능력당 소요동력을 감소시킨다.
4. 프레온 냉매 사용 냉동기의 경우 증발기에서 오일회수를 돕는다.

**02** **화면상에 나타난 열교환기의 구조상 종류 3가지를 쓰시오.**

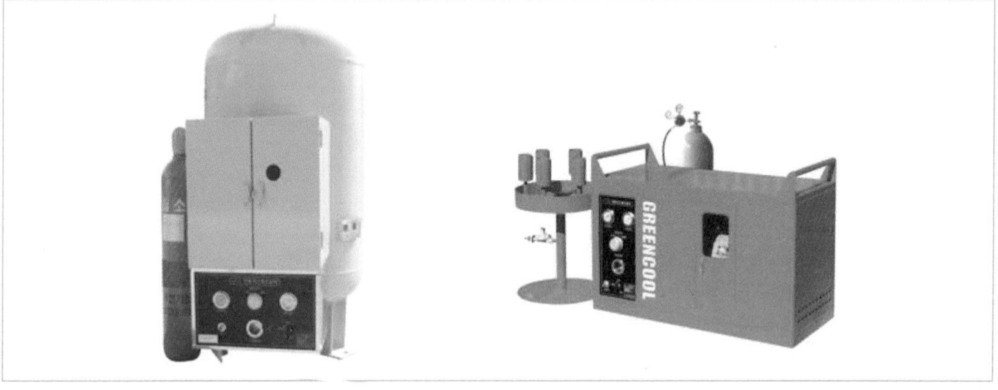

정답

1. 2중관식
2. 셸 앤드 튜브식
3. 관접촉식

## 03 열교환기를 반드시 설치해야 하는 경우를 3가지만 쓰시오.

정답

1. 프레온 냉동기에서 증발온도가 −15℃ 정도인 경우(R−12, R−500 등)
2. 만액식 증발기를 사용하는 경우
3. 냉매액관의 보온상태 없이 통과하는 경우
4. 냉매액관이 현저하게 입상관으로 설비된 경우

## 04 암모니아 냉매 사용 시 열교환기를 설치하지 않는 이유를 기술하시오.

정답

암모니아 냉매가스는 비열비가 커서 열교환기를 설치하면 오히려 토출가스 온도가 높아져서 오일 열화, 압축기 소손, 체적효율 저하 등의 부작용을 초래하기 때문이다.

## 9. 제습기(드라이어)

**01** **화면상에 보이는 장치의 명칭과 종류 2가지를 쓰고, 그 설치 이유나 역할을 간단하게 기술하시오.**

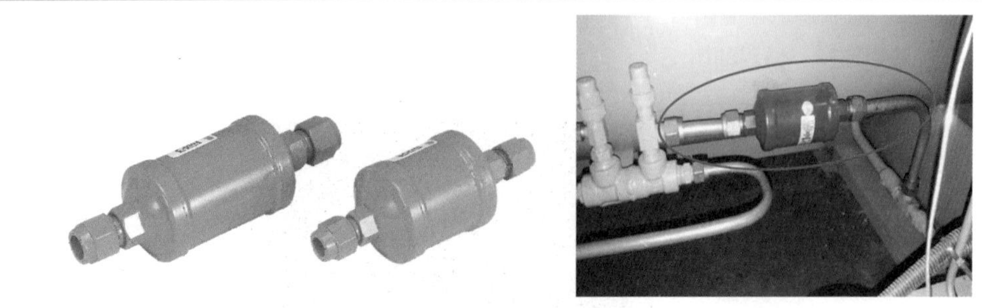

**정답**

(1) 명칭 : 제습기

(2) 종류 : 1. 밀폐형 드라이어, 2. 개방형 드라이어

(3) 역할 : 프레온 냉동장치에서 운전 중 냉매 및 오일에 혼입된 수분을 제거하여 냉동기에 미치는 악영향을 방지한다.(제습기 설치 시 장치부식방지, 팽창밸브 동결폐쇄방지가 주 목적이다.)

**02** **제습기에 사용하는 제습제의 종류를 4가지만 쓰시오.**

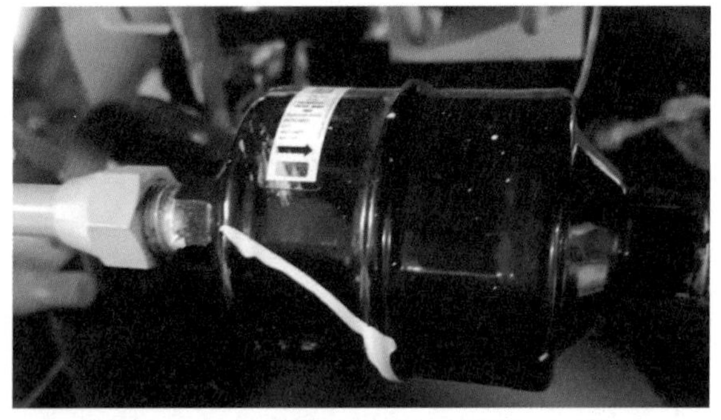

**정답**

1. 실리카겔(소형냉동기용)
2. 알루미나겔(대형냉동기용)
3. 소바비드
4. 몰레큘러시브(합성 제올라이트)

## 03 제습기 설치 시 설치 위치를 간단하게 기술하시오.

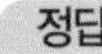
정답

팽창밸브 직전 고압액관에 설치한다.

## 04 제습제의 구비조건을 4가지만 기술하시오.

정답

1. 냉매나 윤활유와 반응하여 용해되지 않을 것
2. 다량의 수분을 흡수해도 분말화가 되지 않을 것
3. 건조도가 높고 흡수능력이 클 것
4. 취급이 편리하고 안전성이 높을 것
5. 구입이 용이하고 가격이 저렴할 것

## 05 다음 화면에 나타난 장치의 명칭을 쓰시오.

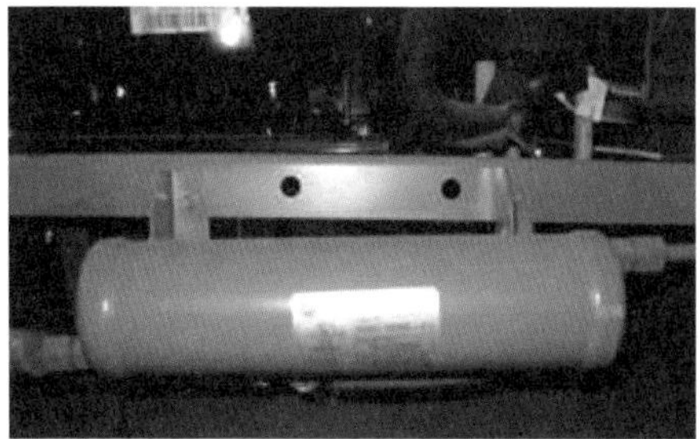

정답

드라이어

## 10. 여과기(스트레이너)

**01** **다음 화면에서 보이는 장치의 명칭과 그 역할을 간단하게 기술하시오.**

정답

1. 명칭 : 여과기
2. 역할 : 냉동장치 계통에 혼입된 이물질, 스케일 등을 제거하기 위한 장치이다.

**02** **화면에서 보이는 여과기를 액관용, 냉매가스관용 2가지로 구별하여 1인치당 눈금수인 메시(Mesh)의 크기를 각각 쓰시오.**

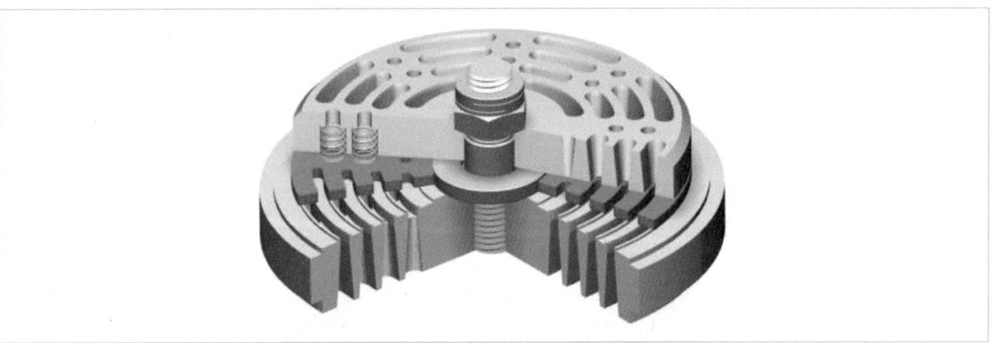

정답

1. 액관용 : 40~80메시
2. 냉매가스관용 : 40메시 정도

**03** 냉동장치용 여과기의 종류를 3가지만 쓰시오.

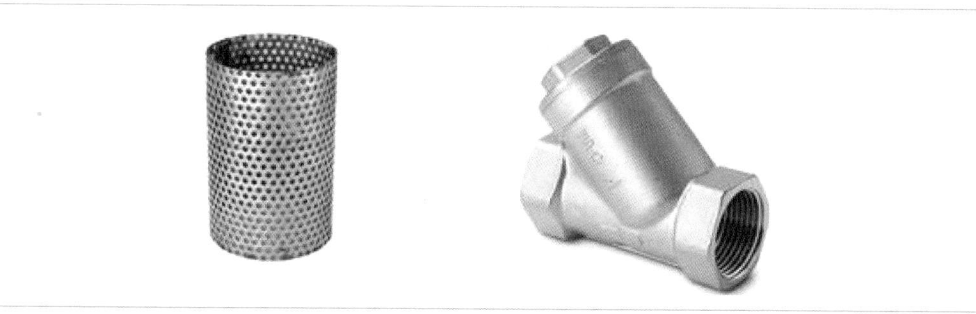

정답

Y형, L형, U형 등

## 11. 냉매투시경(사이트 글라스)

**01** 다음 화면상에 나타난 장치의 명칭과 역할을 간단하게 기술하시오.

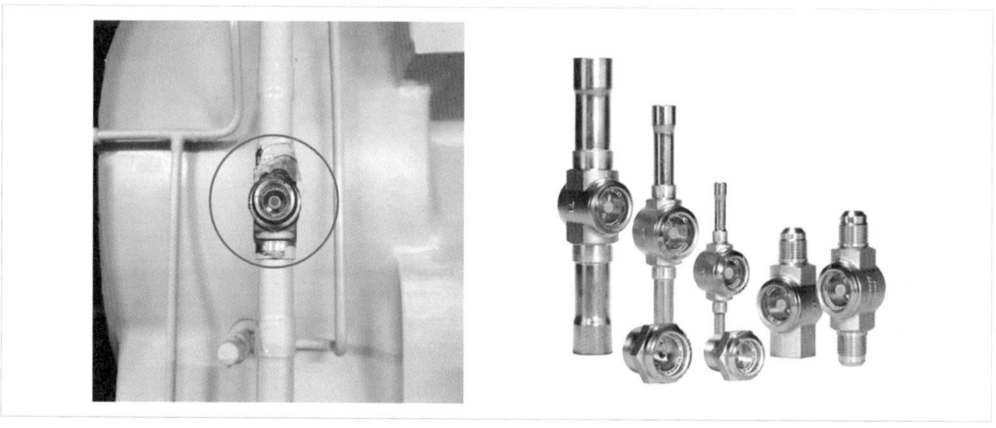

정답

1. 명칭 : 냉매 투시경
2. 역할 : 장치 내의 충전냉매량의 부족 또는 냉매 중 수분의 혼입상태를 파악할 수가 있다.

## 02 화면상의 투시경의 설치 위치를 2가지로 구별하여 쓰시오.

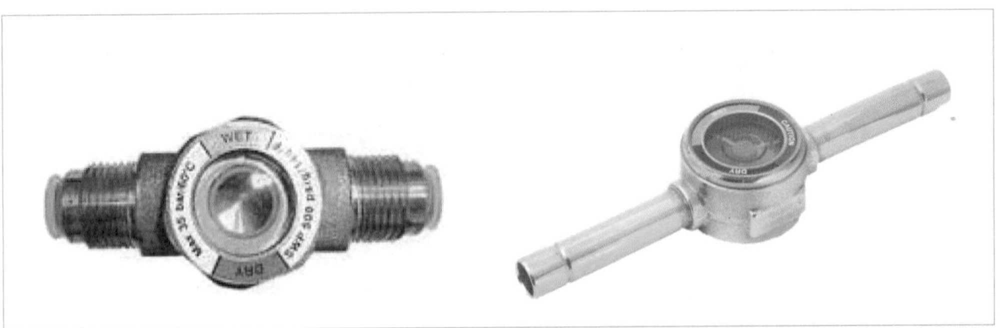


정답

1. 고압 액관상에 설치
2. 응축기 또는 수액기 등의 가까운 쪽에 설치

## 03 투시경을 사용하여 수분 혼입 시 수분이 파악되는 경우에 수분의 함량으로 색깔을 나타내는 표시용 색상을 3가지로 구별하여 쓰시오.

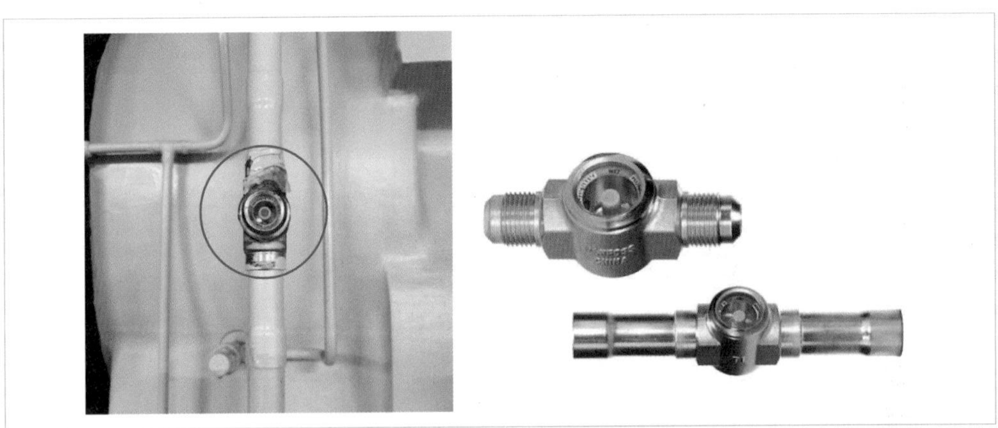

정답

1. 정상적인 냉매 흐름 시 : 녹색으로 표시된다.
2. 수분이 어느 정도 많은 경우 : 황록색으로 표시된다.
3. 수분이 다량으로 많이 검출되는 경우 : 황색으로 표시된다.

**04** 투시경 사용 시 냉매가 적정량으로 충전된 경우 나타나는 현상을 3가지만 쓰시오.

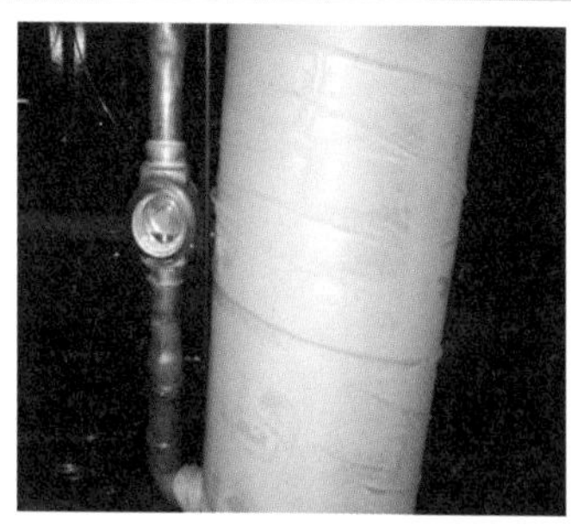

정답

1. 투시경으로 보았을 때 입구 측에만 기포가 보이고 토출측에는 보이지 않을 때
2. 기포가 연속적이 아니고 가끔 때때로 보이는 경우
3. 투시경 내부에 기포가 있어도 움직이지 않을 경우

## 12. 가스퍼지장치(gas purger)(공기 등 불응축가스 퍼지장치)

**01** 화면상에 보이는 불응축가스 퍼지장치의 설치목적을 간단히 기술하시오.

정답

장치 내에 혼입된 공기 등 불응축가스를 냉매와 분리시켜 냉동장치 외부로 방출시켜 냉동기기 운전을 원활하게 한다.

**02** 가스퍼지방식의 종류를 2가지만 쓰시오.

정답

1. 자체 에어퍼지밸브를 이용하는 방식
2. 요크형, 암스트롱형 등 불응축 가스퍼지를 이용하는 방식

**03** 요크형 가스퍼지에서 자동배출밸브의 기능을 간단하게 기술하시오.

정답

불응축가스 냉각드럼 내부가 충분하게 냉각된 후에 자동적으로 밸브가 열려서 공기 등 불응축가스를 방출하고, 재차 불응축가스가 유입되어 냉각드럼 내부 온도가 상승하면 자동적으로 닫히게 하는 퍼지 자동방출밸브이다.

**04** 냉매와 불응축가스가 혼합한 경우의 대책을 냉매별로 설명하시오.

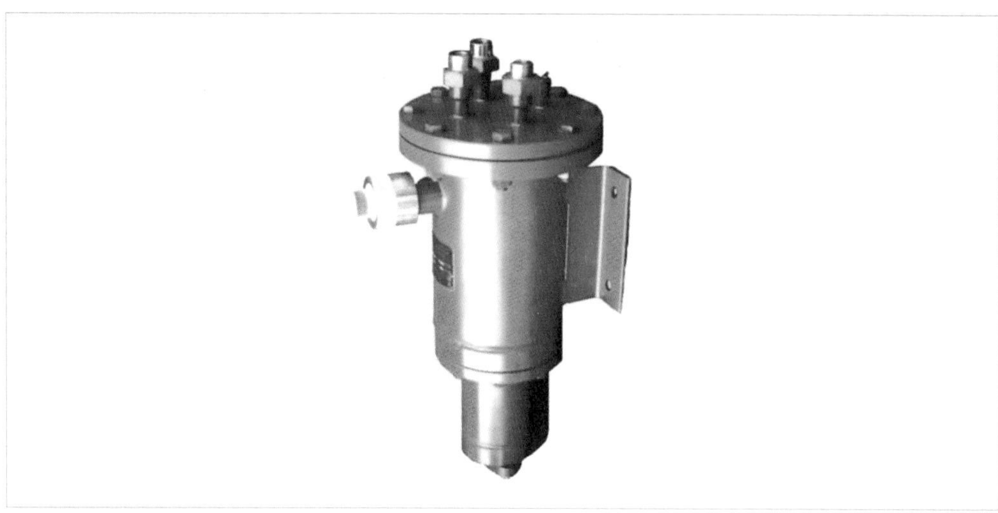

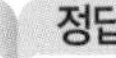

정답

1. 암모니아 냉매 : 독성가스이므로 물통 속에 방출시켜 제거한다.
2. 프레온 냉매 : 대기 중에 방출시킨다.(단, 오존층 파괴에 주의한다.)

**05** 원심식 압축기 추기회수장치의 기능을 3가지만 쓰시오.

정답

1. 불응축가스 방출 기능
2. 불응축가스 혼입 검출
3. 냉동기계의 압축가스를 도입한 후에 압력시험에 사용

# 제10장 냉동기기 운전 안전관리

## 1. 안전운전

**01** 냉동장치 운전 중 고압측에 이상이 생겨서 고압측 냉매를 저압측으로 보내거나 장치 내에서 제거시켜야 하는 경우에 역운전 하는 것을 무엇이라고 하는지 쓰시오.

**정답**

펌프 아웃

**02** 냉동장치 운전 중 저압측에 이상이 생겨 저압측 냉매를 고압측으로 이동시키는 작업을 무엇이라고 하는지 쓰시오.

**정답**

펌프 다운

**03** 용적식 압축기의 종류를 4가지만 쓰시오.

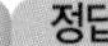
**정답**

1. 왕복동식
2. 다단압축기
3. 회전식(로터리식)
4. 스크류식
5. 스크롤식

**04** 화면상 보이는 냉동기는 냉동장치 운전 중 고압측 냉매가 저압측으로 역류하는 것을 방지하기 위하여 흡입과 토출 측에 체크밸브를 설치해야 하는 냉동기이다. 이 냉동기 또는 압축기의 명칭을 쓰시오.

**정답**

스크류 냉동기

**05** 압축이 연속적이라서 고진공을 얻을 수 있으므로 진공펌프로도 가능한 냉동기 또는 압축기의 명칭을 쓰시오.

**정답**

회전식 냉동기(로터리식 냉동기)
(날개 형식에 따라서 고정 브레이드형, 회전 브레이드형의 2가지가 있다.)

## 06 다음 화면상 보이는 터보형 압축기의 부속기구를 4가지만 쓰시오.

**정답**

1. 임펠러
2. 헬리컬 기어(고속 증속장치)
3. 흡입 가이드베인
4. 추기회수장치

## 07 압축기의 안전두에 필요한 설정압력(MPa)을 쓰시오.

**정답**

정상토출압력 + 0.3(MPa)

**08** 화면상 나타난 압축기에 사용하는 피스톤 종류를 3가지만 쓰시오.

정답

1. 플러그형
2. 싱글 트렁크형(개방형)
3. 더블 트렁크형

**09** 화면상 보이는 피스톤과 크랭크 샤프트를 연결시켜 주는 장치명을 쓰시오.

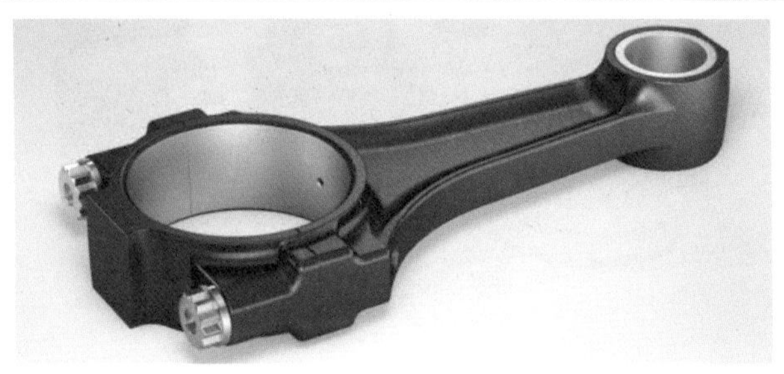

정답

커넥팅 로드(연결봉)
(종류는 일체형, 분할형의 2가지가 있다.)

**10** 화면상 보이는 전동기의 회전운동을 연결봉을 통해 피스톤의 왕복운동으로 전달하는 압축기 주축의 명칭을 쓰시오.

정답

크랭크 샤프트

**11** 개방형 압축기에서 크랭크 샤프트가 외부로 나오는 부분을 봉하여 냉매나 윤활유의 누설 및 외기 침입을 막아주는 장치명을 쓰고, 그 종류를 2가지만 쓰시오.

정답

(1) 명칭 : 축봉장치(샤프트 실)

(2) 종류

1. 축상형(그랜드 패킹)
2. 기계식(고속 다기통용)

(패킹 종류는 소프트 패킹(아마존 패킹), 메탈릭 패킹(배빗메탈)이 있다.)

**12** 오일펌프 출구에 설치하여 오일을 여과하는 장치명을 무엇이라고 하는지 쓰시오.

정답

큐노필터

**13** 냉동기 운전 중 일지에 기록해야 할 사항을 10가지만 기술하시오.

정답

고압, 저압, 가스 온도(흡입, 토출), 냉각수온도(입구, 출구), 수압, 브라인 온도(입구, 출구), 브라인 냉매 압력, 전압, 전류, 냉동용량 제어 상태, 급유상태, 유면계 높이 등
(기타 매일점검, 월별점검, 연간점검 등으로 구별하여 체크리스트를 작성한다.)

**14** 냉동기기 운전 중 매일 점검이 필요한 사항이나 장소를 6가지만 쓰시오.

정답

1. 크랭크 실 유면
2. 전압, 전류 사항
3. 고압 및 저압
4. 냉각수 온도(입구, 출구)
5. 오일압력(유압)
6. 축봉장치, 배관접속부의 오일 누유흔적 점검

## 15 공기를 압축하여 냉동장치의 기밀시험을 하지 않는 이유를 기술하시오.

**정답**

공기 중 수분이 침투하기 때문이다.

## 16 암모니아 냉동장치에서 이산화탄소($CO_2$)로 누설시험을 하면 안 되는 이유를 쓰시오.

**정답**

탄산암모늄 생성으로 부식을 촉진한다.

## 17 냉동기기에서 냉매의 과잉충전 후에 운전 중 일어나는 악영향을 5가지만 기술하시오.

**정답**

1. 실린더 적상
2. 소요동력 증대
3. 고압상승, 저압상승
4. 냉동능력 감소
5. 액해머 발생으로 헤더 파손 우려

## 18 암모니아 냉동장치에서 액봉사고의 원인을 간단하게 기술하시오.

**정답**

냉동기 운전 휴지기간에 스톱밸브를 모두 차단 시 냉매액이 충만하여 이 부분이 밀봉되어 냉매액이 방출할 부분이 없는 경우 주위 온도상승으로 냉매액이 팽창하여 사고가 발생한다.

## 19 냉동장치 운전 전에 점검이 필요한 곳을 5가지만 기술하시오.

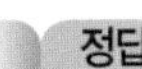
**정답**

1. 오일의 오염, 누설, 유면 등을 점검한다.
2. 냉각수량, 수온, 누수, 통수상태를 확인한다.
3. 냉매누설검사 및 냉매량 점검을 한다.
4. 각종 밸브의 개폐상태를 확인한다.
5. 각 전동기를 작동시켜 전류, 전압, 회전방향 등을 점검한다.
6. 자동제어장치(조절부, 조작부, 검출부, 목표치 등)를 점검한다.

**20** 냉동기 기동 시 주의사항을 5가지만 기술하시오.

정답

1. 토출밸브를 개방한다.
2. 안전밸브 원변을 개방한다.
3. 흡입밸브 조정 시 신중을 기한다.
4. 냉동기 소음이나 이상음을 살핀다.
5. 팽창밸브 조정 시 신중을 기한다.

**21** 냉동기기 운전 중 주의사항을 5가지만 기술하시오.

1. 액압축에 주의한다.(단, 암모니아 냉매의 경우에는 약간의 습압축이 허용된다.)
2. 흡입가스는 과열되지 않게 한다.
3. 고 · 저압력계의 전류계를 주시한다.
4. 윤활유 상태 및 유면 높이를 점검한다.
5. 암모니아 냉매 토출가스는 온도가 120(℃)가 넘지 않게 한다.
6. 유분리기, 응축기, 증발기 등의 배유를 점검한다.
7. 냉각수량 및 냉각관의 청정 상태를 점검한다.
8. 불응축가스는 퍼지한다.

**22** 냉동기 정전 시 긴급하게 조치해야 할 사항을 3가지만 기술하시오.

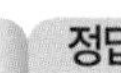


1. 주 전원 스위치를 내린다.
2. 수액기 출구밸브 차단
3. 냉매가스 흡입밸브 차단
4. 압축기 회전이 정지되면 토출밸브 차단
5. 냉각수 공급 차단

## 23 냉동기기 운전이 장기간 정지하는 경우에 대책 사항을 5가지만 기술하시오.

**정답**

1. 수액기 출구밸브 차단
2. 팽창밸브 차단
3. 압력이 저하하면 흡입밸브 차단[압력 0.1(kg/cm$^2$) 정도]
4. 모터 전동기 스위치 차단
5. 압축기 회전이 끝나면 토출밸브 차단
6. 브라인 냉매 사용 시는 브라인 펌프 등을 정지하고 유분리기 등 반유지밸브 차단
7. 암모니아 응축기 및 실린더 재킷의 냉각수 입출구 온도가 같아지면 냉각수 밸브 차단
8. 겨울철 동파를 위하여 급수배관 등의 물을 완전히 방출

## 24 화면에 보이는 터보형 펌프(비용적식)에서 시동 전 및 시동 시(기동 시) 주의사항을 각 5가지만 기술하시오.

**정답**

(1) 시동 전 주의사항
1. 축심의 점검
2. 윤활유 점검
3. 흡입밸브 개방 확인
4. 이물질 배출
5. 전동기 회전방향 확인
6. 토출밸브 차단 확인
7. 에어 배출
8. 흡입측 액의 노출 확인

(2) 기동 시 주의사항
1. 전류계, 압력계 이상유무 확인
2. 축받이 및 모터 온도 점검
3. 소리 및 진동 점검
4. 누설에 주의

(터보형 펌프 : 원심식, 사류식, 축류식)

**25** 화면에 나타난 펌프의 고장을 상태별로 구분하여 기술하시오.

정답

1. 펌프가 액을 토출하지 않는 고장
2. 액압이 올라가지 않는 고장
3. 펌프의 소음 진동의 발생
4. 펌프의 토출량 감소
5. 전동기 과부하 원인
6. 펌프에 공기혼입 상태

(용적식 펌프 : 왕복동식, 회전식(기어식, 나사식, 베인식))

**26** 펌프운전 중 캐비테이션(공동현상) 발생에 대하여 간단하게 설명하시오.

정답

펌프운전 중 유수 중에 어느 부분의 정압이 그때 물의 온도에 해당하는 증기압 이하로 저하하면 물이 증발을 일으켜 기포가 발생하여 펌프 작동이 어려워지는 현상이다.

**27** 캐비테이션의 발생조건 및 그 악영향을 각각 3가지만 기술하시오.

정답

(1) 발생조건
1. 흡입양정이 지나치게 길 때
2. 흡입관 입구 등에서 마찰저항 증가 시
3. 과속으로 유량이 증대할 때
4. 관로 내의 온도상승 시

(2) 악영향
1. 깃에 대한 침식
2. 소음발생 및 진동
3. 양정곡선, 효율곡선 저하

## 28 다음 화면상의 펌프에서 공동현상을 방지하려 할 경우 대책을 5가지만 기술하시오.

정답

1. 양흡입펌프를 사용한다.
2. 펌프회전수를 감소시킨다.
3. 펌프의 설치위치를 낮춘다.
4. 수직펌프를 설치하고 회전차를 수중에 완전히 잠기게 한다.
5. 관경을 큰 것으로 설치하고 흡입측의 저항을 감소시킨다.

## 29 펌프의 전동기(모터) 과부하 원인을 4가지만 기술하시오.

정답

1. 펌프의 양정이나 급수량의 증가 시
2. 액의 비중이 클 때
3. 액의 점도가 증가할 경우
4. 펌프작동시 공기 등 불응축가스 혼입

## 30 펌프 운전 시 서징현상(맥동현상)에 대하여 설명하시오.

**정답**

펌프 작동 시 송출압력과 송출유량이 주기적으로 변동하여 펌프 입출구에 부착된 압력계 등의 지침이 흔들리고 마치 한숨을 쉬는 것 같은 상태가 지속적으로 반복되는 현상이다.

## 31 펌프에서 발생하는 워터해머(수격작용)에 대하여 설명하시오.

**정답**

펌프 작동 시 물을 압송 송출하는 과정에서 정전이나 기타의 원인에 의해 급수 펌프가 멈추어서 수량조절 밸브를 급히 폐쇄하는 경우, 관 내 유속이 급격히 변화하여 심한 압력변화로 인하여 물이 배관 내를 심하게 타격하는 현상

## 32 펌프 운전 중 발생하는 수격작용의 방지법을 4가지만 기술하시오.

**정답**

1. 관경을 크게 하고 관 내 유속을 감소시킨다.
2. 체크밸브를 설치하고 밸브를 제어한다.
3. 관로에 서지탱크(조압수조)를 설치한다.
4. 플라이휠을 설치하여 펌프 속도의 급변화를 방지한다.

## 33 냉동기 펌프에서 매일 점검해야 하는 사항을 4가지만 쓰시오.

**정답**

1. 축수온도
2. 윤활유 상태 확인
3. 축수의 오일색깔 및 그리스의 유무 확인
4. 압력, 양수량, 전류계 등 점검
5. 다단식 펌프에서는 밸런스 디스크의 누수 확인

## 34 압축기 모터 연결 V－벨트에 기름이나 글리세린 부착 시 제거 물질을 쓰시오.

**정답**

사염화탄소

## 35 냉동기기 분해 시 사용하는 세척제의 종류를 5가지만 쓰시오.

정답

1. 무수알콜
2. 사염화탄소
3. 디젤경유
4. 휘발유
5. 토리크렌

## 36 냉동기 연속가동 중 시간별 오버홀 시기에 대하여 2가지별로 나누어 기술하시오.

정답

1. 운전 6,000시간마다 1회 정도 한다.
2. 8,000시간 이상 연속운전의 경우 연 1회 이상 정기검사 및 밸브나 크랭크메탈 점검을 실시한다.

## 37 장치 내 냉매충전의 경우 충전량을 수액기 기준으로 설명하시오.

정답

1. 수액기가 정지하는 경우 충전량 : 냉매충전량이 (2/3) 정도이면 양호하다.
2. 수액기가 작동하는 경우 충전량 : 냉매충전량이 (1/2) 정도이면 양호하다.

**38** 화면에 보이는 응축기, 수액기에 사용되는 장치의 명칭을 쓰시오.

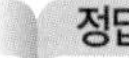
정답

가용전식 안전밸브

## 2. 냉동장치 기밀시험

**01** 냉동장치 부속기구의 내압시험 압력은 설계압력의 몇 배로 하는 것이 이상적인지 쓰시오.

정답

1. 1.5배(누설시험 압력의 15/8배)
2. (8/10) 이하까지
   (내압시험이 필요한 부속품 : 압축기, 부스터, 수액기 등)

**02** 냉동장치 내압시험 시 사용하는 압력계 지시눈금은 시험압력의 어느 정도를 유지해야 하는지 쓰시오.

정답

1.5배 이상~2배 이하

**03** 냉동설비 배관 등 기밀시험에 사용하는 가스명을 쓰시오.

정답

건조공기, 질소, 탄산가스, 불연성가스 등
(누설검사 시 이산화탄소, 암모니아, 산소 등은 사용이 불가하다.)

기밀시험 시 시험규정 압력까지 상승시키는 경우 1회에 몇 (MPa) 이상이 되지 않도록 하는 것이 이상적인지 쓰시오.

정답

0.3(MPa)

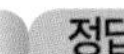
기밀시험, 누설시험 시 공기압축으로 하는 경우에 공기온도가 몇 (℃) 이상 되지 않도록 해야 하는지 쓰시오.

정답

140(℃)
(내압시험은 부품마다 하여도 되나, 기밀시험은 부품별로 할 수가 없다.)

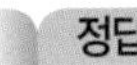
냉동장치 누설시험 시 누설 설정압력에서 약 몇 시간 방치하여 시험을 하는지 쓰시오.

정답

24시간 정도
(누설시험은 압력이 0.2~0.3(MPa) 정도일 때 실시한다.)

누설시험 압력은 기밀시험 압력의 얼마 이상으로 하는지 2가지로 나누어 설명하시오.

정답

1. 기밀시험 압력의 (4/5)배 이상의 압력으로 한다.
2. 기밀시험 압력의 80% 압력으로 한다.

(단, 누설시험 후 24시간 방치하고 압력이 0.3(kg/cm$^2$) 이하면 합격으로 본다. 각종 압력계 외경은 75mm 이상 크기의 압력계로 각종 시험을 한다.)

냉동장치 누설시험 후에 계통 내를 진공건조 시험하는 이유를 기술하시오.

정답

공기, 불응축가스, 수분 등을 완전히 배제하고 냉매충전 전에 최종적인 기밀시험을 하는 것이 진공시험이다.(주위 온도가 5℃ 이하에서 실시하면 수분이 동결할 우려가 있다. 이 경우 가열 건조한 후에 한다.)

**09** 진공시험은 일반적으로 약 몇 시간 정도 실시하는지 쓰시오.

진공펌프

**정답**

18시간~72시간 정도
(진공도가 원하는 경우까지 도달하면 진공펌프를 1~3시간 정도 운전하고 24시간 정도 방치한다. 단, 진공도는 진공압력 76(cmHgV) 이하면 합격으로 간주한다.)

**10** 냉동장치 냉각시험에 대하여 간단히 설명하시오.

**정답**

무부하 상태에서 3시간 정도 설계온도까지 냉각을 완료하면 합격으로 본다.
(전 부하를 걸어서 냉각이 제대로 안 되면 설계 불량)

**11** 방열시험에 대하여 간단하게 기술하시오.

**정답**

냉각시험 중 소정의 온도까지 강하하면 냉동기 운전을 중지하고 온도상승의 정도를 확인하는 시험이다.

## 3. 냉매충전 및 오일충전

**01** **다음 냉동기에서 냉매 충전 시 주의사항을 5가지만 기술하시오.**

냉매 충전

정답

1. 용기 밸브를 약간 열고 가스를 분출시켜 충전 호스 내의 공기를 퍼지한다.
2. 완전 밀폐형, 반 밀폐형 냉동기의 냉매충전은 방식이 약간 다르게 한다.
3. 최초의 냉매충전은 고압측으로 하는 것이 단시간에 충전이 가능하다.
4. 냉매충전 시 액냉매만 충전이 되도록 주의한다.
5. 냉매충전 시 규정량의 냉매만 충전하도록 주의한다.
6. 충전이 완료되면 드라이어 바이패스를 열고, 대신 드라이어 입출구 밸브는 차단한다.

**02** **냉매를 회수하는 경우 요령이나 주의사항을 5가지만 기술하시오.**

정답

1. 빈 용기와 냉매충전 밸브를 호스 내에 연결한다.
2. 호스 내 에어가 차 있는 경우에는 퍼지한다.
3. 빈 용기 내의 압력을 냉매계통 내의 고압측 압력보다 낮게 유지한다.
4. 압축기를 가동하고 용기밸브 및 충전밸브를 서서히 연다.
5. 액면계를 확인하면서 회수한 후 충전밸브 및 용기밸브를 차단하고 압축기를 정지시킨다.
6. 빈 용기 내 회수한 냉매가 과충전이 되었는지 마지막으로 확인한다.

## 03 독성냉매인 암모니아 냉매가 눈에 들어간 경우, 피부에 묻은 경우의 대책을 쓰시오.

정답

1. 눈에 들어간 경우 : 물로 세척한 후 2% 정도의 붕산액으로 세척하거나 유동파라핀을 2~3방울 점안한다.
2. 피부에 묻은 경우 : 물로 세척한 후 피크린산 용액을 바른다.

## 04 프레온 냉매가 눈에 들어간 경우, 피부에 묻은 경우의 대책을 쓰시오.

정답

1. 눈에 들어간 경우 : 2% 살균 광물유로 세척하거나 5%의 붕산액 2% 이하 살균식염유를 점안한다.
2. 피부에 묻은 경우 : 물로 세척한 후에 피크린산 용액을 바른다.

## 05 냉동장치에서 윤활유 충전 시 주의사항을 3가지만 쓰시오.

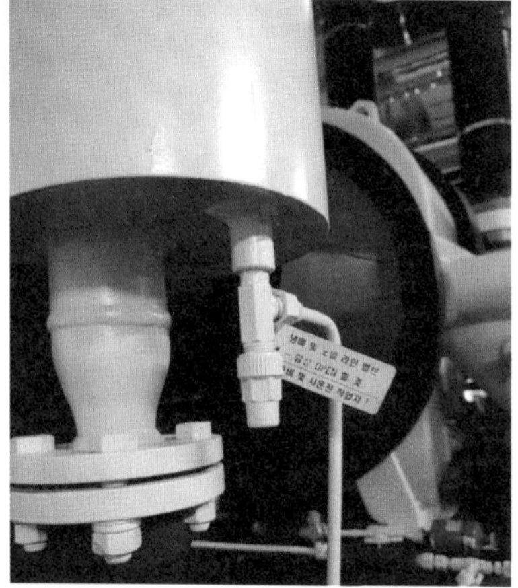

정답

1. 냉동기 윤활유의 저온에서 유동성에 관계가 있는 증발온도에 주의한다.
2. 신설한 냉동기에서 프레온 냉매사용 윤활유는 증발기, 응축기, 배관에 공는 것을 감안하여 적정 용량에 비해 냉매 충전량 10(kg)마다 윤활유가 1(L) 추가량이 필요하다.
3. 윤활유 추가 충전 시 압축기를 펌프다운 하여 크랭크 케이스 내 압력이 진공 100(mmHg) 정도가 되면 정지시킨 후에 오일차지 밸브를 약간 열고 윤활유를 충전한다.
4. 오일용기에 남은 윤활유는 뚜껑을 열어 놓은 채로 장시간 공기 중에 노출시키면 수분의 혼입으로 오일불량이 초래된다.

**06** 냉매충전 시 충전밸브가 동결되면 몇 (℃) 이하의 온수나 열습포로 녹이는지 쓰시오.

**정답**

40(℃) 이하

**07** 다음 화면에 나타난 장치의 명칭을 쓰시오.

**정답**

오일 필터

**08** 다음 화면에 나타난 장치의 명칭을 쓰시오.

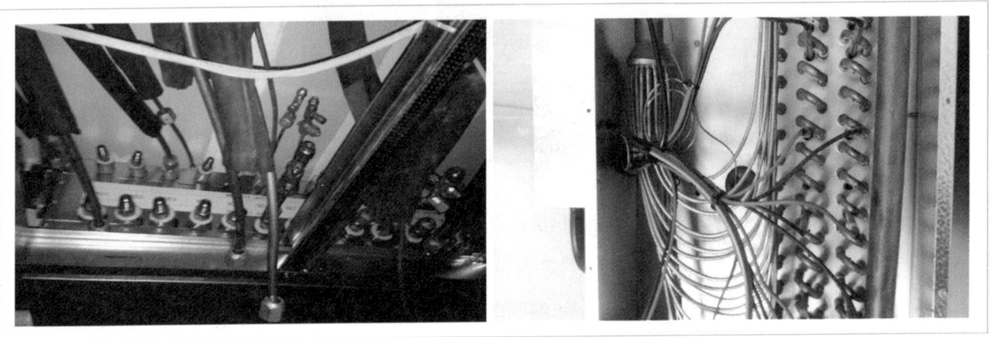

**정답**

냉매 분배기

**09** 다음 화면에 나타난 장치의 명칭을 쓰시오.

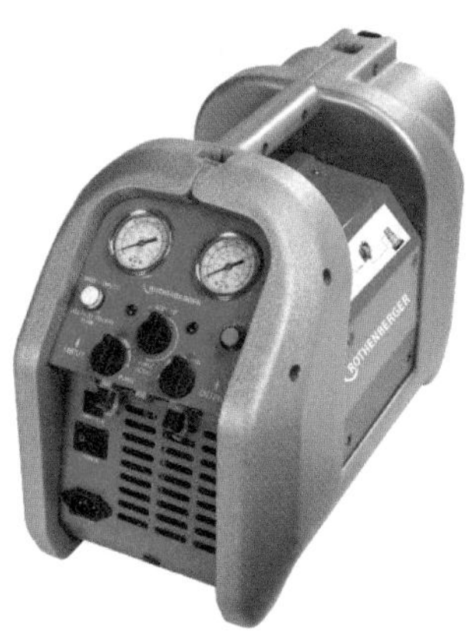

**정답**

냉매회수장치

## 4. 안전장치

**01** 다음 화면에 나타난 장치의 명칭을 쓰시오.

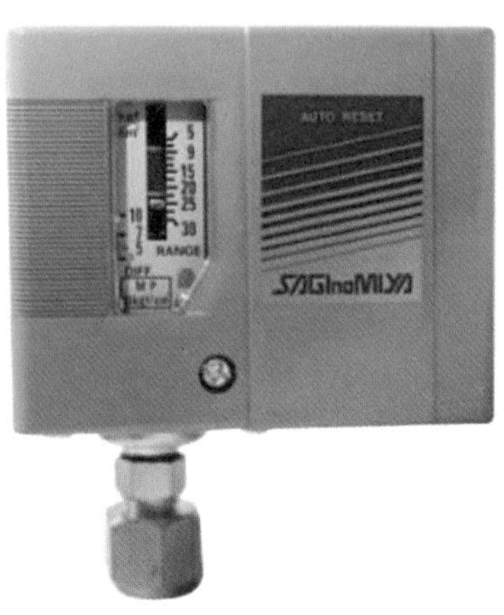


**정답**

고압차단 스위치

# 제11장 냉매배관 설비시공

## 1. 냉매배관, 재료의 기본사항

**01 배관시공 시 주의사항을 5가지만 기술하시오.**

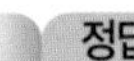


1. 배관 길이는 되도록 짧게 한다.
2. 배관에서 곡선부는 가능한 한 없게 하고 경사는 크게 하며 직선으로 한다.(단, 굴곡부는 가능한 한 적게 하나 곡률 반지름은 크게 한다.)
3. 배관은 온도변화에 대비하여 루프형이나 오프셋 등의 신축이음을 하여야 한다.
4. 수평배관 구배는 냉매가 흐르는 방향으로 약 (1/200~1/500) 정도로 하향기울기로 한다.(일반적 구배는 (1/250)이다.)
5. 동관 설치의 경우 침식을 방지하는 설비로 하고 바닥 밑으로 시공할 경우에는 강관 등 기타 보호 장치를 하여 준다.
6. 오일회수가 원활하도록 하고 배관 중에 불필요하게 오일이 적체하지 않도록 한다.
7. 배관의 진동을 방지하고 적당한 간격마다 행거 등 지지대를 설치한다.
8. 배관에 불필요한 트랩은 될수록 피한다.

**02 냉매별로 사용해서는 안 되는 배관 재료명을 쓰시오.**

정답

1. 프레온 냉매 : 2% 이상 마그네슘을 함유한 알루미늄 합금관
2. 암모니아 냉매 : 구리(동)나 구리합금
3. 염화메틸 : 알루미늄 및 알루미늄 합금

**03 냉매압력이 1(MPa) 이상이면 사용이 불가능한 금속재료를 쓰시오.**

주철관

**04** 온도가 −50(℃) 이하인 관에 사용 가능한 냉매 배관재료를 쓰시오.

정답

1. 이음매 없는 동관
2. 2~4% 니켈을 함유한 강파이프

**05** 냉매가스관에서 고압측에 사용하지 않는 강관의 재료를 쓰시오.

정답

일반 배관용 탄소강관

**06** 화면상 보이는 펌프배관 주위에 플렉시블튜브(가요관이음) 설치 시 주의사항을 4가지만 쓰시오.

정답

1. 수직배관, 수평배관 등 진동을 전부 흡수할 수 있는 위치에 설치한다.
2. 무리하게 늘리거나 줄이지 말고 적당하게 한다.
3. 설치 시 무리한 하중으로 비틀지 말 것
4. 관의 양단 중심을 맞추고 타 물체에 접촉되지 말게 할 것

## 2. 냉동장치 관의 구별

**01** **냉매가스 배관을 흡입가스 배관, 냉매액 배관, 냉각관 배관으로 나누어 구별하시오.**

정답

1. 흡입가스 배관
   저압배관=(증발기－압축기) 사이 배관
   고압배관=(압축기－응축기) 사이 배관
2. 냉매액 배관
   고압 액배관=(응축기－팽창밸브) 사이 배관
   저압 액배관=(팽창밸브－증발기) 사이 배관
3. 냉각관 배관=증발기(열교환기)

**02** **프레온 냉매 흡입, 토출 냉매배관을 구별하여 시공상 주의사항을 기술하시오.**

정답

(1) 흡입관

1. 속도는 약 20(m/s) 이하로 유지한다.
2. 관의 기울기는 압축기를 향하여 약 (1/200) 이하를 유지한다.
3. 관의 길이가 길면 약 10(m)마다 중간 트랩을 설치하되, 흡입관에는 불필요한 트랩이나 곡부를 설치하지 않는다.
4. 압축기가 증발기 하부에 위치한 경우는 증발기 출구에 역 트랩을 설치하고 증발기 상부보다 150(mm) 입상시켜 배관을 시공한다.
5. 관의 두 갈래 흐름이 합류하는 곳에서는 T이음보다 Y이음을 하여야 한다.

(2) 토출관

1. 압축기 정지 후에도 관 내에서 응축냉매가 압축기 헤더로 역류하지 못하게 한다.
2. 입상관 길이가 길면 약 10(m)마다 중간 트랩이 필요하다.

**03** 흡입관, 토출관 내 냉매 유체의 유속(m/s)을 쓰시오.

정답

수평관=3.5 이상
수직관=6 이상
(일반적으로는 20(m/s) 이하가 좋다.)

**04** 토출가스 배관에서 마찰손실 압력($kg/cm^2$)은 얼마 이하로 하는지 쓰시오.

정답

0.2($kg/cm^2$)

**05** 토출관에서 소음기는 수직 상승관에 설치하는데, 일반적으로 부속기기 중 어느 기기 근처에 설치하는지 쓰시오.

정답

압축기

**06** 냉매액관(액관)에 설치하는 밸브 종류, 기타 장치를 3가지만 쓰시오.

정답

1. 스톱밸브
2. 여과기
3. 전자밸브

**07** 액관에는 사이펀(Siphon) 현상이 발생하는 경우가 있는데 이 현상에 대하여 설명하시오.

정답

한쪽의 유체를 다른 쪽으로 유도하기 위해서 U형이나 V형으로 배관을 굴곡시켜 놓은 것을 사이펀이라고 하며, 이때 흐름의 저항에 의해 배관이 진동을 일으키는 것을 사이펀 현상이라고 한다.

## 3. 배관이음 방식

### 01 나사이음에 대하여 주의사항을 3가지만 기술하시오.

1. 소켓, 엘보, 티, 유니언 등으로 접합한다.
2. 기밀성 유지를 위하여 패킹제를 사용한다.
3. 기밀성 유지를 위하여 광명단, 일산화연(리서지) 등의 컴파운드를 바른다.
   (리서지는 광명단+글리세린을 개서 굳힌 페이스트이다.)

### 02 스웨이징(경납땜) 이음의 특성을 3가지만 기술하시오.

정답

1. 동관의 이음방식이다.
2. 사용납땜은 은납, 황동납 등이 있다.
3. 접합면 틈새에 플럭스를 사용한다.

### 03 납땜 시 은납, 황동납의 용융 납땜온도(℃)를 쓰시오.

정답

1. 은납 : 600~900(℃)
   (은납 : 유동성이 좋고 강도가 크며 성분은 은, 구리, 아연의 합금)
2. 황동납 : 800~900(℃)
   (황동납=강도는 약간 낮고 과열하면 아연증발이 발생하며 성분은 구리, 아연의 합금)

### 04 플레어 이음에 대하여 2가지만 기술하시오.

1. 동관의 한쪽 끝을 접시 모양으로 넓혀서 여기에 플레어(flare) 너트를 끼우고 유니언을 채결하는 20(mm) 이하 동관 이음 방식이다.
2. 방식은 싱글플레어, 더블플레어 이음이 있다.

**05** 플랜지 이음에 대하여 2가지만 기술하시오.

정답

1. 냉매배관 수리나 교체 시를 대비하여 관경이 큰 배관의 이음에 적당하다.
2. 일반배관용이 아닌 냉매가스용 홈붙이 관플랜지를 사용한다.

**06** 냉매배관용 스톱밸브의 용도 및 종류 3가지를 쓰시오.

정답

(1) 용도 : 흐름 조정용으로 사용하므로 기밀성이 좋고, 저항이 적어야 한다.

(2) 종류

1. 앵글밸브

2. 글로브밸브(유량조절밸브)

3. 팩리스 스톱밸브(패킹 대신에 벨로스나 다이어프램을 삽입한다.)

**07** 암모니아 압축기에서 사용하는 워터재킷(물재킷) 배관의 냉각수 순환량은 약 몇(L/min) 정도인지 쓰시오.

정답

0.4(L/min)

PART

# 03

# 공기조화

Air-Conditioning and Refrigerating Machinery

# 제1장 공기조화 개요

**01** 화면에 보이는 공기조화기의 4대 구성요소를 쓰시오.

정답

1. 온도
2. 습도
3. 기류
4. 청정도

**02** 공기조화 분류를 크게 나누어서 2가지만 쓰시오.

정답

1. 보건용 공기조화(주거공간, 사무소, 각종 점포, 오락실, 병원, 학교, 교통기관, 작업장 등)
2. 산업용 공기조화(정밀기계가공, 반도체산업, 전산실, 제약, 제과, 양조, 섬유, 제지공업 작업장 등)

## 03 공기조화설비 구성을 5가지로 구별하여 쓰시오.

정답

1. 열원장치(온수보일러, 증기보일러 등)
2. 열운반장치(송풍기, 덕트, 펌프, 배관 등)
3. 공기조화기(혼합실, 가열코일, 냉각코일, 필터, 가습노즐 등)
4. 자동제어장치
5. 터미널기구

## 04 유효온도(ET)에 대하여 설명하시오.

정답

동일한 실내온도에서, 온도, 습도, 기류를 하나로 조합한 상태의 온도감각을 상대습도 100%, 풍속 0(m/s)일 때 느껴지는 온도감각을 표시한 것이다.
(습도가 높으면 유효온도가 커지고, 풍속이 빨라지면 유효온도가 낮아진다.)

## 05 수정유효온도(CET)에 대하여 설명하시오.

정답

유효온도는 복사온도 영향을 고려하지 않으므로 유효선도 온도선도에서 세로축의 건구온도 대신 글로브 온도계의 온도로 대치시켜 같은 방법으로 읽는 경우를 수정유효온도라고 한다.
(유효온도를 보완하며 복사열을 고려하여 조합한 체감온도를 말한다.* 글로브 = globe = 흑구온도를 의미한다.)

**06** **신유효온도(ET*)에 대하여 설명하시오.**

상대습도 50%, 온도 25(℃)에서 풍속 0.15(m/s)를 기준으로 하여 중립적으로 만든 유효온도이다. (수정유효온도의 습도에 대한 과대평가를 보완하여 상대습도 50% 선과 건구온도의 교차로 표시한 종합 쾌적 지표이다.)

**07** **공기의 온도와 습도만으로 쾌감의 지표로 삼는 불쾌지수(UI)를 사용하는 데 그 공식을 설명하시오.**

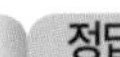

UI = 0.72*(건구온도 + 습구온도) + 40.6
(불쾌지수가 75 이상 = 더움, 80 이상 = 덥고 불쾌함, 85 이상 = 더위를 몹시 느끼고 매우 불쾌함)

**08** **공업용 클린룸, 바이오 클린룸에 대하여 설명하시오.**

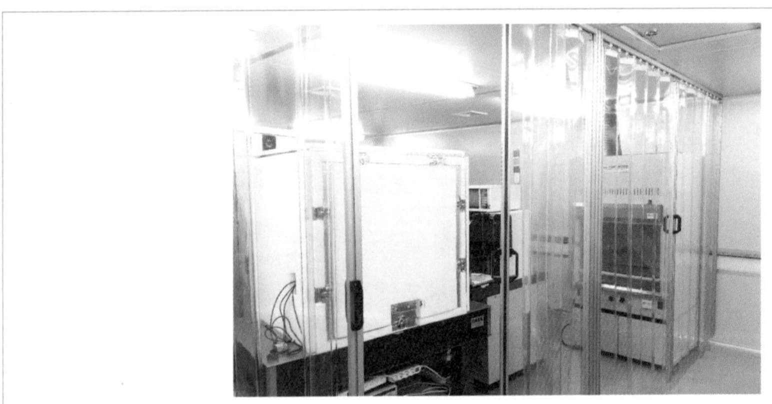

정답

1. 공업용 클린룸
   청정대상이 주로 부유먼지의 미립자인 클린룸이다.
   (정밀측정실, 반도체산업, 필름공업 등에서 사용)

2. 바이오 클린룸
   분진의 미립자, 새균, 곰팡이, 바이러스 등도 극히 제한하는 무균실을 기준으로 클린룸이다.
   (수술실, 제약공장, 특별한 공정, 유전공학 등에서 사용)

**09** 상당외기온도(te)에 대하여 설명하시오.

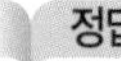

정답

벽체표면의 일사흡수율과 열사량 및 외기온도에 비례하고 벽체표면의 열전달률에 반비례하는 것을 말한다.

**10** 상당외기온도차 ETD(실효온도차)를 설명하시오.

정답

상당외기온도와 실내온도의 차를 상당외기온도차라고 한다.

**11** 냉－난방 도일에 대하여 설명하시오.

정답

1년 동안 냉난방에 소요되는 열량과 이에 따른 연료비용을 산출하는 경우 그 비용은 냉난방 기간에 걸쳐서 적산한 기간 냉난방부하에 비례한다.

냉난방기간, 온도를 놓고 1년 동안 매일 외기온도의 평균값을 도시하여, 즉 실내온도, 냉－난방개시 및 종료온도로 표시하여 냉－난방부하의 총량을 표시한 것이 도일(degree day)이다.

(난방도일＝HD, 냉방도일＝CD)

**12** 결로현상에 대하여 설명하시오.

정답

습공기가 차가운 벽이나 천장, 바닥 등에 닿으면 공기 중에 함유한 수분이 응축하여 그 표면에 이슬이 맺히는 현상이다.

(물체표면에서 발생하는 표면결로, 벽체 내 어떤 층의 온도가 습공기의 온도보다 낮으면 그 층 부근의 결로현상을 내부결로라고 한다.)

## 13 결로의 방지조건을 4가지만 쓰시오.

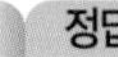
정답

1. 공기와의 접촉면 온도를 노점온도 이상 유지한다.
2. 유리창의 경우에는 공기층이 밀폐된 2중유리를 사용한다.
3. 벽체의 경우에는 단열재를 부착하여 벽면의 온도가 노점온도 이상이 되도록 한다.
4. 실내에서 발생하는 수증기량을 억제하고 다습한 외기 도입을 차단한다.
5. 실내 측에 방습막을 부착한다.
6. 환기를 자주 한다.
7. 방습층을 설치한다.
8. 온도차를 적게 한다.(결로의 피해 : 열전도율 상승, 곰팡이 발생, 목재나 철금속 녹 발생, 결로수가 하부로 낙하, 마감재 손상)

## 14 노점온도에 대하여 간단하게 설명하시오.

정답

작은 물방울, 즉 이슬이 맺히는 현상에서의 온도이다.

## 15 포화공기에 대하여 설명하시오.

정답

습공기에서 수증기가 점차 증가하여 더 이상 수증기를 포함시킬 수 없을 때의 공기를 포화공기라고 한다.[노입공기 = 포화공기에서 수증기를 더 가하면 그 여분의 수증기가 미세한 물방울(안개상태)로 존재하는 공기이다.]

## 16 습구온도에 대하여 3가지로 설명하시오.

정답

1. 감열부에서 물이 증발할 때 잠열과 주위 공기로부터 열전달에 의한 현열의 균형을 이룬 상태의 온도이다.
2. 물의 증발로 건구온도보다 낮게 나타난다.
3. 가열부를 천으로 싸고 모세관현상으로 물을 빨아올려 감열부가 젖게한 뒤 측정한 온도이다.

## 17 상대습도에 대하여 설명하시오.

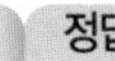
정답

현재 공기량과 동일온도에서 포화공기 수증기량 값이다.
[상대습도=(현재 공기의 수증기량/동일 온도에서의 포화공기 수증기량)×100(%)]

## 18 절대습도에 대하여 설명하시오.

정답

습공기 중에 함유되어 있는 수증기의 중량으로 표시된 습도이다.
[절대습도=(수증기 중량/건조공기의 중량)]

## 19 포화도에 대하여 설명하시오.

정답

(어떤 공기의 절대습도/동일온도에서 포화공기의 절대습도)×100(%)

## 20 수증기의 엔탈피($h_1$) 계산식을 쓰시오.

정답

$h_1 = 597.5 + 0.44 \times t$ (kcal/kg)

## 21 습공기의 엔탈피($h_2$) 계산식

정답

$h_2 = 0.24 \times t + X(597.5 + 0.44t)$ (kcal/kg)

## 22 습공기선도(h－x, t－x선도)에서 알 수 있는 상태를 8가지만 쓰시오.

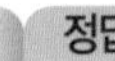


1. 수증기 분압
2. 건구온도
3. 비체적
4. 절대습도
5. 습구온도
6. 엔탈피
7. 상대온도
8. 노점온도

## 23 화면에 보이는 습도를 측정하는 습도측정계의 종류를 4가지만 쓰시오.

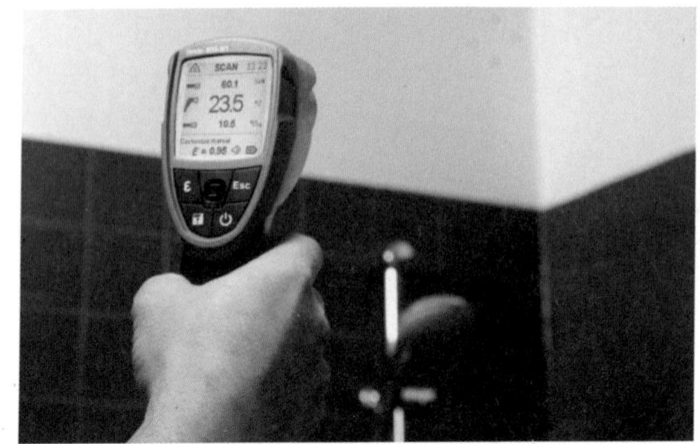


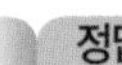


1. 오거스트 건습계
2. 전기저항습도계
3. 오스만 통풍건습계의 습구온도계
4. 아스만 통풍 건습계
5. 모발습도계

## 24 화면에 보이는 일사량 측정계를 3가지만 쓰시오.

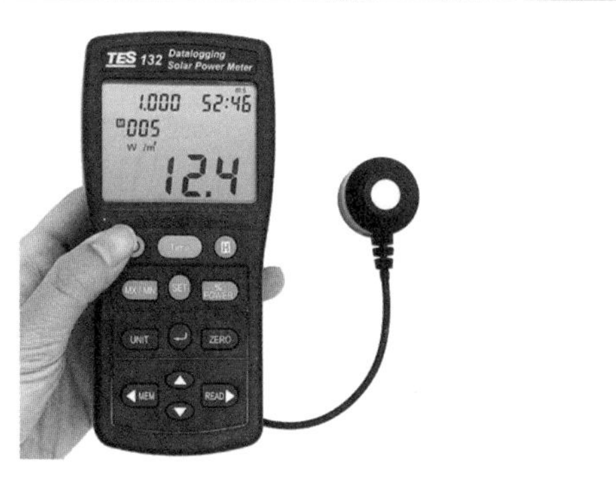


**정답**

1. 에플리일사계　　2. 로비치일사계　　3. 옹스트롬일사계

## 25 난방도일(HD)에 대하여 간단하게 설명하시오.

1. 난방도일은 실내의 평균온도와 외기의 평균온도 차이에 일수(day)를 곱한 것이다.
2. 난방도일＝실내평균온도－{실외평균온도*[(일 최고온도＋일 최저온도)/2]}*day

## 26 난방도일을 계산하면 어떤 이점이 있는지 쓰시오.

1. 어느 지방의 추운 정도를 나타내는 지표로 삼을 수가 있다.
2. 연료소비량을 추정 · 평가하는 데 편리하다.
3. 난방도일이 클수록 연료의 소비량도 많아진다.

## 27 습도의 정의와 공기선도상의 습도의 종류를 3가지만 쓰시오.

(1) 정의 : 대기 중에 포함되어 있는 수증기의 함유량이다.

(2) 습도 종류
1. 비교습도
2. 상대습도
3. 절대습도

## 28 비교습도에 대하여 2가지만 설명하시오.

정답

1. 현재 공기 절대습도와 동일 온도에서의 포화공기 절대습도의 비이다.
2. 일반공조와 범위의 온도에서는 상대습도나 비교습도가 거의 같다고 본다.
   비교습도=(현재 공기 절대습도/동일온도에서 포화공기 절대습도)×100(%)

## 29 포화공기의 의미를 설명하시오.

정답

어떤 온도의 공기가 그 온도에서 최대의 수분을 포함하고 있을 때의 공기이다.

## 30 표준유효온도(SET)에 대하여 간단하게 기술하시오.

정답

신유효온도를 보다 발전시킨 최신 쾌적지표로서 미국공조냉동공학회에서 채택하여 세계적으로 널리 사용하는 유효온도이다.

## 31 난방도일(디그리데이)법의 정의를 간단하게 기술하시오.

정답

주거용 건물과 같이 난방부하 위주의 한 가지 조건만 단순히 계산하여 연간 난방부하를 계산하는 단일척도 방식이다.(단일척도방식=디그리데이방식, 수정 디그리데이방식, 가변 디그리데이방식)

## 32 제습의 필요성을 4가지만 쓰시오.

정답

1. 쾌적한 환경 유지
2. 결로 방지
3. 흡수성 제품의 품질 및 생산성 저하 방지
4. 건조
5. 에너지 절약
6. 녹의 발생 방지
7. 서리 및 착상 방지

## 33 제습방법을 크게 나누어 4가지로 구별하여 기술하시오.

**정답**

1. 냉각식 제습법 : 습공기를 노점온도 이하로 냉각하여 제습한다.
2. 압축식 제습법 : 압축공기가 필요한 경우 냉각과 병용하여 제습한다.
   (제습만을 위한 압축식은 소요동력 소비가 커서 비경제적이다.)
3. 흡수식 제습법 : 흡수제인 염화리튬, 에틸렌글리콜 등을 사용하여 제습한다.
4. 흡착식 제습법 : 물체의 표면에 흡착되기 쉬운 물분자가 흡착제를 통과할 때 공기 중 수분이 흡착제에 의해 제습된다.(구조가 간단하고 유지보수가 용이하다.)

## 34 공기조화에서 방습의 목적을 4가지만 쓰시오.

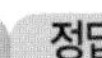

**정답**

1. 수증기(습기) 방지
2. 단열성능 확보
3. 결로 방지
4. 재료의 부식 방지

## 35 다음 화면에 나타난 측정기의 명칭을 쓰시오.

**정답**

일사량 측정기

# 제2장 공기조화 방식

**01** 공기조화 중앙방식을 크게 나누어 3가지로 구별하여 쓰시오.

1. 전공기방식
2. 공기수방식(유닛병용방식)
3. 전수방식

(공조기 : AHU=Air Handling Unit)

**02** 화면에 보이는 공기조화 방식 중 개별방식 3가지를 구별하여 쓰시오.

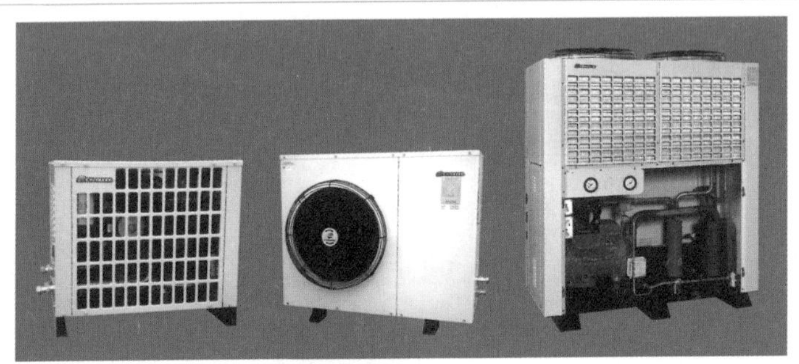

정답

1. 패키지 방식
2. 룸-쿨러 방식
3. 멀티유닛 방식

**03** 공기조화 중앙방식의 특성을 3가지만 쓰시오.

1. 덕트 스페이스나 파이프 스페이스 및 샤프트가 있어야 한다.
2. 열원기기가 중앙기계실에 집중되어 있으므로 유지관리가 편리하다.
3. 주로 규모가 큰 건물에 적용된다.

## 04 공기조화 개별방식의 특성을 5가지만 쓰시오.

**정답**

1. 각 층 또는 각 존에 각각 공기조화 유닛을 분산하여 설치한다.
2. 개별제어 및 국소운전이 가능하여 에너지 절약적이다.
3. 각 유닛마다 냉동기를 갖추고 있어서 소음과 진동이 크다.
4. 외기냉방을 할 수 없다.
5. 유닛이 여러 곳에 분산되어 있어 관리하기 불편하다.

## 05 전-공기방식을 크게 나누어 4가지로 구별하시오.

1. 단일덕트방식
2. 덕트병용 패키지방식
3. 2중덕트방식
4. 각 층 유닛방식

## 06 공기-수방식을 크게 나누어 3가지로 구별하여 쓰시오.

**정답**

1. 덕트병용 팬코일 유닛방식
2. 유인 유닛방식
3. 복사냉난방방식

## 07 전-공기방식의 장단점을 4가지씩 쓰시오.

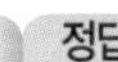


(1) 장점

1. 실내 공기의 오염이 적다.
2. 중간기 외기냉방이 가능하다.
3. 실내에 취출구나 흡입구를 설치하면 되므로 팬코일유닛이 필요 없다.
4. 팬코일유닛을 설치하지 않으므로 실내 유효면적을 넓힐 수 있다.
5. 실내에 배관설치가 불필요하여 누수의 염려가 없다.

(2) 단점

1. 대형 덕트설치에 따른 덕트스페이스가 필요하다.

2. 열매체인 냉온풍의 운반에 필요한 팬의 소요동력이 냉온수를 운반하는 펌프동력보다 더 많이 필요하다.
3. 공조실을 크게 하여야 하므로 장소를 많이 차지한다.
4. 풍량을 많이 필요로 하고 클린룸과 같이 청정을 요하는 곳에만 설치가 가능하다.

## 08 전-수방식의 정의와 장단점을 3가지만 쓰시오.

**정답**

(1) 정의 : 보일러로부터 증기나, 온수, 냉동기로부터 냉수를 배관에 의해 각 층에 있는 팬코일 유닛으로 공급하여 냉방이나 난방을 한다.

(2) 장점
1. 덕트스페이스가 필요 없다.
2. 열매체가 증기 또는 온수나 냉수이므로 열의 운송동력이 공기방식에 비해 적게 소요된다.
3. 각 실의 제어가 개별적으로 가능하다.

(3) 단점
1. 송풍공기가 없어서 실내 공기오염이 심하다.
2. 실내의 배관에 의해 누수가 될 염려가 있다.
3. 극간풍이 비교적 많고 재실인원이 적은 방에서만 사용이 가능하다.

## 09 공기-수방식의 특징을 5가지만 쓰시오.

**정답**

1. 수배관에 의해 팬코일 유닛을 이용하므로 덕트스페이스가 작아도 된다.
2. 유닛 한 대로 극소의 존을 만들 수 있어서 존의 구성이 용이하다.
3. 수동으로 각 실의 온도제어를 쉽게 할 수 있다.
4. 열 운반 동력은 전공기 방식에 비하여 적게 든다.

5. 유닛 내의 필터가 저성능이므로 공기 처리에 큰 도움이 못 된다.
6. 필터를 정기적으로 청소하여야 한다.
7. 실내 배관에 의해 누수의 염려가 있다.
8. 유닛의 소음 및 유닛의 설치 스페이스가 필요하다.
(공기-수방식은 사무소, 병원, 호텔 등에서 외부존은 수방식, 내부존은 공기방식 적용이 편리하다.)

## 10 패키치 유닛 냉매방식의 종류를 3가지만 쓰시오.

**정답**

1. 룸쿨러 방식
2. 멀티유닛 룸쿨러 방식
3. 패키치 방식

## 11 단일덕트방식의 장점, 단점을 각 3가지씩 쓰시오.

**정답**

(1) 장점
1. 덕트가 1개이므로 시설비가 적게 든다.
2. 덕트 스페이스를 적게 차지한다.
3. 냉온풍의 혼합장치가 없으므로 소음과 진동이 적다.
4. 냉온풍 혼합이 없어서 혼합에 의한 열손실이 없다.

(2) 단점
1. 각 실이나 조의 부하변동 시 즉각적인 대응이 불가능하다.
2. 건물에서 부하특성이 다른 여러 개의 실이나 존이 있는 경우 적용이 곤란하다.
3. 실내 부하가 감소될 경우에 송풍량을 줄이면 실내 공기 오염이 심하다.

## 12 단일덕트 재열방식의 장점, 단점을 각 4가지만 기술하시오.

정답

(1) 장점

1. 부하의 특성이 다른 여러 개의 실이나 존이 있는 건물에 적합한 방식이다.
2. 잠열부하가 많거나 장마철 등의 공조에 적합하다.
3. 전공기 방식의 특성이 있다.
4. 재열기가 없는 단일덕트방식보다는 설비비가 많이 든다.
5. 설비비가 2중덕트보다는 적게 든다.

(2) 단점

1. 재열기의 설비비 및 유지관리비가 많이 든다.
2. 재열기의 설치 스페이스가 필요하다.
3. 냉각기에 재열부하가 첨가된다.
4. 하절기 여름에도 보일러 설치 후에 증기 또는 온수로 송풍기를 가열하여 취출해야 한다.
(단일덕트 재열방식은 냉각기 출구공기를 재열기로 재열 가열 후 송풍하므로 말단 재열기 또는 존별 재열기를 설치하고 증기나 온수로 송풍기를 가열하여 덕트 내 공기를 취출하는 방식이다.)

## 13 2중덕트방식(멀티존방식)의 정의를 쓰시오.

정답

공조기에 냉각코일과 가열코일이 있어서 냉풍, 온풍은 각각 별개의 덕트를 통해 각 실이나 존으로 송풍하고 냉난방 부하에 따라서 혼합상자에서 혼합하여 취출시킨다.

## 14 2중덕트방식의 장점, 단점을 각각 4가지씩 기술하시오.

**정답**

(1) 장점

1. 부하특성이 다른 다수의 실이나 존에도 적용이 가능하다.
2. 각 실이나 존의 부하변동 시 즉시 냉, 온풍을 혼합 취출하므로 적응 속도가 빠르다.
3. 실의 설계변경이나 완성 후에 용도변경 시에도 쉽게 대처가 가능하다.
4. 전공기 방식의 특성을 이용한다.
5. 실의 냉, 난방 부하가 감소되어도 취출공기 부족현상이 없다.

(2) 단점

1. 덕트가 2계열 2중덕트 계통이므로 설비비가 많이 든다.
2. 혼합상자에서 냉, 온풍의 혼합 시 소음, 진동이 생긴다.
3. 냉풍, 온풍의 혼합으로 혼합손실에 의한 에너지 소비량이 많다.
4. 덕트 샤프트 및 스페이스를 크게 차지한다.

## 15 화면에 나타난 덕트방식에서 변풍량(VAV)방식에 대하여 2가지로 구분하고 특징을 2가지씩만 기술하시오.

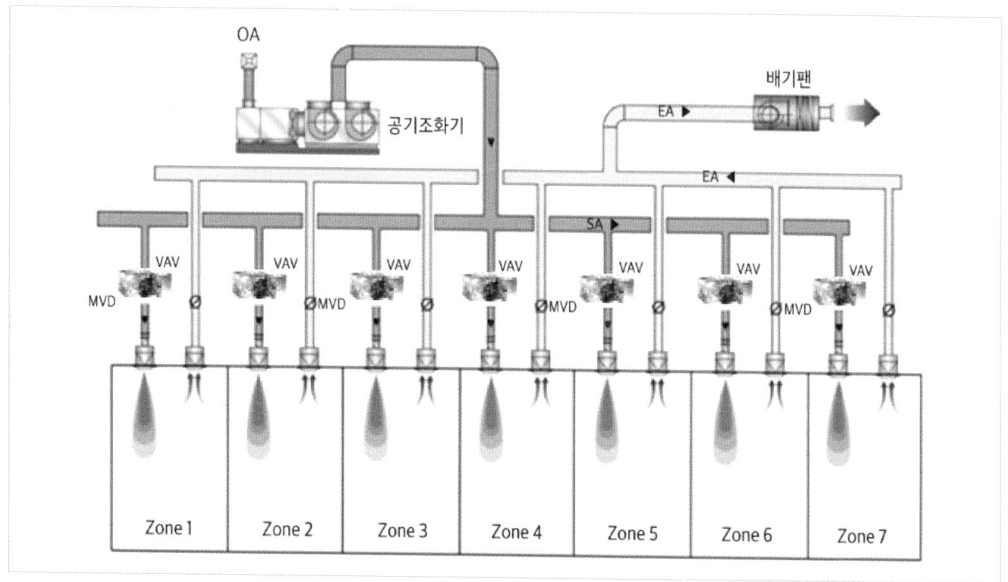


**정답**

(1) 단일덕트 변풍량방식

1. 취출구가 1개 또는 여러 개인 변풍량 유닛을 설치하여 실온에 따라서 취출풍량을 제어한다.
2. 실내부하가 감소하면 송풍량도 감소하여 실내공기의 오염이 심해진다.

(2) 2중덕트 변풍량방식

1. 단일덕트 변풍량 방식의 단점을 보완한 방식이다.
2. 냉, 온풍 혼합상자와 변풍량 유닛을 조합한 2중덕트 변풍량 유닛을 사용한 방식과 냉풍, 온풍 혼합상자와 변풍량 유닛이 별개로 분리된 것을 사용하는 방식도 있다.
   (변풍량 유닛은 풍량제어 방식에 따라서 바이패스형, 슬롯형, 유인형 등이 있다.)

## 16 공기조화방식에서 변풍량 방식을 3가지만 쓰시오.

정답

1. 단일덕트 변풍량방식
2. 단일덕트 변풍량 재열방식
3. 2중덕트 변풍량방식

**❙ 공조방식 분류 ❙**

<table>
<tr><td rowspan="6">중앙방식</td><td rowspan="3">전공기 방식</td><td>단일덕트방식</td><td>• 정풍량 방식<br>• 변풍량 방식</td></tr>
<tr><td>2중덕트방식</td><td>• 정풍량 2중덕트방식<br>• 변풍량 2중덕트방식<br>• 멀티존 유닛 방식</td></tr>
<tr><td colspan="2">• 덕트병용 패키지 방식<br>• 각 층 유닛 방식</td></tr>
<tr><td>공기수방식<br>(유닛 병용 방식)</td><td colspan="2">• 덕트병용 팬코일 유닛 방식<br>• 유인 유닛 방식<br>• 복사냉난방 방식</td></tr>
<tr><td>전수방식</td><td colspan="2">팬코일 유닛 방식</td></tr>
<tr><td style="display:none"></td></tr>
<tr><td>개별방식</td><td>냉매방식</td><td colspan="2">• 패키지 방식<br>• 룸쿨러 방식<br>• 멀티 유닛 방식</td></tr>
</table>

## 17 덕트병용 패키지방식의 특성에 대하여 2가지로 구별하여 쓰시오.

**정답**

1. 각 층에 있는 패키지공조기(PAC)로 냉풍, 온풍을 만들어 덕트를 통해 각 실로 송풍한다.
2. 중, 소규모 건물이나 호텔 등에 응용된다.
(구조는 패키지 내에 증발기가 있어서 직접 팽창코일에서 냉풍을 만들고 또한 패키지 내 가열코일로 지하의 보일러에서 공급하는 온수나 증기로 공급하여 냉방이나 난방을 공급한다.)

## 18 덕트병용 패키지 방식의 장점, 단점을 각각 4가지만 쓰시오.

**정답**

(1) 장점
1. 중앙기계실 냉동기가 필요 없어서 설비비가 적게 든다.
2. 전문 운전자가 없어도 사용이 가능하다.
3. 중앙기계실 면적을 적게 차지한다.
4. 냉방 시 각 층에서 독립적인 운전이 가능하여 에너지 절감 효과가 있다.
5. 급기용 덕트 샤프트가 불필요하다.

(2) 단점
1. 패키치형 공조기가 각 층마다 분산 배치되므로 유지관리가 번거롭다.
2. 온－오프제어이므로 제어 편차가 크고 습도제어가 번거롭다.
3. 소형은 송풍기 정압이 낮고 고급필터 설치 시 부스터팬을 설치해야 한다.
4. 공조기로 외기의 도입이 곤란한 것도 있다.

## 19 화면상의 각 층 유닛방식의 정의를 기술하시오.

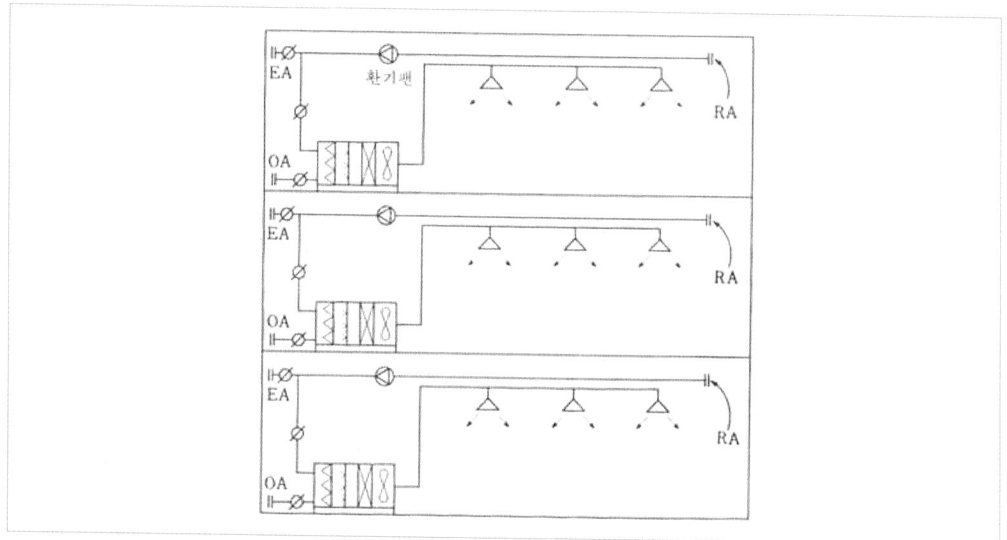

**정답**

각 층마다 독립된 2차공조기를 설치하고 이 공조기 내의 냉각코일 및 가열코일에는 중앙기계실로부터 냉수나 온수, 증기 등을 공급 받는 형식이므로 환기덕트는 필요 없다.
(지하 외기용 1차공조기에서 외기를 가열, 가습, 냉각, 감습하여 각층 유닛으로 보내면 환기와 혼합하여 혼합, 가열 또는 냉각된 후 취출한다.)

## 20 각층 유닛방식의 장점, 단점을 각 4가지씩 기술하시오.

**정답**

(1) 장점
1. 외기용 공조기 설치 시 습도제어가 용이하다.
2. 외기 도입이 용이하다.
3. 1차공기용 중앙장치나 덕트가 작아도 된다.
4. 각 층마다 부하변동에 대응이 가능하다.
5. 각 층마다 부분 운전이 가능하다.
6. 환기덕트가 없거나 작아도 되는 구조이다.
7. 중앙기계실 면적이 작아도 되고 송풍동력이 적게 든다.

(2) 단점
1. 각 층마다 공조기를 설치해야 하는 공간이 있어야 한다.
2. 각 층의 공조기로부터 소음이나 진동이 발생한다.
3. 각 층마다 수배관 설치로 누수의 염려가 있다.
4. 공조기가 각 층에 분산되므로 관리가 번거롭다.

## 21 팬코일 유닛(FCU)방식에 대하여 설명하시오.

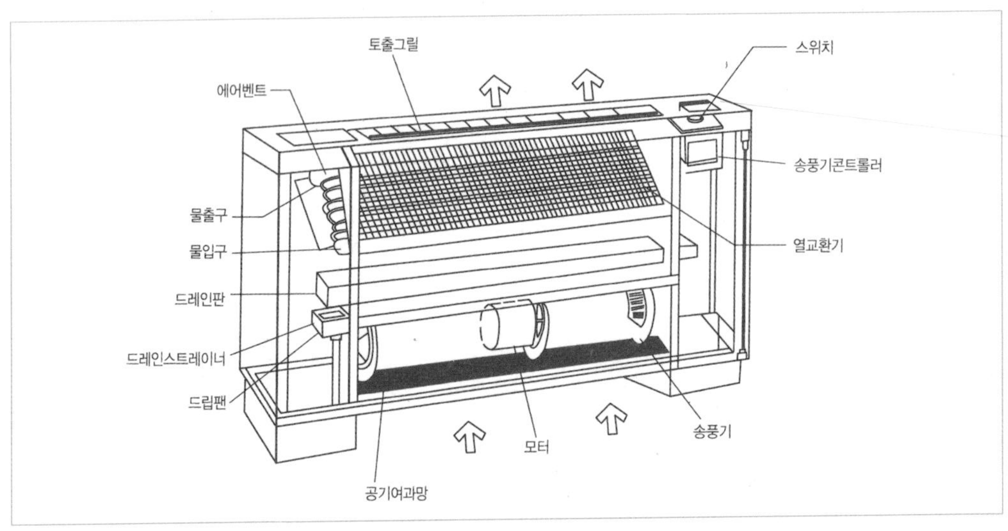

**정답**

중앙기계실의 냉동기나 보일러 등에서 냉수나 온수를 배관을 통하여 각 실에 설치된 팬코일 유닛에 공급하여 실내 공기와 열교환하는 방식이다.
(팬코일 유닛방식에는 외기를 도입하지 않는 방식, 외기를 실내유닛인 팬코일 유닛으로 직접 도입하는 방식, 덕트병용 팬코일 유닛방식 등 3가지가 있다.)

**22** **화면상에 보이는 팬코일유닛 방식의 장점, 단점을 각각 5가지를 쓰시오.**

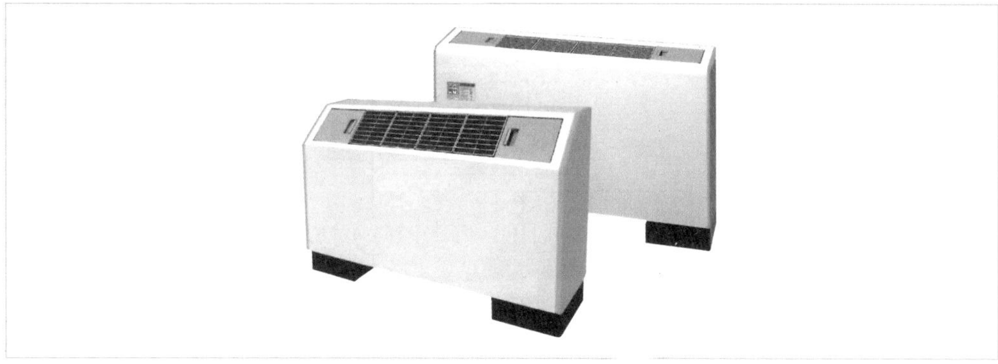

**정답**

(1) 장점

1. 각 실의 유닛은 수동제어가 가능하고 개별제어가 용이하다.
2. 덕트방식에 비해 유닛의 위치변경이 편리하다.
3. 펌프로 냉수 및 온수공급이 가능하여 송풍기에 의한 공기의 이송동력보다 적게 든다.
4. 유닛을 창문 밑에 설치하는 경우 콜드드래프트를 줄일 수 있다.
5. 덕트 샤프트나 스페이스가 필요 없거나 작아도 사용이 가능하다.
6. 중앙기계실 면적이 작아도 된다.

(2) 단점

1. 각 실에 수배관 설치로 누수의 염려가 있다.
2. 외기량이 부족하여 실내공기 오염이 심하다.
3. 팬코일 내의 팬작동으로 소음이 있다.
4. 유닛 내의 필터를 주기적으로 청소해야 한다.

## 23 화면상에 보이는 유인 유닛방식에 대한 특징을 4가지로 구별하여 설명하시오.

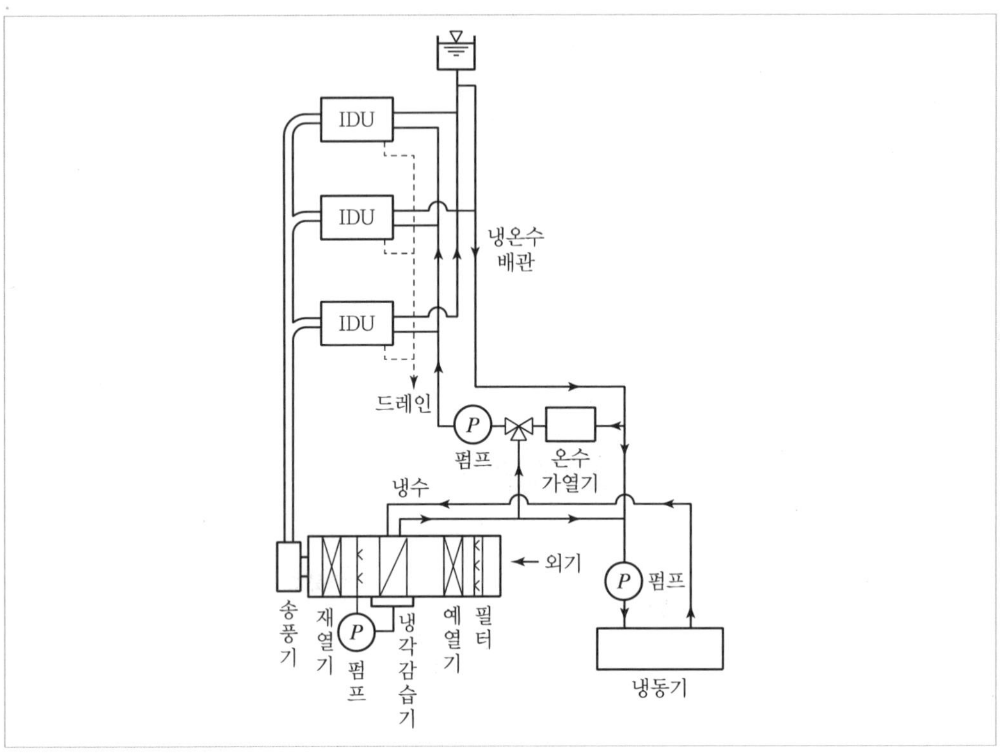


**정답**

1. 1차공기를 처리하는 중앙공조기, 고속덕트와 각 실에는 유인 유닛 및 냉온수 등을 공급하는 배관으로 구성된다.
2. 1차공기는 외기로만 통과하지만 때로는 실내 환기와 외기를 혼합하여 통과하는 경우도 있다.
3. 유인 유닛으로 들어오는 1차공기를 PA, 실내공기인 2차공기를 SA, 1차 · 2차공기를 혼합한 공기를 TA라고 한다.
4. 1차공조기에서 냉각, 감습 또는 가열, 가습한 1차공기를 고속 고압으로 유닛 내로 보내면 유닛 내에 있는 노즐을 통해 분출될 때 유인작용으로 실내공기인 2차공기를 혼합하여 분출한다.
   [유인비 = (TA/PA)의 비이다.]

## 24 유인 유닛방식의 장단점을 각각 4가지씩 기술하시오.

정답

(1) 장점

1. 각 유닛마다 제어가 가능하므로 개별제어가 용이하다.
2. 고속덕트를 사용하므로 덕트스페이스가 작다.
3. 중앙공조기는 1차공기만 처리하므로 규모를 작게 할 수가 있다.
4. 유인 유닛배선에는 전기배선이 필요 없다.
5. 실내부하의 분류에 따라서 조닝을 쉽게 할 수 있고 부하변동 시 적응성이 좋다.

(2) 단점

1. 각 유닛마다 수배관 설치로 누수의 염려가 있다.
2. 유닛은 가격이 비싸고 소음이 발생한다.
3. 외기냉방 효과가 적다.
4. 유닛 내의 노즐이 막히기 쉽다.
5. 유닛 내의 필터를 자주 청소해 주어야 한다.

## 25 패널 냉, 난방방식인 복사냉난방방식의 장단점을 4가지씩 기술하시오.

정답

(1) 장점

1. 현열부하가 큰 실에 적합하다.
2. 쾌감도가 매우 높고 외기의 부족현상이 적다.
3. 냉방 시 조명부하나 일사에 의한 부하를 쉽게 해결할 수 있다.
4. 바닥에 기기설치가 없어서 이용공간이 넓다.
5. 건물의 축열을 기대할 수 있다.
6. 덕트스페이스 및 열운반 동력을 줄일 수 있다.

(2) 단점

1. 단열시공이 완벽해야 한다.
2. 시설비가 많이 든다.
3. 거실의 모양이나 변경 시 융통성이 적다.
4. 풍량이 적어서 풍량이 많이 요구될 경우 적당하지 않다.
5. 냉방 시에는 결로의 우려가 있다.
6. 매몰시공이므로 고장 시 수리나 발견이 어렵다.

## 26 화면에 보이는 개별방식 공기조화의 장단점을 쓰시오.

정답

(1) 장점

1. 설치 및 철거가 용이하다.
2. 운전조작이 용이하고 특별한 운전기술이 필요하지 않다.
3. 제품이 규격화되어 실의 구조에 맞게 용량선택이 자유롭다.
4. 히트펌프식을 이용하면 냉방, 난방이 가능하다.
5. 개별제어가 편리하다.

(2) 단점

1. 설치장소에 제한을 받는다.
2. 실내에 설치하면 면적을 많이 차지한다.
3. 소음과 진동이 있다.
4. 응축기의 열풍으로 주위에 피해가 우려된다.
5. 외기도입량이 부족하여 가끔 환기에 따른 에너지 손실이 따른다.

## 27 다음 화면에 나타난 장치의 명칭을 쓰시오.

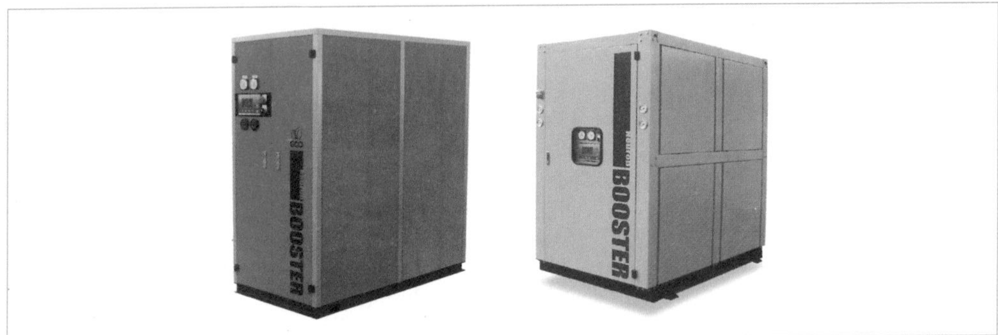


정답

지열 히트펌프

**28** 다음 화면에 나타난 장치의 명칭을 쓰시오.

**정답**

공기열 히트펌프

**29** 다음 화면에 나타난 장치의 명칭을 쓰시오.

**정답**

수열 히트펌프

**30** 다음 화면에 나타난 장치의 명칭을 쓰시오.

정답

가스용 히트펌프(GHP)

**31** 다음 화면에 나타난 장치의 명칭을 쓰시오.

정답

칠러

**32** 다음 화면에 나타난 장치의 명칭을 쓰시오.

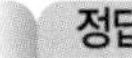

**정답**

에어핸들링 유닛

**33** 다음 화면에 나타난 장치의 명칭을 쓰시오.

**정답**

콘덴싱 유닛

34 다음 화면에 나타난 장치의 명칭을 쓰시오.

정답

시스템 에어컨

35 다음 화면에 나타난 장치의 명칭을 쓰시오.

정답

콘덴서 유닛

36 다음 화면에 나타난 장치의 명칭을 쓰시오.

정답

칠링 유닛

# 제3장 공기조화 부하계산

01 냉방부하에서 실내취득 열량에 대하여 기술하시오.

정답

1. 벽체로부터 취득열량
2. 유리로부터 취득열량(직달일사, 전도, 대류)
3. 극간풍에 의한 취득열량
4. 인체의 발생열량
5. 기구로부터 발생열량

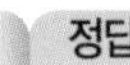
02 냉방부하 시 실내취득 열량에서 기기로부터 취득열량을 2가지만 쓰시오.

정답

1. 송풍기에 의한 취득열량
2. 덕트로부터 취득열량

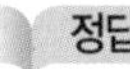
03 냉방부하 시 재열부하는 어디에서 취득한 열량인지 쓰시오.

정답

재열기의 취득열량

04 냉방부하 시 외기부하가 발생하는 근거를 쓰시오.

정답

외기도입에 의한 취득열량

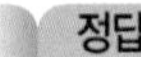

05 냉방부하에서 현열부하가 대부분이다. 그중 현열부하 및 잠열부하가 동시에 필요한 것을 4가지만 쓰시오.

정답

1. 극간풍에 의한 취득열량
2. 인체의 발생열량
3. 기구로부터 발생열량
4. 외기도입으로부터 취득열량

06 극간풍(틈새바람)에 필요한 부하를 2가지만 쓰시오.

정답

현열부하 + 잠열부하

참고

- 현열부하 $= 0.24 \times G(T_o - T_r) = 0.29 \times Q \times (T_o - T_r)$
- 잠열부하 $= r \times G(X_o - X_r) = 717 \times Q \times (X_o - X_r)$

07 난방부하 발생요인을 크게 3가지로 구별하여 기술하시오.

정답

1. 실내손실 열량(외벽, 창유리, 지붕, 내벽, 바닥, 극간풍 등)
2. 기기손실 열량(덕트 등)
3. 외기부하(환기, 극간풍 등)

08 동서남북, 바닥의 상하 면적은 총 1,200m$^2$이고 열관류율은 0.5kcal/m$^2$ · h · ℃일 때 벽체로부터 취득하는 냉방부하는 몇 (kcal/h)인가?(단, 실내온도와 상당외기온도와의 차인 상당온도차 ETD는 4℃로 본다)

정답

$q = K \cdot A \cdot ETD$

$q = 0.5 \times 1,200 \times 4 = 2,400\,(\text{kcal/h})$

**09** 새시포함 유리창의 면적이 $30m^2$이고 유리의 열관류율이 5.88(kcal/m²h℃)이며 실내온도 20℃, 실외온도 26℃일 때 유리로부터 관류에 의한 취득 냉방부하는 몇 (kcal/h)인가?

정답

$$q = K \cdot A \cdot \Delta t$$
$$q = 5.88 \times 30 \times (26 - 20) = 1058.4(\text{kcal/h})$$

**10** 유리의 총면적이 20(m²)이고 유리의 투과 및 흡수의 취득 표준일사 취득열량이 460(kcal/m²h)이며 전차폐계수가 0.53일 경우 유리로부터 일사취득열량의 냉방부하는 몇 (kcal/h)인가?

정답

$$q_1 = SSG \cdot K \cdot Ag$$
$$= 460 \times 0.53 \times 20 = 4,876(\text{kcal/h})$$

**11** 유리로부터 표준일사 취득열량이 516kcal/m²h, 전차폐계수가 0.53, 유리의 총 면적이 15(m²), 투과일사량에 대한 축열부하계수가 34일 경우 실내취득 냉방부하열량은 몇 (kcal/h)인가?

정답

$$q = SSG \cdot K \cdot Ag \cdot SLF$$
$$= 516 \times 0.53 \times 15 \times 34 = 139,474.8(\text{kcal/h})$$

**12** 동서남북 유리창의 총면적이 75(m²)이고 유리의 복사차폐계수가 보통유리의 경우 0.95이며 벽체의 일사흡열수정계수가 남쪽에서 29(kcal/m²h)일 때 유리창의 흡열 유리창의 일사흡열 수정량은 몇 (kcal/h)인가?

정답

$$q = Ag \cdot K_R \cdot AMF$$
$$= 75 \times 0.95 \times 29 = 2,066.25(\text{kcal/h})$$

**13** 유리로부터 일사 취득열량이 2,650(kcal/h)이고 유리창의 일사흡열 수정량이 2,066.25(kcal/h)이면 일사흡열 수정법에 의한 취득 냉방부하는 몇 (kcal/h)인가?

정답

$$q = q_1 + q_a$$
$$= 2,650 + 2,066.25 = 4,716.25\,(\text{kcal/h})$$

**14** 시간당 사무실의 환기횟수가 5번이고 사무실의 체적이 35m³이면 환기량은 몇 (m³/h)인가?

$$Q_1 = n \cdot V$$
$$= 5 \times 35 = 165\,(\text{m}^3/\text{h})$$

**15** 창이나 문의 틈새길이가 2.3(m)이고 단위길이, 단위시간당 극간풍량이 풍속 0.7(m/s)에서 4.5(m³/m · h)일 때 크랙법에 의한 풍량은 몇 (m³/h)인가?

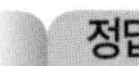


$$Q_2 = l \cdot Q_1$$
$$= 2.3 \times 4.5 = 10.35\,(\text{m}^3/\text{h})$$

**16** 건물전체 틈새길이는 4.5(m)이고 통기특성이 0.86이며 작용압력이 3.24인 경우에 틈새바람은 몇 (m³/h)인가?

정답

$$Q_1 = l \cdot a \cdot \Delta P^{\frac{2}{3}}$$
$$= 4.5 \times 0.86 \times (3.24)^{\frac{2}{3}} = 8.47\,(\text{m}^3/\text{h})$$

**17** 건물에서 창과 문의 총 면적이 16.5($m^2$)이고 창이나 문으로부터 단위면적, 단위시간당 극간풍량이 0.35($m^3/m^2h$)일 경우 극간풍량은 몇 ($m^3/h$)인가?[단, 극간풍량 0.35($m^3/m^2h$)은 풍속 8(m/s)에서 풍압 2.94(mmAq)일 때이다]

**정답**

$Q = A \cdot Q_1$

$= 16.5 \times 0.35 = 5.78(m^3/h)$

**18** 건물에서 상주인원이 35명이고 건물에서 출입문을 통한 사용 1인당 1시간에 침투하는 바람의 양이 4.2($m^3/h$ · 인)일 때 출입문의 극간풍량은 몇 ($m^3/h$)인가?

**정답**

$Q = 35 \times 4.2 = 147(m^3/h)$

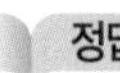
**19** 어느 건물에서 틈새바람이 460(kg/h) 극간풍으로 공급되는 경우 틈새바람에 의한 취득열량 냉방부하(kcal/h)를 계산하시오.

- 건공기의 정압비열 : 0.24(kcal/kg℃)
- 외기온도 : 35℃, 실내온도 : 28℃
- 외기의 절대습도 : 0.0105(kg/kg′)
- 실내의 절대습도 : 0.0101(kg/kg′)
- 0℃에서 물의 증발잠열 : 597.5(kcal/kg)

**정답**

극간풍(틈새바람)의 취득열량($q_I$)

$q_I = q_{IS} + q_{IL}$ = 현열취득열량 + 잠열취득열량

- $q_{IS}$(현열취득량) $= 0.24 \cdot G_1(t_o - t_r)$
- $q_{IL}$(잠열취득량) $= r \cdot G_1(x_o - x_r)$

$\therefore q_I = \{0.24 \times 460 \times (35 - 28)\} + \{597.5 \times 460 \times (0.0105 - 0.0101)\}$

$= 772.8 + 109.94 = 882.74(kcal/h)$

**20** 다음 조건하에서 극간풍(틈새바람)에 의한 냉방부하 취득열량(kcal/h)을 구하시오.

- 건물전체 극간풍량 : 340(m³/h)
- 건공기의 정압비열 : 0.29(kcal/m³ · ℃)
- 0℃에서 물의 증발잠열 : 717(kcal/m³)
- 외기온도 : 36℃, 실내온도 : 31℃
- 외기의 절대습도 : 0.0107(kg/kg′)
- 실내의 절대습도 : 0.0102(kg/kg′)

틈새바람 냉방부하 취득열량($q_I$)

$q_I = q_{IS} + q_{IL}$ = 현열취득량 + 잠열취득량

- $q_{IS} = 0.29\,Q_I(t_o - t_r)$
- $q_{IL} = 717\,Q_I(x_o - x_r)$

$\therefore\ q_I = \{0.29 \times 340(36-31)\} + 717 \times 340(0.0107 - 0.0102)$

$= 493 + 121.89 = 614.89 = 882.74$ (kcal/h)

**21** 건물에 상주하는 인원이 350명이고 1인당 인체발생 현열량($H_S$)은 실내온도 27℃에서 45(kcal/h · 인)이고 1인당 인체발생 잠열량($H_L$)은 53(kcal/h · 인)인 경우 인체로부터 취득되는 열량($q_H$)의 냉방부하(kcal/h)를 구하시오.

$q_H = q_{HS} + q_{HL}$(인체현열부하 + 인체잠열부하)

- $q_{HS} = n \cdot H_S$
- $q_{HL} = n \cdot H_L$

$q_H = (350 \times 45) + (350 \times 53) = 34,300$ (kcal/h)

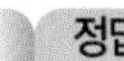

22 어느 사무실에서 조명기구(백열등)의 총 전력은 800W이고 조명점등률은 0.8이면 조명기구에 의한 기기로부터 취득열량은 몇 (kcal/h)인가?

정답

백열등 조명기구 취득열량($q_E$)

$q_E = 0.86 \times W \cdot f$

$= 0.86 \times 800 \times 0.8 = 55.04(\text{kcal/h})$

※ 0.86(1W당 발열량=0.86kcal/h)

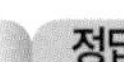

23 어느 빌딩에서 형광등 조명기구 전력이 440W이고 점등률이 75%(0.75)이며 형광등의 안정기가 설치되어 실내에 있으며 발열량의 20%를 가산하는 경우에 조명기기로부터 취득열량($q_E$)의 냉방부하는 몇 (kcal/h)인가?

정답

안정기가 실내에 있는 경우 형광등의 기기로부터 취득열량($q_E$)

$q_E = 0.86 \cdot W \cdot f \cdot (1+a)$

0.86×440×0.75×1.2=340.56(kcal/h)

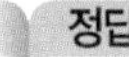

24 건물구조체 중량이 400(kg/m²)인 건물에서 5시간 동안 형광등을 켜고 형광등의 숫자는 150개, 조명전력이 17W/m², 사무실 총 면적이 750m², 형광등의 점등율이 0.8인 상태에서 안정기가 실내에 설치된 경우에 조명기구로부터 취득열량($q_E'$)은 몇 (kcal/h)인가? (단, 점등 5시간 점등율은 0.5이며 기준 전등의 축열부하계수 $SLF_E$는 0.91로 한다)

정답

$q_E' = \{0.86 \times W \cdot A \cdot f \times 1.2\} \times \mathrm{SLF_E}$ (축열부하계수)

$= \{0.86 \times 17 \times 750 \times 0.5 \times 1.2\} \times 0.91 = 5{,}986.89(\text{kcal/h})$

**25** 건물에 전동기가 10대가 설치되어 있으며 전동기 1대당 정격출력은 5kW이고 전동기에 대한 부하율(모터출력/정격출력)은 0.9이며 전동기 가동률은 0.5, 전동기 효율은 0.95일 때 동력으로부터 취득열량($q_E''$) 냉방부하는 몇 (kcal/h)인가?(단, 1kW-h = 860kcal (3,600kJ)로 하고 전동기는 실외에 있고 기계는 실내에 있으며 전동기의 사용상태계수 $f_k$ = 1로 본다)

**정답**

$$q_E'' = 860 \times p \times f_e \times f_o \times f_k$$
$$= \{860 \times 5 \times 0.9 \times 0.5 \times 1\} \times 10 = 19{,}350\,(\text{kcal/h})$$

> **참고**
>
> 전동기는 실내에 있고 기계는 실외에 있는 경우 $f_k$는
>
> $$f_k = \frac{1-\eta}{\eta} = \frac{1-0.95}{0.95} = \frac{1-\text{전동기효율}}{\text{전동기효율}}$$

**26** 주방기구(전기오븐 등)의 발열량이 2,500(kcal/h), 기구의 사용률이 0.3이고 가스렌지 위 후두의 발열 중 실내로 복사되는 경우 복사되는 비율이 0.2의 경우 주방기구나 발열기구로부터 취득열량 $q_E$를 구하시오.(단, 후드의 발열량은 1,200kcal/h이다)

**정답**

$$q_E = q_e \cdot k_1 \cdot k_2$$
$$= (2{,}500 + 1{,}200) \times 0.3 \times 0.2 = 222\,(\text{kcal/h})$$

**27** 공조기 운전에서 냉각된 공기가 송풍기에 의해 압축된다. 송풍기 소요동력은 3.5(kW)이며 송풍기에서 취득열량 개략치는 15(%), 덕트로부터 취득개략치는 3(%)로 보는 경우 송풍기와 덕트로부터 취득열량($q_B$)은 몇 (kcal/h)인가?(단, 1kW = 860kcal/h이고 실내취득열량은 송풍기의 취득열량으로 계산한다)

**정답**

$$q_B = 860 \times \text{kW} \times \eta$$
$$= 860 \times 3.5 \times (0.15 + 0.03) = 541.8\,(\text{kcal/h})$$

**28** 공조기에서 냉각된 공기를 다시 재열기로 가열하여 실내로 보내는 경우 재열부하($q_R'$)는 몇 (kcal/h)인가?(단, 송풍공기량은 2,500kg/h(2,084m³/h), 재열기 입출구온도는 각각 20℃, 26℃, 공기의 정압비열은 0.24(kcal/kg℃), 0.29(kcal/m³℃)로 하며 공기의 밀도는 1.2(kg/m³)이다)

정답

$q_R' = 0.24\,G(t_2 - t_1)$

$q_R'' = 0.29\,Q(t_2 - t_1)$

$q_R' = 0.24 \times 2,500 \times (26 - 20) = 3,600\,(\text{kcal/h})$

> 참고
>
> $q_R'' = 0.29 \times 2,084 \times (26 - 20) = 3,626.16$(kcal/h)

**29** 건물에서 환기를 위한 외기도입량이 3,500(kg/h) 즉 2,917(m³/h)이고 외기온도 34℃, 실내온도 31℃일 때 외기에 의한 현열부하와 잠열부하에 의한 외기부하($q_F$)는 총 몇 (kcal/h)인가?(단, 공기의 정압비열은 0.24kcal/kg℃(0.29kcal/m³℃)이며 0℃에서의 물의 증발잠열은 597.5kcal/kg(717kcal/m³), 실내외 공기의 절대습도는 0.015kg/kg′, 0.011(kg/kg′)로 나타난다)

정답

$q_F = q_{FS} + q_{FL}$(kcal/h)(외기현열부하+외기잠열부하)

$= \{0.24 \times 3,500 \times (34 - 31)\} + \{597.5 \times 3,500 \times (0.015 - 0.011)\}$

$= 2,520 + 8,365 = 10,885\,(\text{kcal/h})$

> 참고
>
> $q_F = \{0.29 \times 2,917 \times (34 - 31)\} + \{717 \times 2,917(0.015 - 0.011)\}$(kcal/h)
>
> $= 2,537.79 + 8,365.956 = 10,903.75$(kcal/h)
>
> - $q_{FS} = 0.24 \times G_F \times (h_o - h_r) = 0.29 \times Q_F \times (x_o - x_r)$
> - $q_{FL} = 597.5 \times G_F(x_o - x_r) = 717 \times Q_F \times (x_o - x_r)$

**30** 외기에 접한 벽체의 구조체 열관류율이 0.5(kcal/m²h℃)이고 외벽, 외창, 지붕의 구조체 면적이 150m²일 때 벽체로부터 손실열량인 $q_w$(난방부하, kcal/h)를 구하시오.(단, 방위에 따른 부가계수($K$)는 1.1이며 실내온도 22℃, 외기온도 10℃이고 대기복사에 의한 외기온도에 대한 보정온도가 6℃이다)

$$q_w = K \cdot A \cdot K(t_r - t_o - \Delta t_a)$$
$$= 0.5 \times 150 \times 1.1(22 - 10 - 6) = 495\,(\text{kcal/h})$$

**31** 외기와 접하지 않는 벽이나 천장의 총 면적이 200(m²)일 때 손실열량($q_w$)은 몇 (kcal/h)인가?[단, 구조체의 열관류율은 0.5(kcal/m²h℃), 내부온도 22℃, 인접실의 온도는 16℃이다]

정답

$$q_w = K \cdot A \cdot \Delta t$$
$$= 0.5 \times 200 \times (22 - 16) = 600\,(\text{kcal/h})$$

**32** 지하 벽체의 길이가 6.5(m)이고 지면에서 0.6(m) 지하까지 구간별 손실열량이 1.12(kcal/mh℃)일 때 지면에 접하는 지하층 벽의 손실열량은 몇 (kcal/h)인가?(단, 동절기 실내온도는 23℃, 지하 0.6m에서 온도는 16℃이다)

정답

$$q_w = K_p \cdot L_p(t_r - t_o)$$
$$= 1.12 \times 6.5 \times (23 - 16) = 50.96\,(\text{kcal/h})$$

**33** 지하 2.4(m) 이하인 벽체 및 바닥에서 열관류율은 0.391(kcal/m²h℃), 벽체 및 바닥의 총 면적은 24(m²), 실내온도 21℃, 지하 2.4m에서 온도는 −10℃이다.

정답

$$q_w = K \cdot A(t_r - t_g)$$
$$= 0.391 \times 24 \times (21 - (-10)) = 290.904\,(\text{kcal/h})$$

**34** 동절기에서 극간풍량이 400m$^3$/h(480kg/h), 실내온도는 25℃, 외기온도는 −5℃일 때 극간풍에 의한 난방부하는 몇 (kcal/h)인가?[단, 내부공기 절대습도는 0.024(kg/kg)′ 외부공기 절대습도는 0.015kg/kg′이고 물의 증발잠열은 597.5kcal/kg(717kcal/m$^3$)이다)]

정답

$q_I = q_{IS} + q_{IL}$(현열부하+잠열부하)

$q_{IS} = 0.24 \cdot G_I(t_r - t_o) = 0.29\,Q_I(t_r - t_o)$

$q_{IL} = 597.5 \cdot G_I(x_r - x_o) = 717\,Q_I(x_r - x_o)$

$q_I = \{0.24 \times 480 \times (25 - (-5))\} + \{597.5 \times 480(0.024 - 0.015)\}$

$= 3,456 + 2,581.2 = 6,037.2$(kcal/h) 또는

참고

$q_I = \{0.29 \times 400 \times (25 - (-5))\} + \{717 \times 400 \times (0.024 - 0.015)\}$

$= 3,480 + 2,581.2 = 6,061.2$(kcal/h)

**35** 환기나 거주인원에 의한 외기풍량이 4,500kg/h(3,750m$^3$/h)이며 실내온도가 22℃, 외기온도가 −7℃이고 실내공기의 절대습도가 0.045(kg/kg′), 외기의 절대습도가 0.025(kg/kg′)일 경우 외기부하($q_F$)에 대한 손실열량은 몇 (kcal/h)인가?

- 공기의 정압비열 : 0.24kcal/kg℃(0.29kcal/m$^3$℃)
- 물의 증발잠열 : 597.5kcal/kg(717kcal/m$^3$)

정답

$q_F = q_{FS} + q_{FL}$(외기현열부하+외기잠열부하)

$q_{FS} = 0.24 \cdot G_F(t_r - t_o) = 0.29\,Q_F(t_r - t_o)$

$q_{FL} = 597.5\,G_F(x_r - x_o) = 717\,Q_F(x_r - x_o)$

$q_F = \{0.24 \times 4,500 \times (22 - (-7))\} + \{597.5 \times 4,500 \times (0.045 - 0.025)\}$

$= 31,320 + 53,775 = 85,095$(kcal/h) 또는

참고

$q_F = \{0.29 \times 3,750 \times (22 - (-7)\} + \{717 \times 3,750 \times (0.045 - 0.025)\}$

$= 31,537.5 + 53,775 = 85,312.5$(kcal/h)

# 제4장 공기조화 계산식 및 프로세스

## 01 현열비($SHF$)에 대하여 쓰시오.

**정답**

$SHF$ =[현열/(현열+잠열)]

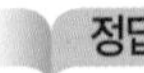

## 02 열수분비(수분비)에 대하여 간단히 기술하시오.

**정답**

습공기 상태변화 중 수분 변화량과 엔탈피 변화량의 비율이다.

## 03 수분비에 대하여 간단히 기술하시오.

**정답**

열수분비를 의미한다.

## 04 바이패스 팩터($BF$) 및 콘택트 팩터($CF$)에 대하여 설명하시오.

**정답**

1. 바이패스 팩터 : 공기가 코일을 통과해도 코일과 접촉하지 못하고 지나가는 공기의 비율이다.
2. 콘택트 팩터 : 전체 공기 중 코일과 접촉하여 통과한 비율을 말한다.($CF=1-BF$)

## 05 공조기의 기호를 설명하시오.

**정답**

1. RH : 재열기
2. HC : 가열기
3. PC : 예냉기
4. CC : 냉각기
5. PH : 예열기

# 제5장 덕트 및 덕트부속장치

## 1. 덕트

### 01 공기조화 표준온도는 몇 (℃)를 기준으로 하는가?

정답

20

### 02 덕트에서 아스팩트비에 대하여 설명하시오.

정답

아스팩트비 = (장변/단변)
(동일한 원형덕트에 대한 4각덕트의 장변과 단변의 치수는 여러가지로 조합할 수 있는데 장변과 단변의 비를 아스팩트비라고 하며, 보통 4 : 1 이하가 바람직하나 8 : 1을 넘지 않도록 한다.)

### 03 국부저항에 대하여 설명하시오.

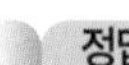

정답

덕트의 엘보와 같은 곡관부분이나 분기관, 합류관, 기타 단면변화가 있는 곳 등은 흐르는 공기의 와류현상과 관마찰손실 등에 의하여 직관보다 압력손실이 큰데 이와 같은 곳에서의 압력손실을 의미한다.

### 04 저속덕트, 고속덕트의 기준을 쓰시오.

정답

1. 저속덕트 : 15(m/s) 이하
2. 고속덕트 : 15~20(m/s) 정도

**05** 송풍기에서 입구 및 출구에서 진동이 덕트로 전달되지 않도록 하는 이음을 쓰시오.

**정답**

캔버스이음

**06** 덕트의 배치방식을 3가지만 쓰시오.

**정답**

1. 간선덕트방식
2. 개별덕트방식
3. 환상덕트방식

**07** 개별덕트 방식의 특징을 3가지만 쓰시오.

**정답**

1. 각 실의 개별제어성이 우수하다.
2. 덕트스페이스를 많이 차지한다.
3. 공사비용이 많이 든다.

**08** **환상덕트 방식의 특성을 3가지만 쓰시오.**

1. 덕트 말단을 루프상태로 연결하므로 양쪽 덕트의 정압이 균일하다.
2. 덕트 말단에 가까운 취출구에서 송풍량의 불균형을 개선할 수 있다.
3. 공장의 급기, 배기에 아주 편리하다.

**09** **덕트설계 시 순서를 6가지로 구별하여 기술하시오.**

정답

1. 송풍량 결정
2. 덕트의 치수 결정
3. 취출구 및 흡입구 위치 설정
4. 송풍기 기종 선정
5. 덕트경로 설정
6. 설계도 작성

**10** **덕트의 치수 결정법을 3가지만 쓰시오.**

1. 등속법
2. 등마찰저항법
3. 정압재취득법

**11** **덕트의 치수 결정법 3가지를 쓰고 각각의 특성을 3개 이상 기술하시오.**

(1) 등속법

1. 덕트 내의 풍속을 일정하게 유지할 수 있도록 덕트 치수를 결정하는 방법이다.
2. 풍속이 어느 위치에서나 일정하다.
3. 덕트를 통해 먼지나 산업용 분말을 이송시키는 데 적당하다.
4. 각 구간마다 압력손실이 다르다.
5. 송풍기 용량 결정 시 전체 구간의 압력손실을 구해야 결정이 된다.

(2) 등마찰 저항법

1. 덕트의 단위길이당 마찰저항이 일정하도록 덕트마찰 손실선도에서 직경을 구하는 방법이다.
2. 쾌적용 공조방식에서 흔히 사용된다.
3. 많은 풍량을 송풍하면 소음이 발생하거나 덕트의 강도상에도 문제가 발생한다.
4. 주간 덕트에서 분기된 분기덕트가 극히 짧은 경우에는 분기덕트의 마찰저항이 작으므로 분기덕트 쪽으로 필요 이상의 공기가 흐르게 된다.

(3) 정압 재취득법

1. 취출구 직전의 정압이 대략 일정한 값이 된다.
2. 각 취출구에서 댐퍼에 의한 풍량조절을 하지 않아도 예정된 송풍량을 취출할 수 있다.
3. 저속덕트에서는 이용이 가능한 압력이 작기 때문에 등압법에 의한 경우보다 덕트치수를 크게 하지 않으면 안 된다.
4. 고속덕트에 적합하고 송풍기 동력이 절약되며 풍압조절이 쉽다.

## 12 덕트재료를 3가지만 쓰시오.

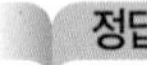


1. 아연도금 강판
2. 열간압연 박강판
3. 냉간압연 강판
4. 기타 : 동판, 알루미늄판, 스테인리스 강판, 염화비닐관 등

## 13 덕트의 단면 변화 시 확대 · 축소할 때 몇 도 이하로 하여야 하는가?

1. 덕트확대 : 15° 이하
2. 덕트축소 : 30° 이하

## 14 덕트도중 재열기와 같은 코일을 넣을 경우 코일 입구 쪽, 코일 출구 쪽의 경사는 최대 얼마로 하는가?

1. 입구 쪽 연결부 최대 경사 : 30°
2. 출구 쪽 연결부 최대 경사 : 45°를 초과하지 않는다.

**15** 고속덕트에서 장애물이 지나가면 저항과 소음이 발생한다. 100(mm) 이상 장애물이 있는 경우 이 유동저항 완화용 유선형커버의 명칭을 쓰시오.

정답

이즈먼트(easement)

**16** 덕트 굴곡에서 사용하는 엘보의 종류를 5가지만 쓰시오.

정답

1. 이음매없는 90° 스무스 엘보
2. 이음매 있는 90° 5－피스 엘보
3. 이음매없는 45° 스무스 엘보
4. 이음매 있는 45° 3－피스엘보
5. 이음매 있는 90° 3－피스 엘보
6. 마이트 엘보

**17** 화면에서 보이는 장방형 덕트의 보강에 사용되는 보강재 종류를 4가지만 쓰시오.

정답

1. 슬립
2. 심
3. 앵글
4. 다이아몬드 브레이크
5. 리브 브레이크(홈형보강)

## 2. 덕트 부속장치

**01** 화면에서 보이는 댐퍼 중 풍량조절이 가능한 댐퍼(VD)의 종류를 3가지만 쓰시오.

버터플라이 댐퍼

정답

1. 버터플라이 댐퍼
2. 루버 댐퍼
3. 스프릿 댐퍼

참고

- 소형댐퍼용 : 버터플라이 댐퍼
- 분기부용 댐퍼 : 스프릿 댐퍼
- 날개가 여러 개인 댐퍼 : 루버 댐퍼

**02** 화면상의 댐퍼에서 화재가 번지는 데 사용하는 방화댐퍼(FD)의 종류를 2가지만 쓰시오.

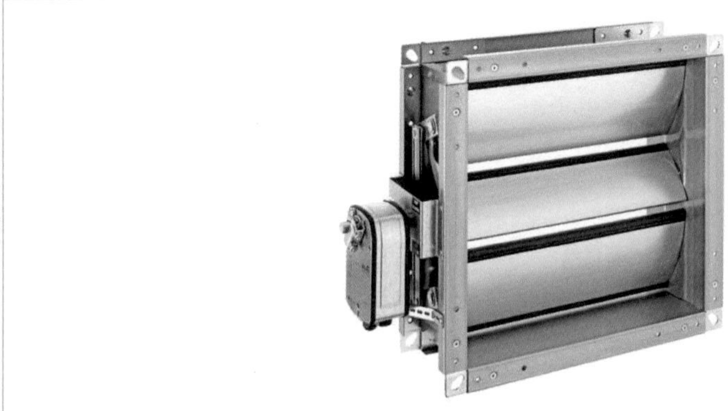

루버 댐퍼

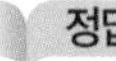
정답

(1) 루버형 댐퍼

(2) 피봇형 댐퍼

1. 대형 4각 댐퍼 : 루버형 댐퍼
2. 날개 1장용 댐퍼 : 피봇형 댐퍼

**03** **화재 시 연기감지용 댐퍼인 방연 댐퍼(SD)는 어느 기기와 연동하는가?**

방연 댐퍼

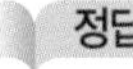
정답

연기감지기

**04** **공조기와 덕트 접속부위에 기류의 안정이나 기류를 타고 오는 소음을 줄이기 위해 설치하는 부속품의 명칭을 쓰시오.**

정답

에어챔버
(소음챔버는 내부 표면적이 커야 효과가 좋으므로 덕트 단면적의 10~20배 정도로 확대하기 때문에 동압이 낮아지고 전압강하가 심해진다.)

**05** **덕트에서 점검구의 설치 장소를 열거하시오.**

정답

1. 방화댐퍼의 퓨즈를 교체할 수가 있는 곳
2. 풍량조절댐퍼의 점검 및 조정이 가능한 곳
3. 말단 코일이 있는 곳
4. 덕트의 말단에서 먼지 제거가 가능한 곳
5. 에어챔버가 있는 곳
6. 공조기의 중요한 곳

(덕트의 주요 요소나 조정을 위하여 점검구가 필요하며 공기누설 방지를 위해 점검구 설치 시 패킹을 하고, 덕트가 보온된 곳이면 점검구도 보온을 같이 한다.)

**06** **덕트에 측정구를 설치하는 이유를 쓰시오.**

정답

덕트 내 풍속 및 풍량, 온도, 압력, 먼지 등을 측정하기 위해서이다.

**07** **공조기에서 계측기는 덕트 내 동압을 측정하는 계측기기이다. 이 장치의 명칭을 쓰시오.**

정답

피토관

**08** **덕트에서 필요한 측정구의 설치 위치를 쓰시오.**

정답

엘보와 같은 곡관부에서 덕트폭의 7.5배 이상 떨어진 장소

**09** **송풍기와 덕트를 직접 연결 시 송풍기의 진동이 덕트로 쉽게 전달된다. 이것을 방지하기 위해 덕트에 송풍기 입, 출구를 접속할 때 사용하는 부속장치의 명칭을 쓰시오.**

정답

신축이음(캔버스 커넥션)

# 제6장 취출구 및 흡입구

## 1. 취출구

**01** 화면에 보이는 취출구의 용도를 쓰시오.

취출형 디퓨저

정답

덕트에서 나오는 냉, 온풍 등의 공기를 실내에 공급하기 위한 구멍이다.

**02** 화면에 보이는 천장 취출구의 종류를 5가지만 쓰시오.

정답

1. 아네모스탯형

2. 웨이형

3. 팬형

4. 펑커형 노즐

5. 타공

## 03 라인형 취출구의 종류를 5가지만 쓰시오.

정답

1. 브리즈 라인형
2. 캄 라인형
3. T－라인형
4. 슬롯 라인형
5. T－바형

## 04 축류형 취출구 종류를 2가지만 쓰시오.

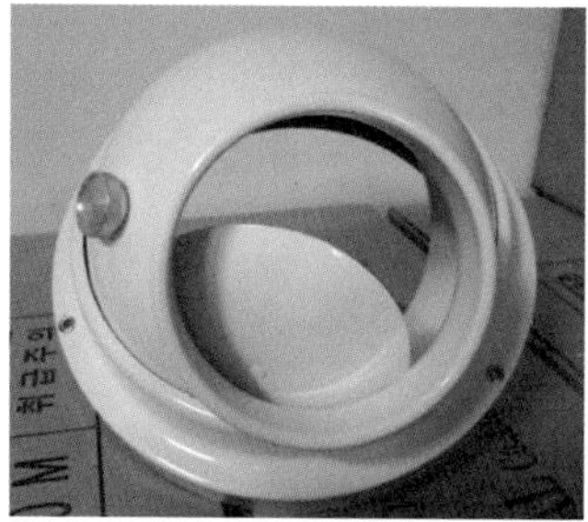

펑커형 취출구

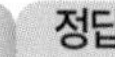

정답

1. 노즐형　　　　　2. 펑커형

## 05 최대, 최소 도달거리에 대한 기준을 2가지로 설명하시오.

정답

1. 최대 도달거리 : 취출구로부터 기류의 중심속도가 0.25(m/s)로 되는 곳까지의 수평거리
2. 최소 도달거리 : 취출구로부터 기류의 중심속도가 0.5(m/s)로 되는 곳까지의 수평거리

**참고**

(1) 도달거리는 취출기류의 풍속에 비례한다.
(2) 강하거리, 상승거리 : 기류의 풍속 및 실내공기와의 온도차에 비례한다.

## 06 취출구에 베인(vane)을 설치하는 목적을 쓰시오.

정답

취출구에서 나오는 공기의 도달거리, 확산반경, 기류의 방향 등을 조정하기 위하여 취출구내에 베인을 부착한다.

## 2. 흡입구

**01** 공조기의 실내 흡입구 중 천장형, 벽형, 바닥형에 해당하는 종류를 구분하여 1개 이상 쓰시오.

정답

(1) 천장형
1. 라인형
2. 라이트 트로퍼형
3. 격자형
4. 화장실 배기용

(2) 벽형
1. 격자형
2. 펀칭메탈형

(3) 바닥형
1. 머쉬룸형

## 3. 콜드 드래프트(cold draft)

**01** 콜드 드래프트의 정의를 기술하시오.

생산된 열량보다 소비되는 열량이 많으면 추위를 느끼게 된다. 이와 같이 소비되는 열량이 많아져서 추위를 느끼게 되는 현상을 콜드 드래프트라고 한다.

**02** 콜드 드래프트의 발생원인을 5가지만 기술하시오.

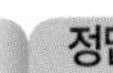


1. 인체 주위의 공기온도가 너무 낮을 때
2. 습도가 낮을 때
3. 주위 벽면의 온도가 낮을 때
4. 기류의 속도가 클 때
5. 동절기 창문의 극간풍이 많을 때

**03** 콜드 드래프트를 예방하기 위한 조건을 3가지만 쓰시오.

1. 실내의 온도분포를 균일하게 한다.
2. 기류의 풍속이 어느 제한값 내에 있도록 한다.
3. 겨울철 극간풍의 침입을 막는다.

# 제7장 공조용 온, 열원 기기

## 1. 보일러

**01** 화면에 보이는 열원기기에서 공조기에 사용이 가능한 증기, 온수 보일러를 구조별로 5가지로 구별한 후에 각각의 보일러 명칭을 2가지씩만 쓰시오.

(1) (2) (5)

**정답**

(1) 원통형 보일러
1. 입형 보일러
2. 노통연관식 보일러

(2) 수관식 보일러
1. 2동D형 수관식 보일러
2. 관류 보일러

(3) 주철제 보일러
1. 온수 보일러
2. 증기 보일러

(5) 강철제 온수 보일러

(4) 특수 보일러
1. 특수열매체 보일러
2. 간접가열 보일러
3. 폐열 보일러

**02** **화면에서 보이는 보일러 중 보일러 용량을 표시하는 것을 5가지만 쓰시오.**

정답

1. 전열면적
2. 상당증발량
3. 보일러 마력
4. 보일러 정격출력
5. 상당방열면적(EDR)

## 03 산업용 보일러 중 효율이 좋은 보일러 종류를 3가지만 쓰시오.

수관식 보일러

**정답**

1. 노통연관식 보일러
2. 수관식 보일러
3. 관류 보일러

## 04 화면에 보이는 주철제방열기의 표준방열량을 증기, 온수의 2가지로 구분하여 쓰시오.

**정답**

1. 온수난방 : 450(kcal/m$^2$ · h)
2. 증기난방 : 650(kcal/m$^2$ · h)

**05** 보일러 정격출력(정격용량)을 계산하는 부하(kcal/h)의 종류를 4가지만 쓰시오.

정답

1. 난방부하
2. 급탕부하
3. 배관부하
4. 예열부하(시동부하)

**06** 열관류율, 열전달률, 열전도율의 단위를 쓰시오.

정답

1. 열관류율 및 열전달률 단위＝(kcal/m$^2$ · h · c)
2. 열전도율 단위＝(kcal/m · h · c)

**07** 배관부하(배관열손실)는 일반적으로 정미부하(난방부하＋급탕부하)의 몇 (%)로 보는가?

정답

20(%)

**08** 예열부하(보일러시동부하)는 일반적으로 상용부하(난방부하＋급탕부하＋배관부하)의 약 몇(%)로 보는가?

정답

25(%)

**09** 공조장치 유닛의 구성품의 조합에 따른 냉동기 중에서 다음에 열거한 유닛용 냉동장치 구성품을 2가지 이상 쓰시오.

| 1. 콘덴싱유닛 | 2. 칠링유닛 |
|---|---|
| 3. 패키지유닛 | |

정답

1. 콘덴싱유닛 구성품 : 압축기, 응축기
2. 칠링유닛 구성품 : 압축기, 응축기, 증발기, 냉수펌프
3. 패키지유닛 구성품 : 압축기, 응축기, 증발기, 공조기

**10** **냉각탑을 구조상 2가지로 분류하여 설명하시오.**

정답

(1) 개방식 냉각탑
   1. 대기식
   2. 자연통풍식
   3. 기계통풍식(평행류형, 직교류형, 대향류형)

(2) 밀폐식 냉각탑

**11** **화면에 보이는 흡수식 냉온수기의 성적계수(COP)를 쓰시오.**

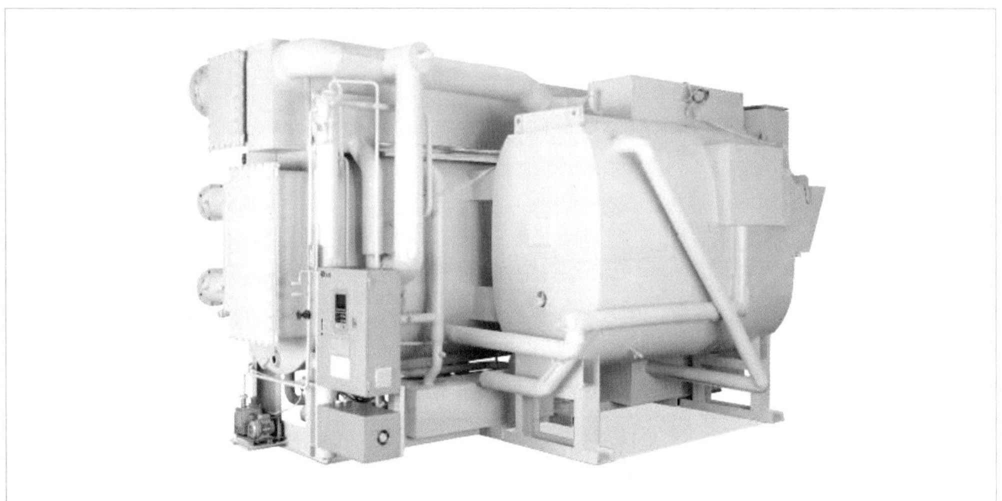

정답

$$\text{성적계수(COP)} = \frac{\text{증발기에서 냉수로부터 얻은 열량}}{\text{발생기에서 가해진 열량} + \text{순환펌프가 용액에 준 일의 열량}}$$

## 2. 집진장치

**01** **화면에 보이는 보일러에서 배기가스에 포함된 매연 및 불순물 제거를 위한 공해방지용 집진장치를 크게 3가지로 구분하여 쓰시오.**

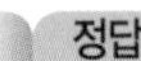
정답

1. 건식 집진장치
2. 습식 집진장치
3. 전기식 집진장치

**02** **화면에 보이는 집진장치 중 건식 집진장치의 종류를 4가지만 쓰시오.**

정답

1. 여과식
2. 관성식
3. 원심식(사이클론식)
4. 자석식

**03** 화면에 보이는 집진장치 중 습식(세정식) 집진장치의 종류를 3가지만 쓰시오.

정답

1. 유수식
2. 가압수식
3. 회전식

**04** 가압수식 집진장치의 종류를 4가지만 쓰시오.

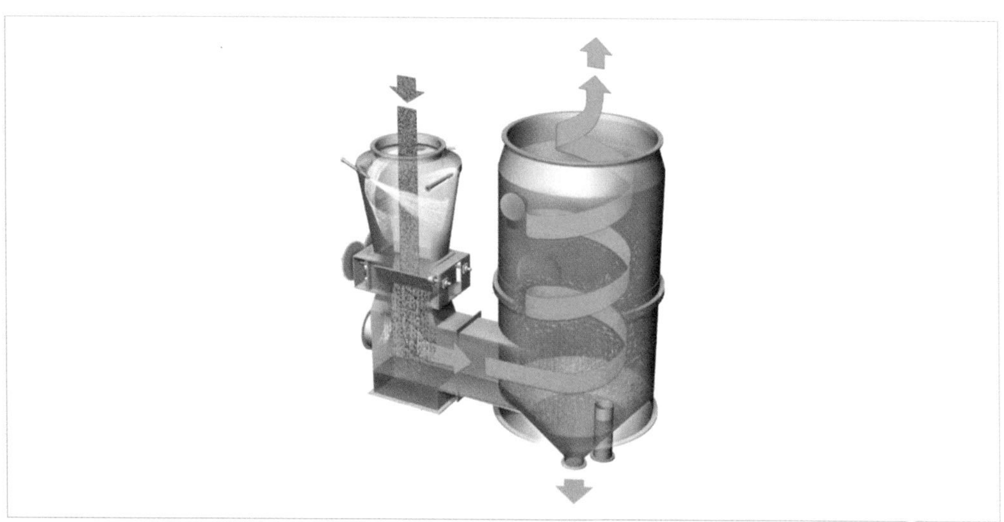

정답

1. 사이클론 스크러버
2. 충전탑
3. 제트 스크러버
4. 벤투리 스크러버

**05** **화면에 보이는 집진장치 중 집진효율이 가장 높은 전기식 집진장치의 대표적인 집진기의 명칭을 쓰시오.**

정답

코트렐식(Cottrell 식)

## 3. 열교환기 종류

**01** **다음 화면에 보이는 열교환기를 구조별로 5가지로 구별하여 종류를 쓰시오.**

**정답**

(1) 다관원통형 열교환기(셸 앤드 튜브형 열교환기)

1. 고정관판형
2. 유동두형
3. U자관형
4. 케틀형

(2) 이중관식 열교환기

(3) 단관식 열교환기

1. 트롬본형
2. 탱크형
3. 코일형

(4) 공랭식 열교환기

(5) 특수 열교환기

1. 플레이트식
2. 소용돌이식
3. 재킷식
4. 비금속제식

(보일러 등의 열교환기에서 일반적으로 동체에는 증기, 온수 등이 흐르고 동체 안의 튜브인 관내부에는 가열이 필요한 물이 흘러서 열교환된다.)

**02** **스테인리스 강판에 리브(rib : 홈 형태)형의 골을 만들어 여러 장을 나열하여 조합한 열교환기의 명칭을 쓰시오.**

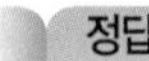
정답

플레이트형 열교환기(판형)
(다관원통형에 비해 열관류율이 3~5배 정도 우수하고 규모는 작은 편이다.)

**03** **스테인리스 강판을 감아서 그 끝부분을 용접함으로써 가스켓을 사용하지 않고도 수밀이 유지되는 구조의 열교환기 명칭을 쓰시오.(단, 설치장소를 많이 차지하지 않고 화학공업용, 고층건물 공조용으로 많이 사용한다.)**

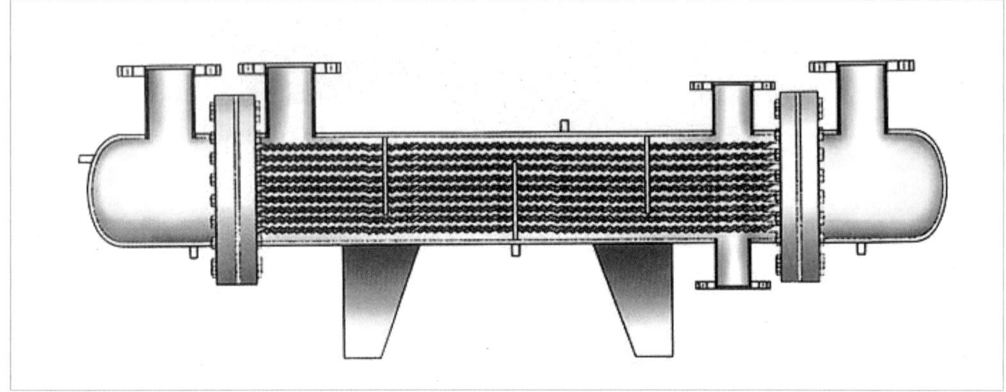

정답

스파이럴형 열교환기

## 4. 열펌프(히트펌프)

### 01 화면에 보이는 히트펌프의 4대 구성요소를 쓰시오.

**정답**

증발기 – 압축기 – 응축기 – 팽창밸브

### 02 화면에 보이는 히트펌프 방식을 8가지로 구분하시오.

**정답**

(1) 공기 – 공기 방식(냉매회로 변환방식)

1. 냉방 시 : 실내코일(증발기)에서 열을 취득하고, 응축기에서 열을 방출한다.
2. 난방 시 : 냉방 사이클을 역운전한다.

(2) 공기 – 공기 방식(공기회로 변환방식)

1. 냉방 시 : 외기는 응축기에서 열을 방출하고, 실내로 들어온 환기는 증발기로부터 냉각된 후 실내로 공급(외기와 환기의 혼합은 댐퍼로 조작)된다.

2. 난방 시 : 외기는 증발기로부터 열을 방출 배기하고, 실내로부터 환기는 응축기에서 가열 후 실내로 공급된다.

(3) 공기 – 물 방식(냉매회로 변환방식)

1. 냉방 시 : 증발기에서 냉수를 만들어서 이 냉수를 냉수코일로 보내 급기를 냉각하여 냉방한다.
2. 난방 시 : 냉매회로 변경 후에 증발기를 응축기로 사용하며 응축기 측에서 온수를 만들어서 온수코일로 보내 난방한다.

(4) 공기 – 물 방식(물회로 변환방식)

1. 냉방 시 : 냉수코일에 냉수를 공급하여 급기를 냉각한다.
2. 난방 시 : 냉수회로와 냉각수회로를 바꾼다. 냉각탑은 가열탑이 되고, 응축기는 가열기가 된다. (응축기를 거친 온수는 온수코일에 공급하여 난방한다.)

(5) 물 – 공기 방식(냉매회로 변환방식)

1. 냉방 시 : 증발기에서 얻은 열을 응축기에서 냉각수와 열교환한다.
2. 난방 시 : 냉매회로를 전환시켜 지하수로 열을 얻어 히트펌프에 의해 급기를 가열하여 난방한다.

(6) 물 – 물 방식(물회로 변환방식)

1. 냉방 시 : 증발기에서 냉수를 얻어 냉수코일에 공급하여 냉방한다.
2. 난방 시 : 물회로 변환으로 냉각수나 지하수가 증발기로 들어와서 열원으로 열을 얻는다. 이 열은 히트펌프에 의해 좌측의 응축기로 이송되어 온수와 열교환되며 온수가 온수코일로 공급되어 난방한다.

(7) 물 – 공기 방식(공기회로 변환방식)

1. 냉방 시 : 증발기 전열관에서 냉매잠열을 이용하여 7℃ 정도 냉수를 얻어서 팬코일유닛의 냉수코일로 보내 냉방한다.
2. 난방 시 : 재생기의 증발열을 증발기로 보내 증발기 전열관의 물을 온수로 만들고 이 온수를 팬코일유닛에 보내 실내를 난방한다.

(8) 물 – 물 방식(냉매회로 변환방식)

1. 냉방 시 : 냉수로부터 열을 흡수하여 지하수 측으로 방열한다.
2. 난방 시 : 지하수로부터 열을 흡수하여 온수 측으로 방열하고 난방을 한다.

## 03 흡수식 히트펌프의 4대 구성요소를 쓰시오.

정답

증발기, 흡수기, 재생기, 응축기
(1중 효용, 2중 효용 흡수식 열펌프가 있다.)

## 5. 흡수식(냉동기, 냉온수기)

**01** 다음 화면에 보이는 장치의 명칭을 쓰시오.

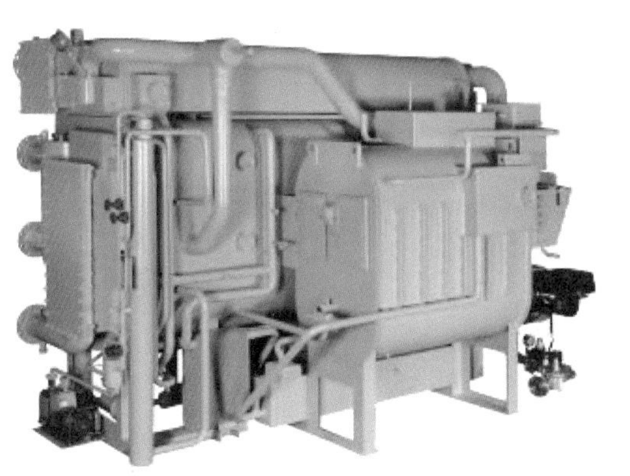

정답

흡수식 냉동기

**02** 다음 화면에 보이는 장치의 명칭을 쓰시오.

정답

흡수식 냉-온수기

**03** 다음 화면에 보이는 장치의 명칭을 쓰시오.

정답

진공 펌프

**04** 다음 화면에 보이는 흡수식 냉온수 기기에서 정상적인 운전일 때 증발기 내의 압력(mmHg) 및 냉매의 증발온도(℃) 기준을 쓰시오.

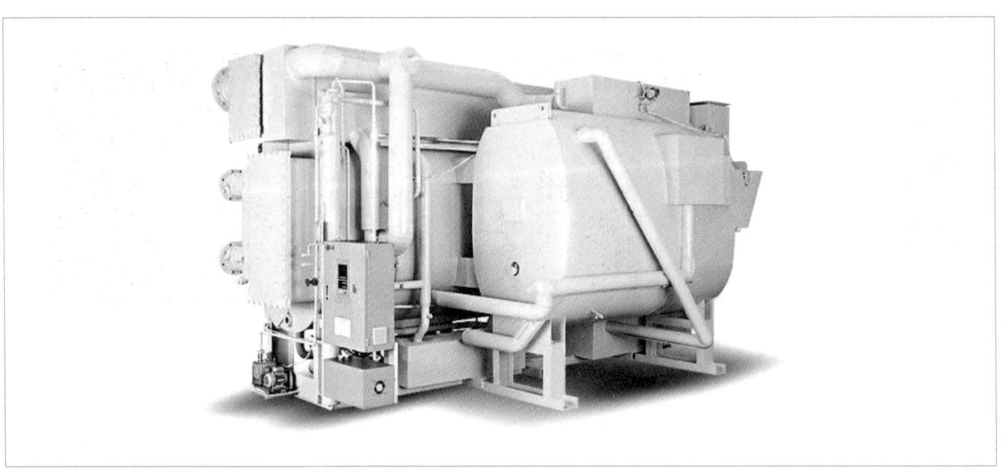

정답

1. 내부압력 : 6.5(mmHg)
2. 증발온도 : 5(℃)

**05** 다음 흡수기에 들어있는 흡수제의 명칭을 한글로 쓰시오.

흡수제 통

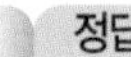

**정답**

리튬브로마이드(LiBr)

**06** 다음 화면에 보이는 장치의 명칭을 쓰시오.

**정답**

대향류식 냉각탑

## 07 흡수식 냉방기기에서 증발기 내에 들어있는 냉매명을 쓰시오.

증발기

**정답**

물($H_2O$)

## 08 다음 흡수식에서 4대 구성요소를 쓰시오.

**정답**

증발기, 흡수기, 재생기, 응축기

## 09 흡수식 냉온수기의 구성요소 내의 압력(mmHg)을 보편적인 기준에 의하여 쓰시오.

**정답**

1. 증발기 : 6.5(mmHg)
2. 흡수기 : 6(mmHg)
3. 저온재생기 : 56(mmHg)
4. 고온재생기 : 700(mmHg)

**10** 다음 흡수식 부속품 기기에서 전열관에 흐르는 유체의 명칭을 쓰시오.

**정답**

1. 증발기 전열관 : 냉수(동절기에는 온수)
2. 증발기 상부 트레이 : 냉매($H_2O$)
3. 흡수기 : 냉각수
4. 저온재생기 : 냉매증기

**11** 고온재생기에서 사용하는 연료를 2가지만 쓰시오.

**정답**

1. 도시가스(LNG, $CH_4$ 등의 가스)
2. 오일(등유, 경유)

**12** 흡수식 냉동기에서 사용하는 열매의 명칭을 쓰시오.

**정답**

고압증기(7~8kg/cm²g)

**13** 2중효용 흡수식 냉동기에서 성적계수를 높이기 위한 부품의 명칭을 쓰시오.

**정답**

저온재생기

14 흡수식에서 동절기 80℃ 난방용 온수효율을 증가시키기 위한 흡수식 냉온수기 장치명을 쓰시오.(단, 타 흡수식보다 고온재생기를 크게 만든다.)

**정답**

난방능력 증대형 냉온수기

15 흡수식에서 하절기에 사용하지 않는 무부하대책 시 필요한 흡수식 냉온수기의 장치명을 쓰시오.

**정답**

온수부착 열교환기
(80℃ 온수난방기에 부착한다.)

16 흡수식 냉동기에 사용하는 열매인 증기의 압력(MPa)을 쓰시오.

**정답**

0.7~0.8(MPa)

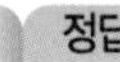

17 흡수식에서 성적계수 및 효율을 올리기 위한 부속장치 명칭을 2가지만 쓰시오.

**정답**

1. 저온열교환기
2. 고온열교환기

18 흡수제인 리튬브로마이드가 섭씨 몇 (℃) 이상이면 부식력이 급격히 증가하는지 쓰시오.

**정답**

150(℃) 이상

**19** 흡수제(LiBr)는 150℃ 이상이면 가스가 발생하여 압력이 상승한다. 고온에서 발생하는 가스명을 쓰시오.

**정답**

수소

**20** 흡수식 냉온수기 사이클의 종류를 2가지만 쓰시오.

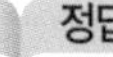

**정답**

1. 직열식(고온재생기 = 묽은 용액, 저온재생기=진한 용액)
2. 병열식(고온재생기 = 진한 용액, 저온재생기=묽은 용액)

**21** 흡수식에서 진한 용액(농용액)과 묽은 용액(희용액)의 흡수용액은 농도가 약 몇 (%)인지 쓰시오.

**정답**

1. 진한 용액 : 63~64%
2. 묽은 용액 : 58~59%

**22** 흡수식 냉온수기 기기에서 고온재생기 연소 화실의 구성에 해당되는 3가지 구조 형식을 쓰시오.

흡수식 진공펌프

정답

1. 반전연소식
2. 노통연관식
3. 수관식

**23** 흡수식 냉온수기 고온재생기에 사용하는 열매의 종류에 따른 형식을 3가지만 쓰시오.

정답

1. 직화식(버너장착용)
2. 증기식(흡수식냉동기용)
3. 중온수식(지역난방식)

**24** 흡수식 기기의 냉각탑 출구에서 흐르는 냉각수는 어느 곳을 통과하여 냉각탑으로 다시 회수가 되는지 냉각수가 흐르는 부속장치를 2가지만 쓰시오.

정답

1. 흡수기　　　　2. 응축기

**25** 흡수식 냉방기기에서 사용하는 용도별 펌프를 2가지만 쓰시오.

정답

1. 용액펌프　　　　2. 냉매펌프

**26** 공조기에서 냉각수 및 온수가 건물의 어디를 거쳐서 냉방, 난방을 하는지 부품의 명칭을 쓰시오.

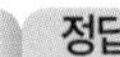


팬－코일유닛

**27** 흡수식 냉동기에 사용하는 열매인 증기가 응축수가 되면 어느 장치에서 응축수를 회수하는지 장치명을 쓰시오.

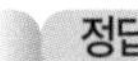


드레인 열교환기

**28** 냉각탑(쿨링타워)의 입구, 출구에서 유입, 배출하는 냉각수의 표준온도(℃)를 쓰시오.

**정답**

1. 냉각탑 출구 : 32℃
2. 냉각탑 입구 : 37℃

**29** 흡수식 냉온수기의 특징을 5가지만 쓰시오.

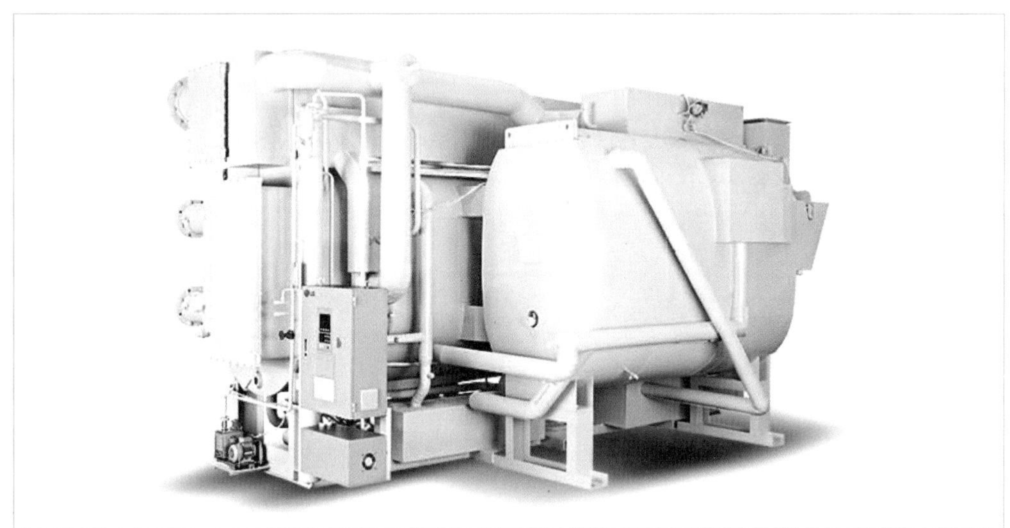

정답

1. 기기 한 대로 냉방, 난방이 가능하다.
2. 설치장소가 작아도 된다.
3. 냉매가 $H_2O$이라서 양이 풍부하고 구입이 용이하다.
4. 열매의 종류가 가스, 오일, 증기 등 다양하다.
5. 전기 사용량이 기존의 냉동기에 비하여 (1/10) 정도로 적으므로 하절기 전력 피크 시 전기부하율에 안전을 기할 수가 있다.
6. 하절기 남아도는 LNG 가스를 적정 수준으로 소비할 수 있다.
7. 도시가스 냉방, 난방이 가능하다.
8. 하절기에 버너 등 열매를 공급하여야 냉방을 할 수 있다.
9. 연소실이 작아서 불완전연소가 염려된다.
10. 성적계수 향상을 위한 연구가 많이 필요하다.
11. 난방보다는 냉방이 유리하다.
12. 외기습도나 습구온도에 영향을 많이 받는다.
13. 기기 내의 온도가 0℃ 이하에서는 냉매의 동결로 사용이 불가하다.

**30** **흡수기 내의 용액의 온도가 저하하면 용액이 결정이 되어 사용하기가 불편한 흡수식 사이클의 (1) 명칭 및 (2) 결정을 풀어주는 작업명을 쓰시오.**

정답

(1) 직열식 사이클
(2) 해정작업(용액의 결정시 용액을 흡수기에 모아서 해정을 하면 일이 간편하다.)

**31** **흡수식 기기에서 설비가 복잡하고 고장이 발생할 우려가 있지만 용액의 결정은 잘 일어나지 않는 사이클 명칭을 쓰시오.**

정답

병열식 사이클

**32** 증발기 내의 압력 6.5(mmHg)를 유지시키기 위하여 냉매증기를 흡수하는 흡수기에 사용하는 흡수제 용액의 명칭을 쓰시오.

정답

리튬브로마이드

**33** 흡수식(냉동기, 냉온수기)에 사용되는 사이클 종류를 3가지만 쓰시오.

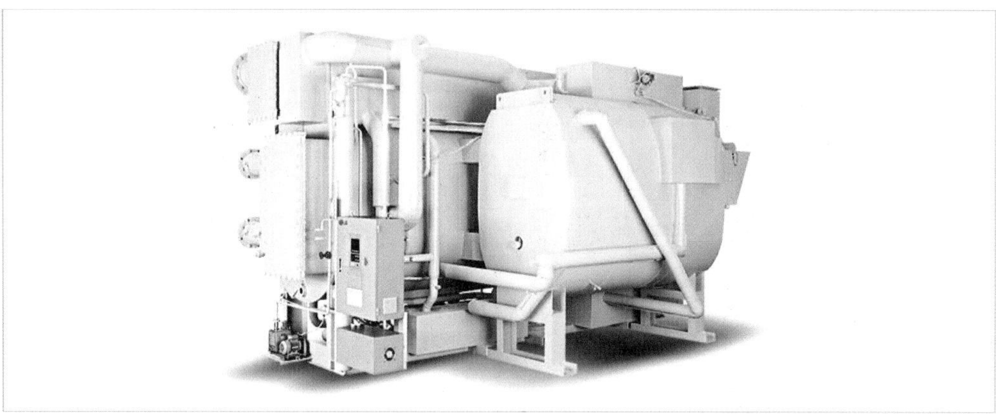

정답

1. 직열 사이클
2. 리버스 사이클
3. 병열 사이클
4. 직병렬병용흐름 사이클

# 제8장 공기조화 구성요소 및 부속장치

## 1. 공기조화기(AHU ; Air - Handling Unit) 구성

**01** 화면에 보이는 에어핸들링 유닛의 구성품을 5가지만 쓰시오.

정답

케이싱, 댐퍼, 에어필터, 가열코일, 송풍기, 전동기, 가습기, 방진기, 냉각코일 등

**02** 화면상의 중앙식 공조기의 구성요소를 5가지만 쓰시오.

정답

1. 공기여과기(에어필터 : AF)
2. 공기냉각 감습기(AC)
3. 공기예냉기(PC)
4. 공기예열기(PH)
5. 공기가습기(AH)
6. 공기재열기(RH)
7. 공기냉각코일(CC)
8. 가습기(에어와셔 : AW)
9. 스프레이장치(S)
10. 송풍기(F)
11. 엘리미네이터(E)

## 2. 에어필터

**01 화면에 나타난 에어필터의 여과효율 측정법을 3가지만 쓰시오.**

정답

1. 중량법
2. 변색도법(비색법 : NBS법)
3. 계수법(DOP법)

## 02 공조기에 사용되는 여과기의 종류를 구분하여 4가지만 쓰시오.

**정답**

1. 충돌점착식(구성 : 철망, 스크린, 섬유류 등)
2. 건성여과식(여과재 : 셀룰로오스, 석면, 그라스울 등)
3. 전기식
4. 활성탄흡착식

## 03 공조기 여과기 중 HEPA 여과기의 사용 용도를 쓰시오.

**정답**

고성능필터용

## 04 전자식 공기청정기(EAC)의 사용목적에 따른 종류를 3가지만 쓰시오.

**정답**

1. 포터블형
2. 패키지형
3. 리턴덕트형

**05** 활성탄 흡착식 여과기의 필터 모양을 3가지만 쓰시오.

**정답**

1. 패널형
2. 지그재그형
3. 바이패스형

**06** 공조기용 에어필터의 설치 위치를 2가지로 구별하여 쓰시오.

**정답**

1. 송풍기 흡입 측이며 코일의 앞쪽에 부착한다.
2. 예냉코일 부착 공조기는 예냉코일과 냉각코일 사이에 부착한다.

**07** 고성능필터(HEPA), 초성능필터(ULPA), 전기식필터의 설치 위치를 쓰시오.

정답

송풍기 출구

## 3. 공조기 냉·온수코일

**01** 화면에 보이는 공조기에서 공기의 냉각·가열코일 중 설치목적에 따른 종류를 4가지만 쓰시오.

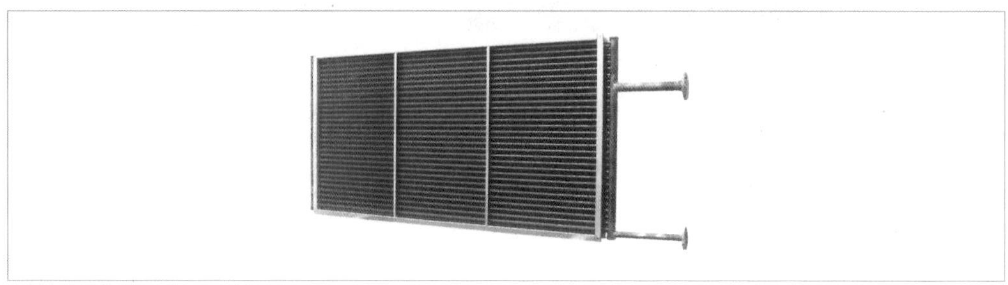

정답

1. 예열코일
2. 가열코일
3. 예냉코일
4. 냉각코일

**02** 화면에 나타난 공조기의 냉·열매에 따른 코일종류를 5가지만 쓰시오.

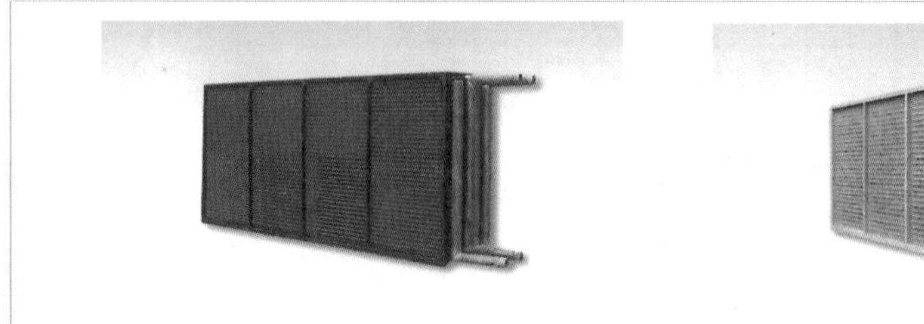

정답

1. 냉수코일
2. 직접팽창코일(직팽코일)
3. 온수코일
4. 냉온수코일
5. 증기코일

**03** 다음 화면에 보이는 냉 · 온수 코일에서 일상적인 풍속(m/s)을 쓰시오.

**정답**

1. 냉수코일 : 2.0~3.3(m/s)
2. 온수코일 : 2.0~3.5(m/s)
   (튜브 내의 냉 · 온수 수속은 1.0(m/s)가 이상적이다.)

**04** 화면에 보이는 공조기 코일에서 핀의 종류에 따른 코일 종류를 3가지만 쓰시오.

**정답**

1. 나선형 핀코일
2. 플레이트 핀코일
3. 슬릿 핀코일

## 05 코일에서 열관류율(kcal/m²hc)을 높이는 방법을 3가지만 쓰시오.

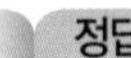


1. 통과되는 수량을 늘린다.
2. 통과 풍속을 높인다.
3. 수속을 증가시킨다.

## 06 공조기에서 공기의 압력손실이 생기는 원인을 2가지만 쓰시오.

1. 풍량이 많은 경우
2. 코일의 열수가 많은 경우

# 4. 공조기 가습방식

## 01 화면에 나타난 가습기의 가습방식을 3가지만 기술하시오.

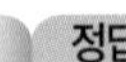


1. 수분무식
2. 증기식
3. 증발식
4. 기화식

**02** **가습방식 중 수분무식인 원심식, 초음파식, 분무식의 각 특성을 간단히 기술하시오.**

**정답**

1. 원심식 : 전동기로 원반을 고속회전시키면서 원심력으로 미세화된 무화(안개방울 상태)로 만들고 직결된 송풍기에 의해 공기 중에 방출하여 가습시킨다.
2. 초음파식 : 수조 내에 전력을 사용하여 초음파를 가하여 수면으로부터 매우 적은 물방울을 발생시키고 공기 중에 가습시킨다.
3. 분무식 : 물을 공기 중에 가압펌프로 노즐을 통해 가습시킨다. 온수를 사용하면 가습효율이 상승된다.

**03** **증기발생식 가습장치의 사용처를 2곳만 쓰시오.**

**정답**

1. 무균의 청정실
2. 정밀한 습도제어가 요구되는 곳

(증기발생식 가습장치의 종류에는 전열식, 전극식, 적외선식 등이 있다.)

**04** **증기공급식 가습장치에서 수분무식보다 가습효율이 높고 제어성이 양호한 방식을 쓰시오.**

분무식

**05** 증기공급식 가습장치에서 높은 습도를 요구하는 방식을 쓰시오.

정답

증발식

**06** 분무수를 접촉시킴으로써 물과 공기의 열교환과 동시에 수분의 교환에 의해 공기의 가습, 감습과 같은 습도조절이나 먼지, 냄새를 제거하는 가습장치의 명칭을 쓰시오.

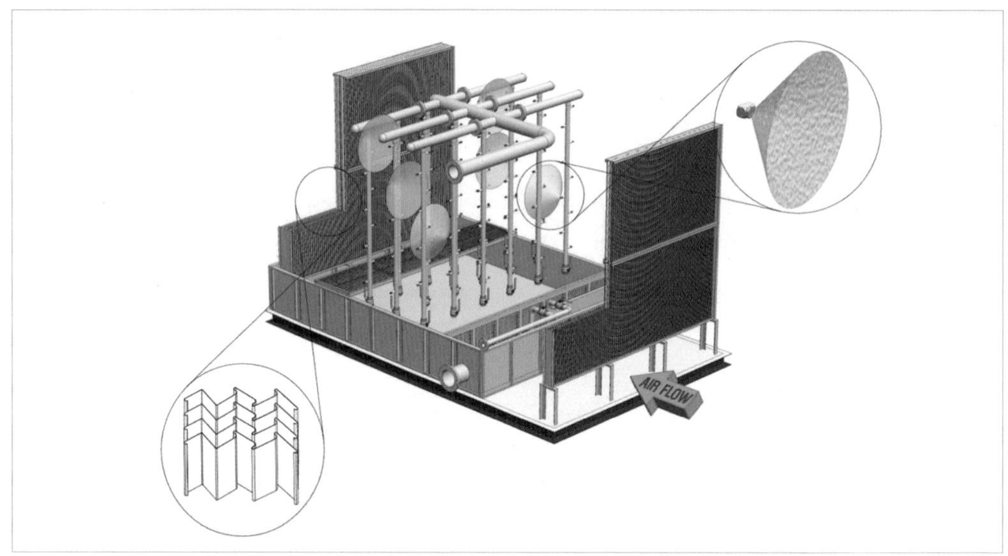


정답

에어와셔 가습장치(에어와셔 중 역류, 대향류식이 포화효율이 높다.)

**07** 다음 화면에 나타난 부품의 명칭을 쓰시오.

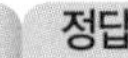

정답

습도측정계

## 5. 전열교환기

### 01 전열교환기의 개요를 설명하시오.

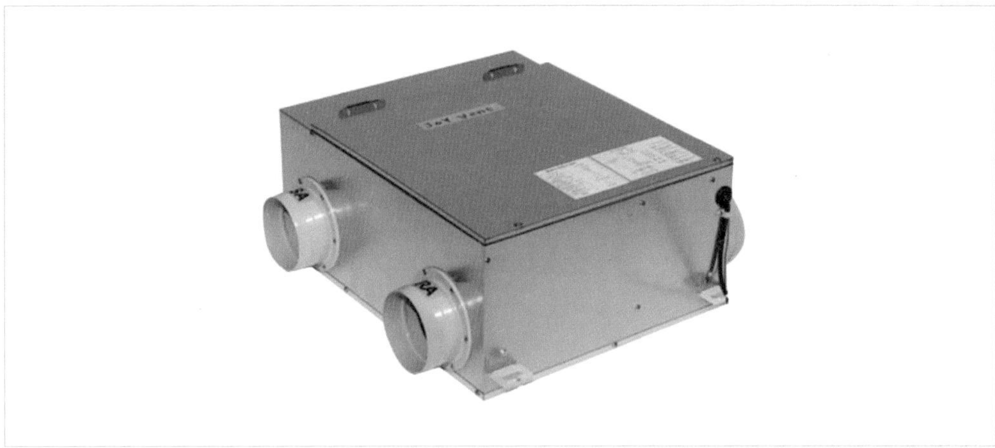

정답

공조기기에서 공기 대 공기의 열교환기로서 현열, 잠열까지도 교환이 가능하다. 즉, 배기되는 가스의 엔탈피와 도입되는 외기의 엔탈피의 전열교환으로 냉동기나 보일러 용량을 줄일 수 있고 연료비가 절약되며 에너지 회수 목적으로 많이 이용된다.

**참고**

전열교환기 실내외의 온도차가 클수록 열회수가 많다. 종류는 단일덕트방식, 2중덕트방식이 있다.
(OA = 외기 도입공기, EA = 배기 배출가스)

# 제9장 공조기 펌프

**01** 다음 화면에 보이는 펌프에서 원심식 펌프의 종류를 2가지만 쓰시오.

정답

1. 다단 터빈펌프
2. 센트리퓨걸펌프

**02** 펌프의 전양정에 필요한 양정을 3가지만 쓰시오.

정답

1. 흡입양정(실양정)
2. 토출양정(송출양정)
3. 손실수두양정

**03** 펌프의 회전수 변화에 따른 상사법칙에서 양수량, 양정, 축동력 비례법칙을 설명하시오.

정답

1. 양수량 : 회전수비에 정비례 한다.
2. 양정 : 회전수비의 제곱에 비례한다.
3. 축동력 : 회전수비의 3승에 비례한다.

**04** 펌프 운전 중 펌프 2대를 직렬 및 병렬로 연결하면 마찰저항이 없을 경우 나타나는 현상을 설명하시오.

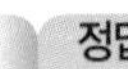
정답

(1) 직렬 연결
1. 양정 2배 증가
2. 유량 일정

(2) 병렬 연결
1. 양정 일정
2. 유량 2배 증가

**05** 펌프 운전 실양정 계산에서 가산이 필요한 손실수두를 5가지만 쓰시오.

정답

1. 흡입관 손실수두
2. 토출관 손실수두
3. 직관부, 곡관부 손실수두
4. 배관단면변화 손실수두
5. 분류 및 합류상 손실수두
6. 밸브 및 배관부속품 손실수두

**06** 펌프 운전 시 진동을 방지하는 부품의 명칭을 쓰시오.

정답

방진기

**07** 화면에 설치된 펌프의 명칭 및 펌프 설치 시 주의사항 5가지만 쓰시오.

(1) 명칭 : 다단 터빈펌프

(2) 설치 시 주의사항

1. 펌프의 회전방향과 모터 회전방향이 같도록 설치해야 한다.
2. 펌프의 설치 위치는 수면으로부터 되도록 가깝게 한다.
3. 흡입양정은 보통 7(m) 이내로 한다.
4. 펌프의 보수나 관리에 불편함이 없는 장소에 설치한다.
5. 관경 확대 시 편심레듀서를 사용한다.
6. 흡입관, 토출관에는 신축이음을 설치한다.
7. 출구 측에는 체크밸브를 설치하여 역류를 방지한다.
8. 펌프 가동 직전 펌프 내를 충분히 만수시킨다(프라이밍 작업).
9. 펌프를 역회전 결선이나 공회전시키지 않는다.

## 08 표준대기압하에서 펌프 설치 시 이론상 흡입양정은 몇 (m) 정도인가?

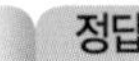


10.33(m)

## 09 펌프 운전 중 배관에서 마찰손실이 생기는 원인을 4가지만 쓰시오.

1. 유량
2. 관경
3. 배관길이
4. 이음매 및 밸브(배관마찰 저항은 유량의 자승에 비례한다.)

## 10 공조기에서 펌프에서 배출량이 적고 양정이 높은 경우에 필요한 펌프를 쓰시오.

터빈펌프(비교회전수가 낮을 것)

**11** 동일한 배출량에서 양정이 낮으면 어떤 펌프의 설치가 이상적인지 쓰시오.

편흡입 볼류트펌프

**12** 배출량이 많고 양정이 낮은 경우에는 어떤 펌프가 이상적인지 2가지만 쓰시오.

1. 축류펌프
2. 사류펌프

(비교회전수가 높을 것)

# 제10장 공조용 송풍기

**01** 화면에 보이는 송풍기는 회전방향이 뒤쪽으로 굽은 후곡형이다. 이 송풍기의 명칭을 쓰시오.

**정답**

터보형 송풍기

**02** 화면에 보이는 송풍기는 후곡형과 다익형을 조합한 개량형 송풍기이다. 박판을 접어서 유선형의 날개를 형성한 송풍기인데, 이 송풍기의 명칭과 종류를 쓰고, 특징을 2가지만 기술하시오.

정답

(1) 명칭 : 익형 송풍기
(2) 종류 : 리미트로드팬

(3) 특징

1. 고속회전이 가능하고 소음이 적다.
2. 다익형은 풍량이 증가하면 축동력이 급격히 증가하여 오버로드가 된다. 이것을 보완한 송풍기가 익형 송풍기이다.

**03** **화면에 나타난 송풍기는 방사형 날개로 구성되며 날개는 평판이고 회전방향이 전곡으로 되어 있다. 이 송풍기의 명칭을 쓰고, 그 특징을 3가지만 기술하시오.**

정답

(1) 명칭 : 플레이트형 송풍기(plate fan)

(2) 특징

1. 자기청소의 특성이 있다.
2. 분진의 누적이 심하다.
3. 송풍기 날개의 손상이 우려되는 공장용으로 사용이 가능하다.
4. 효율이 낮고 소음이 크다.

**04** 다익형(siroco fan) 송풍기는 날개 끝부분이 회전방향으로 굽은 전곡형이다. 이 송풍기의 특징과 사용처를 쓰시오.

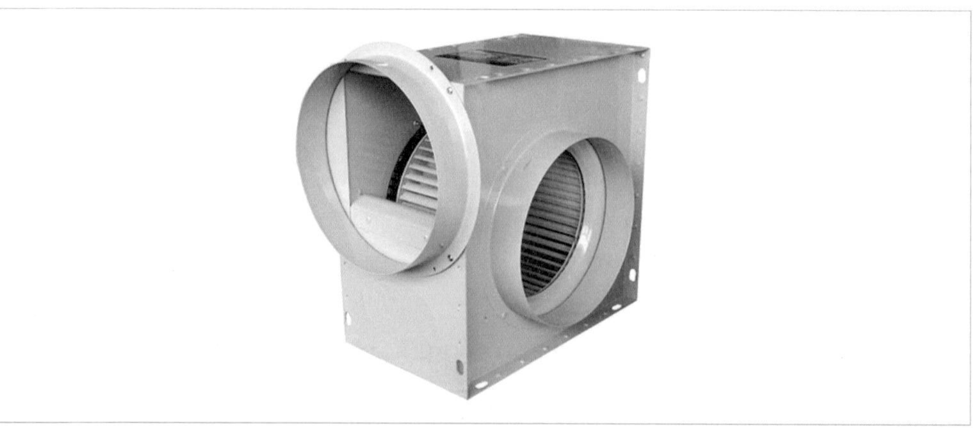

**정답**

(1) 특징

1. 회전수가 상당히 적다.
2. 송풍기 용량이 적고 저속덕트용이다.
3. 시로코형 송풍기이다.

(2) 사용처 : 팬코일유닛

**05** 화면에 보이는 원심식 송풍기의 종류를 3가지만 쓰시오.

시로코형 송풍기

**정답**

1. 터보형
2. 플레이트형
3. 시로코형

## 06 축류형 송풍기 종류 2가지와 그 특징 3가지만 쓰시오.

**정답**

(1) 종류
1. 프로펠러형
2. 디스크형

(2) 특징
1. 풍압이 적고 많은 풍량을 송풍하는 데 이상적이다.
2. 덕트시스템이 없고 공기기류에 대한 저항이 적다.
3. 팬 전후에 가이드 베인을 설치하여 국소통풍이나 터널환기용으로 사용하는 송풍기도 있다.

## 07 송풍기의 회전축에 동력을 전달하는 방식을 2가지만 쓰시오.

**정답**

1. 전동기에 직결시키는 방법
2. V벨트 풀리에 의해 간접적으로 전달하는 방법

## 08 송풍기 운전 중 오버로드 현상에 관하여 서술하시오.

**정답**

풍량이 어느 한계 이상이 되면 축동력이 급상승하고 압력과 효율이 낮아지는 현상

## 09 원심식 송풍기, 축류형 송풍기 크기번호(No,#) 계산식을 쓰시오.

**정답**

1. 원심식 송풍기(No,#) = (회전날개의 지름(mm)/150(mm))
2. 축류형 송풍기(No,#) = (회전날개의 지름(mm)/100(mm))

## 10 송풍기 풍량제어방법을 5가지만 쓰시오.

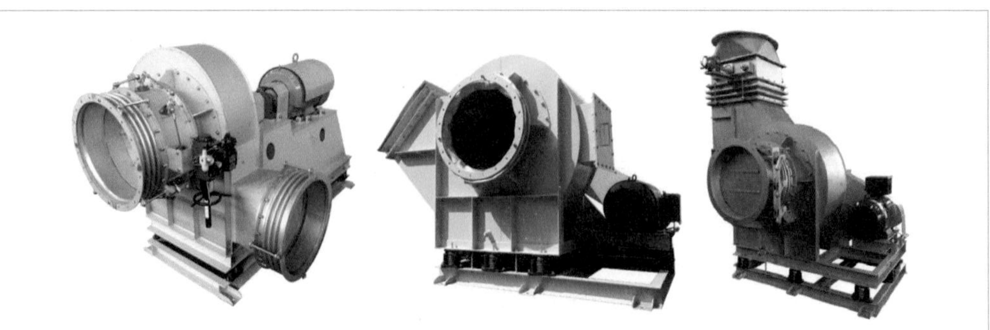

정답

1. 토출댐퍼에 의한 제어
2. 흡입댐퍼에 의한 제어
3. 흡입베인에 의한 제어
4. 회전수에 의한 제어
5. 가변피치 조정에 의한 제어

(축동력은 회전수 제어가 가장 적게 들며, 토출댐퍼 제어가 가장 많이 소요된다.)

# 제11장 난방과 설비

**01** 화면에 나타난 밸브의 명칭과 특성을 3가지만 쓰시오.

**정답**

(1) 명칭 : 게이트 밸브(슬루스 밸브)

(2) 특성

1. 관로의 전개, 전폐에 사용한다.
2. 밸브와 배관경이 동일하여 유체의 저항이 적다.
3. 부분 개폐 시는 밸브판이 침식되어 완전히 닫아도 누설의 염려가 있다.

**02** 화면에 보이는 밸브의 명칭과 특성을 3가지만 쓰시오.

정답

(1) 명칭 : 글로브 밸브

(2) 특성

1. 유체가 밸브 아래에서 위쪽으로 흐른다.
2. 유량조절이 가능하다.
3. 압력손실이 크다.

**03** 다음 화면에 보이는 밸브의 명칭과 사용처를 쓰시오.

정답

(1) 명칭 : 앵글밸브

(2) 사용처 : 유체 흐름방향이 90° 전환이 가능하므로 주 증기 밸브용으로 사용한다.

**04** 다음 화면에 보이는 밸브의 명칭과 종류 2가지 및 사용용도를 쓰시오.

정답

1. 명칭 : 체크밸브
2. 종류 : 스윙식, 리프트식
3. 사용용도 : 유체의 역류 방지(스윙식은 수직 · 수평배관용, 리프트식은 수평배관용)

**05** 다음 화면에 보이는 부품은 원형으로 관통된 볼이 핸들과 연결하여 핸들을 90° 회전할 수 있다. 이 밸브의 명칭을 쓰시오.

정답

볼밸브(관경이 작은 관의 개폐용으로 사용한다. 단, 고압에서는 누설이 일어난다.)

**06** 화면에 보이는 밸브의 명칭을 쓰시오.

정답

스프링식 안전밸브

## 07 다음 화면에 보이는 증기트랩 (1)~(5)의 명칭을 쓰시오.

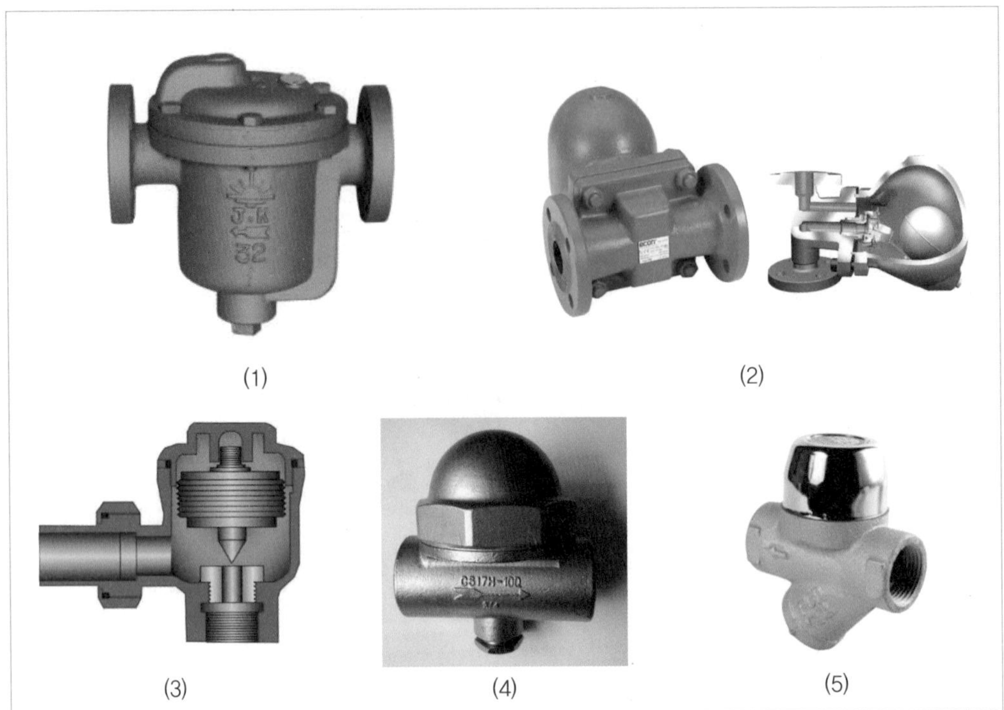

(1) (2)

(3) (4) (5)

정답

(1) 하향 버킷트랩
(2) 볼플로트 트랩
(3) 벨로스 트랩
(4) 바이메탈 트랩
(5) 디스크 트랩

## 08 다음 화면에 보이는 부품의 명칭을 쓰시오.

정답

스트레이너(여과기)

## 09 다음 화면에 나타난 (1)~(3) 부품의 명칭을 쓰시오.

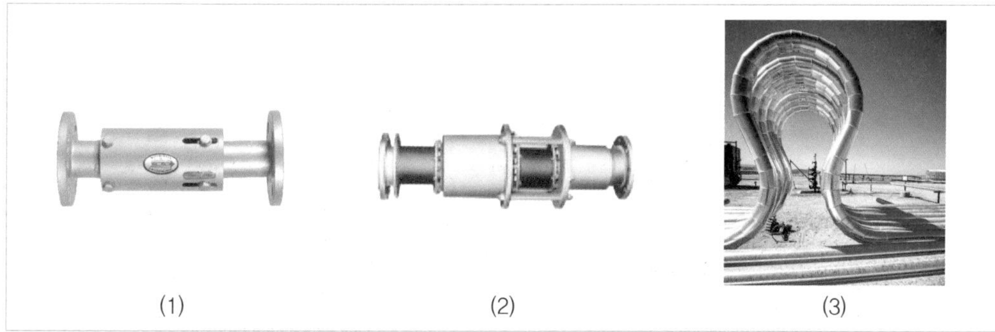

(1) (2) (3)

**정답**

(1) 단식 벨로스형 신축이음
(2) 복식 슬리브형 신축이음
(3) 루프형 신축이음(곡관형)

## 10 팽창탱크의 온수 온도에 따른 종류를 2가지로 구별하여 쓰시오.

**정답**

(1) 저온수 난방용(100℃ 미만용)
개방식 팽창탱크(온수 팽창량의 2배 크기)

(2) 고온수 난방용(100℃ 이상용)

**11** 다음 화면에 나타난 헤더(header)의 사용처에 따른 종류 3가지를 기술하고, 헤더의 직경 크기 및 지상에서 헤더의 설치 높이를 쓰시오.

정답

(1) 용도에 따른 헤더 종류

1. 증기헤더
2. 냉 · 온수헤더
3. 환수헤더

(2) 직경 크기 : 헤더 접속배관 직경의 1.5~2.5배

(3) 설치 높이 : 지상 1.2~1.5(m)

# 제12장 환기설비

**01** 환기방식을 3가지로 구분하여 쓰시오.

정답

1. 자연환기(제4종 중력환기)
   (자연급기 및 자연배기의 조합)
2. 기계환기
3. 강제환기

**02** 환풍기를 이용하는 기계환기에 대하여 3가지로 구분하여 설명하시오.

정답

1. 제1종 환기(급기팬+배기팬의 조합)
2. 제2종 환기(급기팬+자연배기 조합)
3. 제3종 환기(자연급기+배기팬 조합)

**03** 열기나 유해물질이 실내에 널리 산재한 경우에 하는 환기법을 쓰시오.

정답

희석환기(전체환기)

**04** 유해물질이 한 구역에 집중되어 있는 경우 그 구역을 집중 환기시키는 환기법을 쓰시오.

정답

집중환기

**05** 주방, 공장, 실험실 등에서 오염물질 확산 및 방산을 위주로 국소로 하기 위한 환기법을 쓰시오.

정답

국소환기

**06** 기계환기설비는 최저 지상 몇 (m)에 설치하는 것이 이상적인가?

정답

3(m)

**07** 보일러실, 냉동실의 환기에 가장 알맞은 환기법을 2가지만 쓰시오.

정답

1. 제1종 환기법
2. 제2종 환기법

**08** 냉동기실 기계환기에서 흡입구는 바닥면보다 몇 (mm) 높게 설치하는가?

정답

300~500(mm)

# 제13장 건물의 조닝, 존

## 01 조닝(zoning)에 대하여 설명하시오.

**정답**

건물 전체를 몇 개의 구역으로 분할하고, 각각의 구획은 덕트나 냉 · 온수에 의해 냉 · 난방 부하를 처리하는 외부존, 내부존 등으로 구역을 정하는 것을 말한다.

## 02 외부존을 조닝별로 구분하시오.

**정답**

1. 방위별 조닝
2. 층별 조닝

## 03 내부존을 조닝별로 5가지로 구분하여 쓰시오.

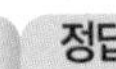
**정답**

1. 용도에 따른 시간별 조닝
2. 온 · 습도 설정별 조닝
3. 부하변동별 조닝
4. 생산제품의 종류별 조닝
5. 관리별 조닝

## 04 공기조화방식 설계요인을 5가지만 쓰시오.

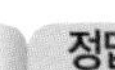
**정답**

1. 건물용도와 규모
2. 설비비 및 시공비
3. 실내환경 및 운전비
4. 조닝 계획
5. 공조설비 스페이스

**05** **공기조화용 기계실 스페이스가 필요한 장소를 5곳만 쓰시오.**

정답

1. 보일러, 냉동기실
2. 펌프실
3. 자동제어 컨트롤실
4. 공조기실
5. 환기팬실
6. 연료저장실
7. 냉각탑 설치실

**참고 01** 공기조화 냉동기계의 흐름도

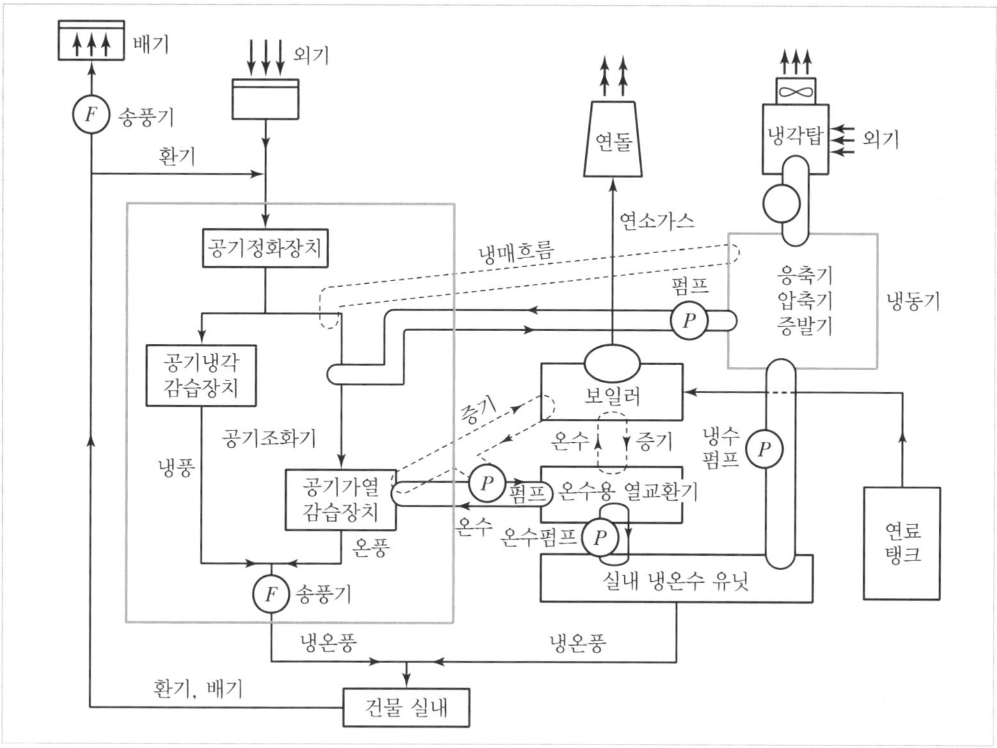


**참고 02**

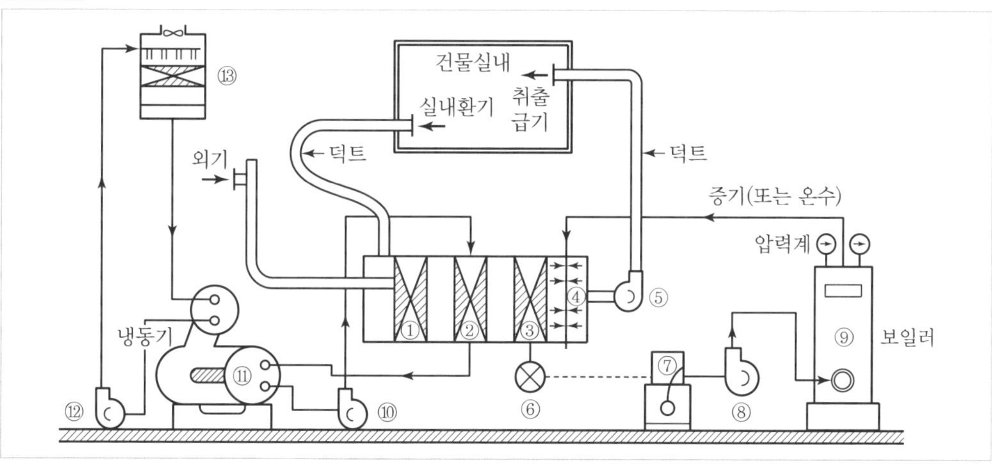


| | | | |
|---|---|---|---|
| ① 공기여과기 | ② 공기냉각감습기 | ③ 공기가열기 | ④ 공기가습기(온수, 증기) |
| ⑤ 송풍기 | ⑥ 증기트랩 | ⑦ 응축수탱크 | ⑧ 보일러용 급수펌프 |
| ⑨ 증기보일러 | ⑩ 냉수순환펌프 | ⑪ 냉동기 | ⑫ 냉각수 순환펌프 |
| ⑬ 쿨링타워(냉각탑) | | | |

**참고 03** 습공기 선도

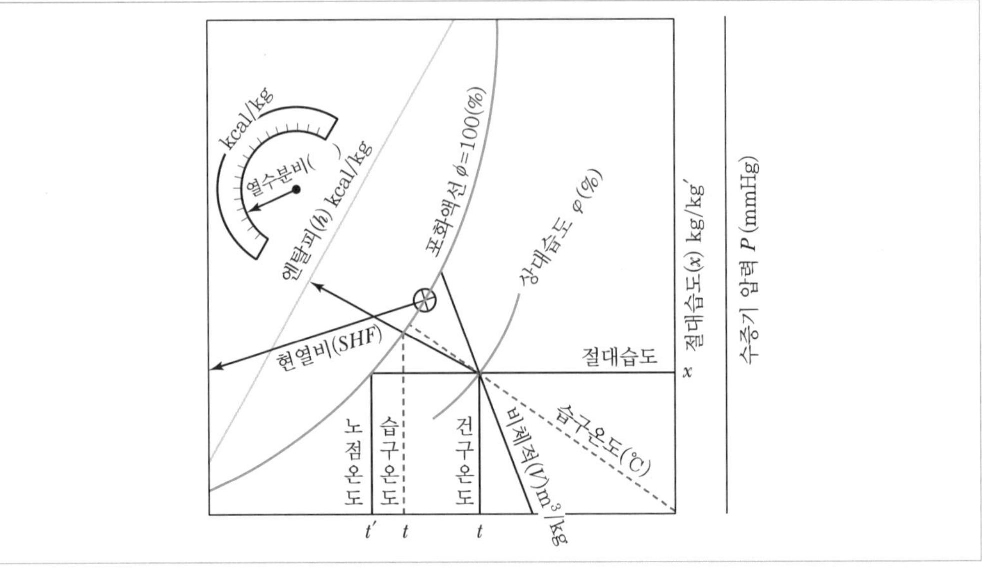


**참고 04** 습공기 상태변화

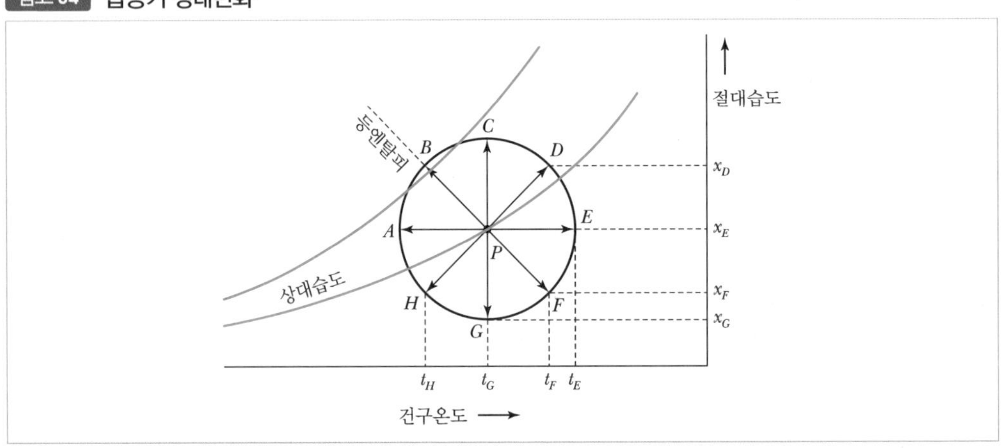


| 과정 \ 상태량 | 건구온도 ($t$) | 습구온도 ($t'$) | 노점온도 ($t''$) | 절대습도 ($x$) | 상대습도 ($\varphi$) | 엔탈피 ($h$) | 비체적 ($v$) | 공기의 상태변화 |
|---|---|---|---|---|---|---|---|---|
| P → A | ↓ | ↓ | = | = | ↑ | ↓ | ↓ | 냉각 |
| P → B | ↓ | ≒ | ↑ | ↑ | ↑ | = | ↓ | 냉각, 가습 |
| P → C | = | ↑ | ↑ | ↑ | ↑ | ↑ | ↑ | 가습 |
| P → D | ↑ | ↑ | ↑ | ↑ | ↑ | ↑ | ↑ | 가열, 가습 |
| P → E | ↑ | ↑ | = | = | ↓ | ↑ | ↑ | 가열 |
| P → F | ↑ | ≒ | ↓ | ↓ | ↓ | = | ↑ | 가열, 감습 |
| P → G | = | ↓ | ↓ | ↓ | ↓ | ↓ | ↓ | 감습 |
| P → H | ↓ | ↓ | ↓ | ↓ | ↓ | ↓ | ↓ | 냉각, 감습 |

* ↓(감소), ↑(증가), =(변화 없음, 불변)

PART

# 04

# 공조냉동 전기설비, 자동제어

Air-Conditioning and Refrigerating Machinery

# 제1장 전기기기 및 계측기

**01** 3상교류의 결선법을 2가지만 쓰시오.

정답

1. Y결선
2. 델타결선

(평형3상결선 : Y－Y회로, 델타－델타 회로)

**02** 전압, 전류를 측정하는 다음 계기의 명칭을 쓰시오.

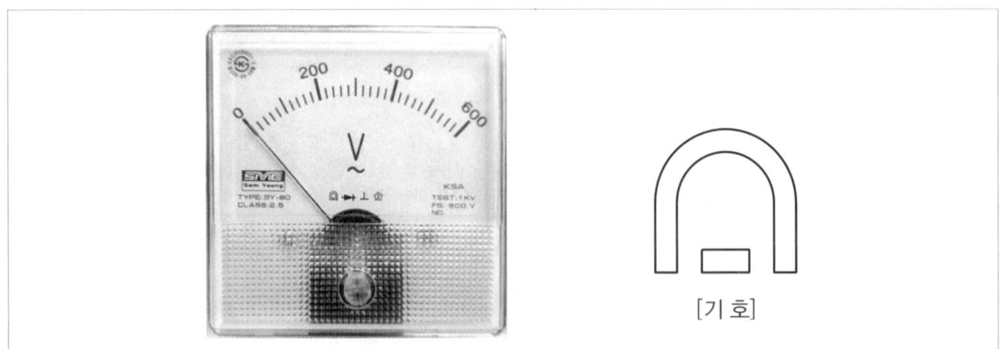


[기 호]

**정답**

가동코일형 계기(영구자석 가동코일형 계기)
※ 직류지시 계기용에 많이 응용되고 있다.

## 03 가동코일형 전압계의 특징을 5가지만 쓰시오.

**정답**

1. 가동코일에 흐르는 전류는 가동코일에 가해지는 전압에 비례한다.
2. 직접 전압계로 사용이 가능하다.
3. 가동코일의 내부저항이 작고 가동코일에 흐르는 전류도 작다.
4. 높은 전압을 측정하려면 먼저 가동코일과 직렬로 배율기 저항을 접속하여 직류전압의 측정범위를 확대시켜 만든 직류전압계를 사용해야 한다.
5. 교류전압을 측정할 경우 직류전압계에 정류회로를 포함시켜야만 교류용 전압계로 사용이 가능하다.

## 04 전기의 배전반 기능을 간단하게 쓰시오.

정답

전력을 공급하기 위한 저압용 판넬(LV) 등 개폐기, 과전류차단기, 계기 등을 수납한 집합체이다.

## 05 전기용 분전반의 기능을 간단하게 쓰시오.

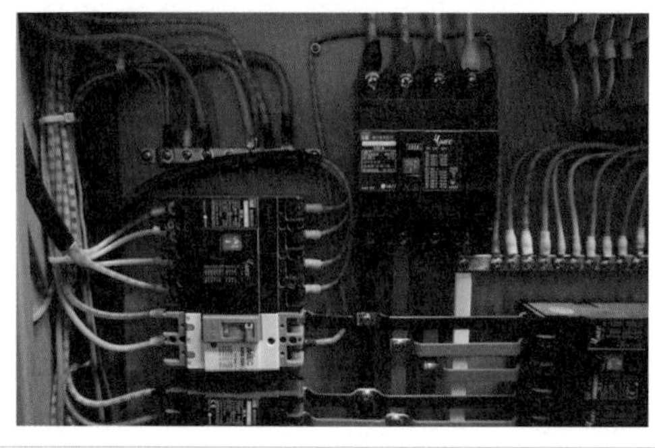

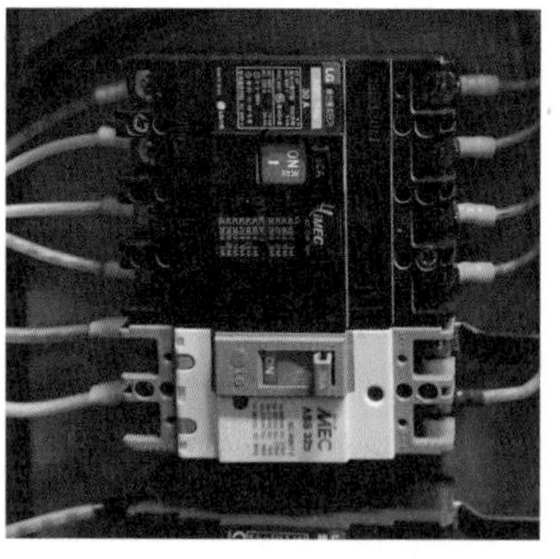

정답

전력을 분배하기 위한 전동기제어반(MCC), 메인전등판넬(LM) 등 분기과전류차단기 및 분기계폐기를 집합 수납하여 설치한 것

(MCCB : 배선용 차단기, ELCB : 메인차단기)

## 06 직류전동기(모터)의 구성 요소를 3가지만 쓰시오.

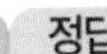

정답

1. 전기자
2. 계자
3. 정류자
4. 브러시
5. 계철

## 07 접속방식에 의한 직류전동기의 종류를 2가지만 쓰시오.

정답

1. 타여자전동기(가동복권 전동기, 차동복권 전동기)
2. 자여자전동기(분권전동기, 직권전동기, 복권전동기)

## 08 변압기의 원리를 간단히 쓰시오.

정답

일정 크기의 교류전압을 받아서 전자유도작용에 의하여 다른 크기의 교류전압으로 바꾸어서 그 전압을 부하에 공급하는 역할을 한다.

## 09 변압기의 명판에 표시하는 내용을 4가지만 쓰시오.

정답

1. 1차전압(V)
2. 2차전압(V)
3. 1차전류(A)
4. 2차전류(A)
5. 용량(kVA)
6. 주파수(Hz)
7. 상수(단상)

## 10 단상 변압기의 3상 결선방식을 3가지만 쓰시오.

정답

1. Y－Y결선
2. $\Delta-\Delta$결선
3. $\Delta$－Y결선
4. V－V결선

## 11 전기 계기의 구성요소를 4가지만 쓰시오.

**정답**

1. 구동장치
2. 제어장치
3. 제동장치
4. 눈금과 지침
5. 가동부분 지지장치

**참고**

지시계기 종류 : 전압, 전류, 전력, 역률, 주파수 등을 측정한다.

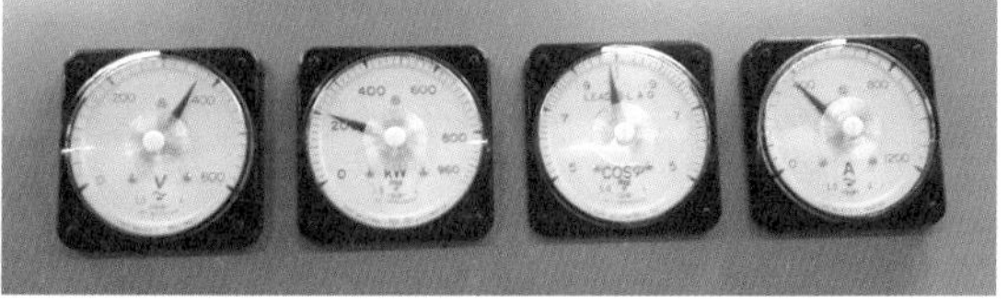

## 12 전기의 지시계기장치를 5가지만 쓰시오.

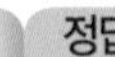
정답

1. 가동코일형 계기
2. 가동철편형 계기
3. 전류력계형 계기
4. 유도형 계기
5. 열전형 계기

**참고**

| 1. 가동코일형 계기 | 2. 가동철편형 계기 |
|---|---|
| • 전류, 전압 측정용<br>• 구조적으로 정도나 감도가 좋아서 용도 범위가 넓은 직류전용 계기이다.<br>• 균등 눈금이 된다.<br>• 사용회로는 직류이다.<br>• 직류전압 측정 시 그 계기의 측정범위를 넘는 경우에 저항에 의한 배율기나 분압기를 사용한다. | • 구동토크를 얻는다.<br>• 교류전압을 측정한다.<br>• 사용회로는 교류 및 직류이다. |
| [기 호]<br>(가동코일형) | [기 호]<br>(가동철편형) |

| 3. 전류력계형 계기 | 4. 유도형 계기 | 5. 열전형 계기 |
|---|---|---|
| 사용 회로는 교류, 직류이다.<br>전류력계형 기호 | 유도형 기호 | 열전형 기호 |

**13** 교류전압 측정기기 종류를 쓰시오.

**정답**

1. 가동철편형 전압계
2. 정류형 전압계
3. 전류력계형 전압계
4. 유도형 전압계

**14** 다음 직류전류 측정계기 종류의 명칭을 쓰시오.

**정답**

가동코일형 계기(전류계의 측정범위를 넘는 경우에는 분류기를 사용한다.)

**15** 다음 교류전류계의 명칭을 쓰시오.

**정답**

가동철편형 계기

**16** 화면에 보이는 전력량을 측정하는 계기의 명칭을 하나만 쓰시오.

**정답**

유도형 전력량계

**17** 다음은 전압계, 전류계, 저항계 등의 기능을 모아 놓은 것으로 매우 편리한 측정기이다. 명칭을 쓰시오.

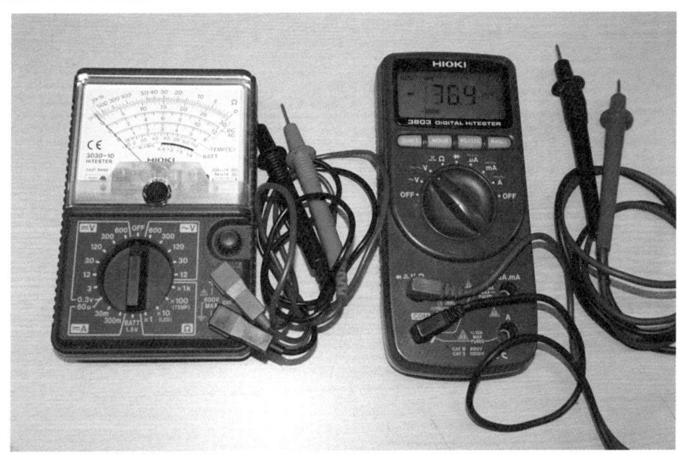


정답

테스터기(아날로그식, 디지털식)

**18** 다음에 보이는 내용들의 기본단위를 쓰시오.

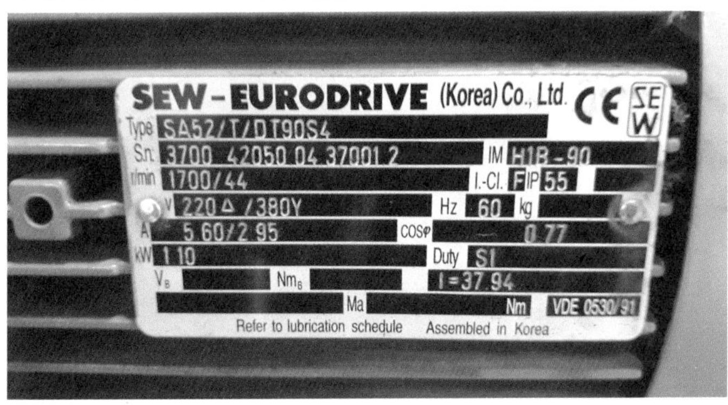


| | |
|---|---|
| 1. 전압 | 2. 전류 |
| 3. 저항 | 4. 정전용량 |
| 5. 주파수 | 6. 전력 |
| 7. 전력량 | 8. 인덕턴스 |
| 9. 조도 | 10. 저항률 |

**정답**

| | |
|---|---|
| 1. 전압 : V | 2. 전류 : A |
| 3. 저항 : Ω | 4. 정전용량 : F |
| 5. 주파수 : Hz | 6. 전력 : W |
| 7. 전력량 : Wh | 8. 인덕턴스 : H |
| 9. 조도 : Lx | 10. 저항률 : m |

## 19 전기회로의 소자 3가지를 쓰시오.

**정답**

1. 저항(R)
2. 인덕턴스(코일)(L)
3. 정전용량(C)

## 20 교류전류가 흐르기 어려운 정도를 나타내는 것을 무엇이라고 하는가?

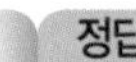
**정답**

임피던스(Z)

## 21 공장 내의 공작기계나 공조설비 등은 3가닥 전선으로 구성되어 있다. 이와 같은 전기회로의 명칭을 쓰시오.

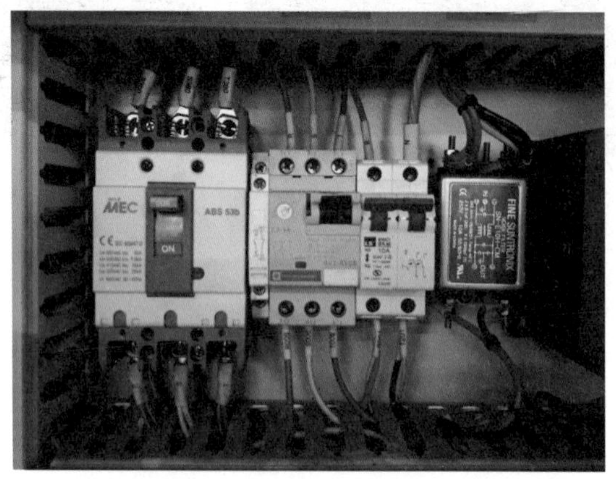

정답

3상교류회로

## 21 직류전동기 속도제어법을 3가지만 쓰시오.

정답

1. 전압제어
2. 계자제어
3. 저항제어

## 22 유도전동기 종류를 3가지만 쓰시오.

정답

1. 농형 유도전동기
2. 권선형 유도전동기
3. 특수 농형 유도전동기

## 23 유도전동기 속도제어법을 4가지만 쓰시오.

정답

1. 극수변환법
2. 전원 주파수변환법
3. 2차 저항 제어법
4. 2차 여자법

## 24 단상 유도전동기 종류를 3가지만 쓰시오.

정답

1. 분상기동형 전동기
2. 콘덴서 기동형 전동기
3. 반발기동형 전동기
4. 셰이딩 코일형 전동기
5. 영구 콘덴서형 전동기

**25** 3상 유도전동기의 종류를 쓰시오.

**정답**

1. 농형 유도전동기
2. 권선형 유도전동기

# 제2장 전기안전장비 및 측정계기, 배선재료

## 01 안전장비 중 절연용 보호구 종류를 3가지 이상 쓰시오.

1. 전기 안전모
2. 전기용 고무장갑(700V 이하용)
3. 전기용 고무절연 장화(7000V 이하용)
4. 절연화(직류 750V 이하용, 교류 600V 이하용)
5. 보호용 가죽장갑
6. 절연고무소매

참고

| 전기 안전모 | 전기용 고무장갑(700V 이하용) |
| --- | --- |
|  | 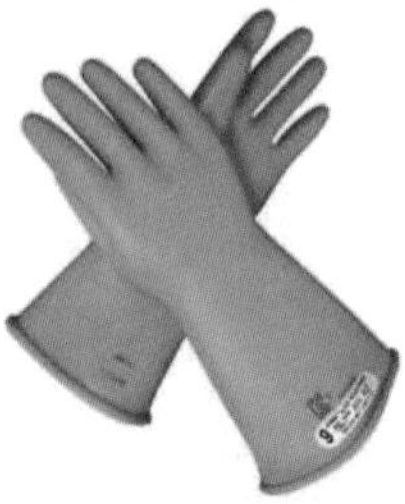 |
| 전기용 고무절연 장화(7000V 이하용) | 절연화(직류 750V 이하용, 교류 600V 이하용) |
|  |  |
| 보호용 가죽장갑 | 절연고무소매 |
| 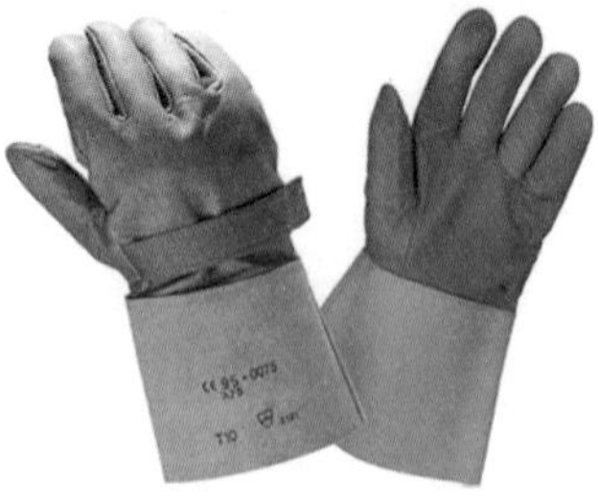 | 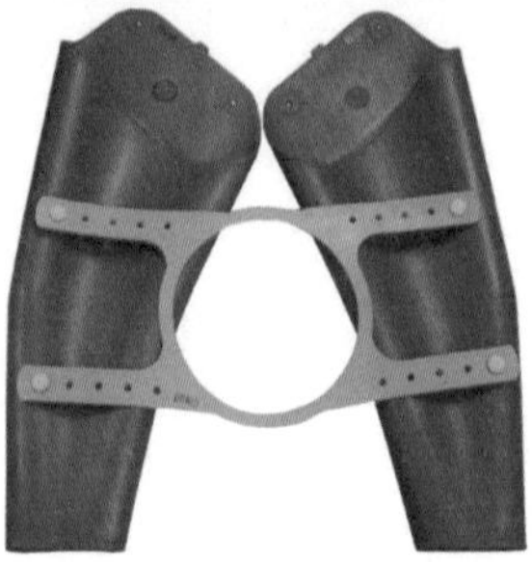 |

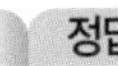

## 02 25,000[V] 이하용 절연용 방호구 종류를 3가지만 쓰시오.

**정답**

1. 절연고무판
2. 전선커버
3. 애자커버
4. 전주커버
5. 절연관
6. 절연커버
7. 선로커버

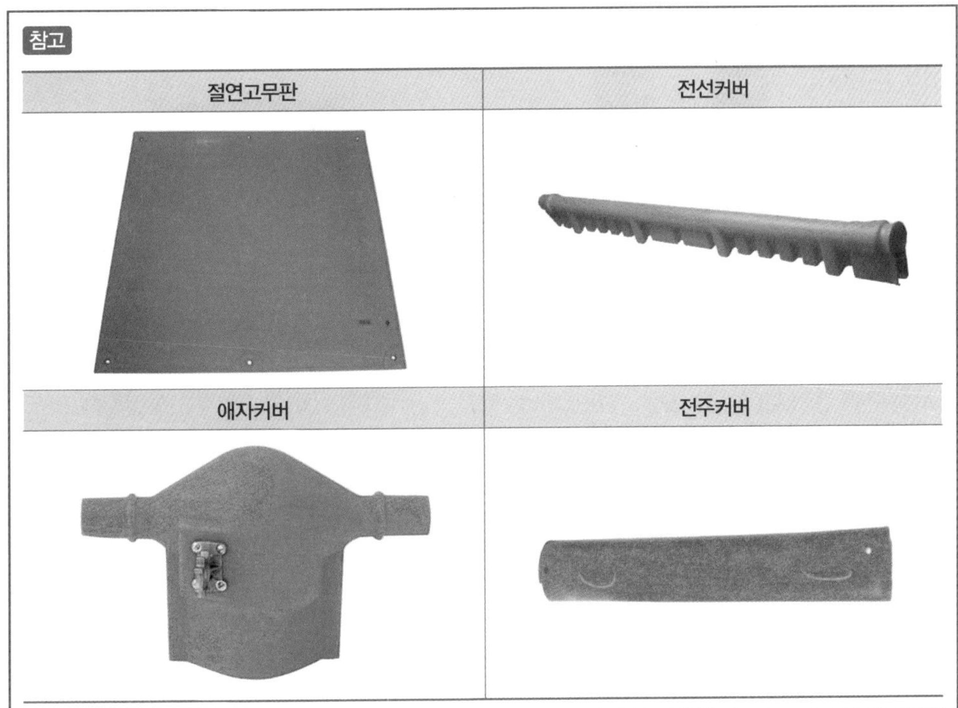

## 03 전기용 검출공구를 3가지만 쓰시오.

**정답**

1. 저압 및 고압용 검전기
2. 특별고압 검전기
3. 활선접근 경보기

참고

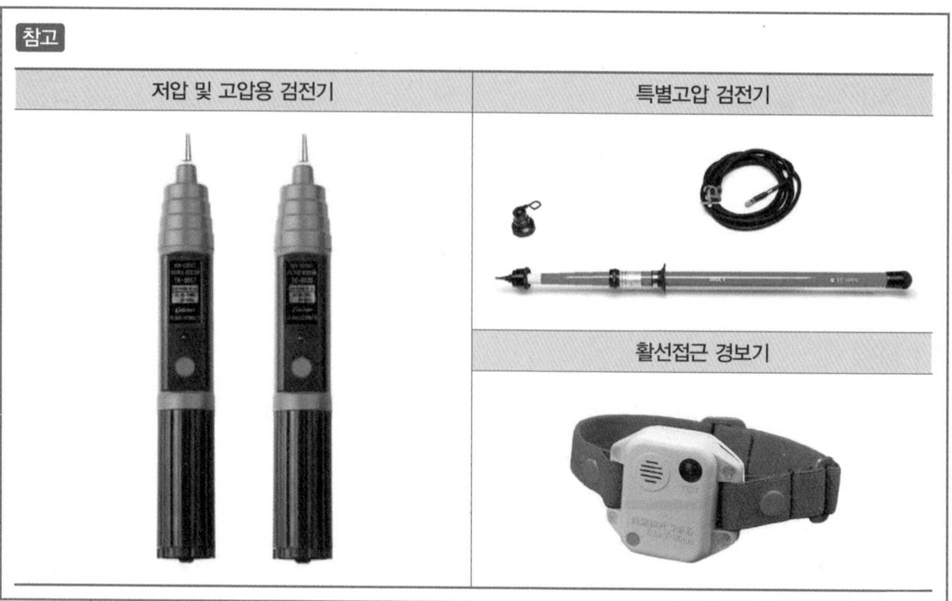


## 04 접지용구를 3가지만 쓰시오.

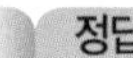
정답

1. 갑종(발전소, 변전소용)
2. 을종(가공 송전선로용, 지중 송전로 접속용)
3. 병종(특별고압 및 고압배전선용)

참고

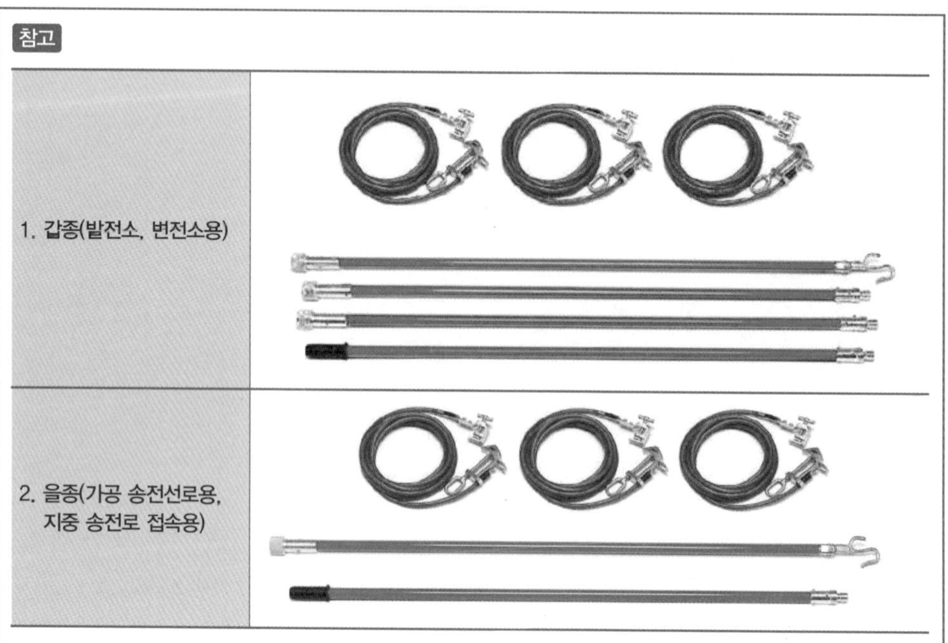

| | |
|---|---|
| 3. 병종(특별고압 및 고압 배전선용) | 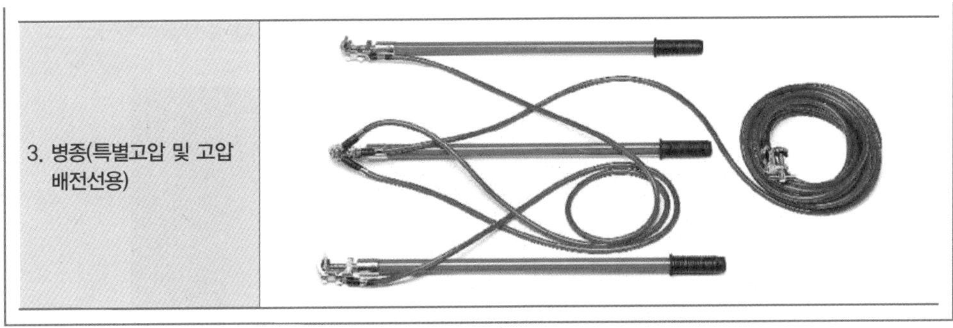 |

## 05 화면에 보이는 장치의 명칭과 용도를 쓰시오.

**정답**

1. 명칭 : 멀티미터
2. 용도 : 전기저항, 교류전압, 직류전류, 직류전압 측정

(멀티미터기 구성 : 고감도지시계기, 배율기, 분류기, 산화동정류기, 다이얼스위치, 건전지, 측정단자)

**06** 다음 화면에 보이는 측정기기 명칭을 쓰고, 구조 및 측정 대상 3가지를 쓰시오.

정답

1. 명칭 : 클램프미터(훅온미터)
2. 구조 : 가동코일형 전류계 및 정류기의 조합 구조
   (전압 측정 시에는 단자를 이용하고, 전류 측정 시에는 클램프형 코일에 피측정전류를 전압으로 변환시켜 계기에 지시한다.)
3. 측정 대상 : 전류측정, 전압측정, 저항측정
   (측정 대상은 교류측정기로서 전력설비의 운용관리 및 점검에 가장 널리 사용된다.)

**07** 다음 개폐기의 설치장소 및 용도에 따른 종류를 5가지만 쓰시오.

**정답**

(1) 설치장소
  1. 부하 전류를 개폐할 필요가 있는 장소
  2. 인입구
  3. 퓨즈의 전원 측

(2) 용도별 종류
  1. 나이프 스위치 : 전기실 배전반, 분전반용
  2. 커버 나이프 스위치 : 옥내배선 인입 또는 분기개폐기용
  3. 안전용 세이프티 스위치 : 전등과 전열기구 및 저압전동기의 주개폐기용
  4. 전자 개폐기 : 전동기의 자동조작, 원격조작용

## 08 점멸 스위치의 용도 및 용도에 따른 종류를 5가지만 쓰시오.

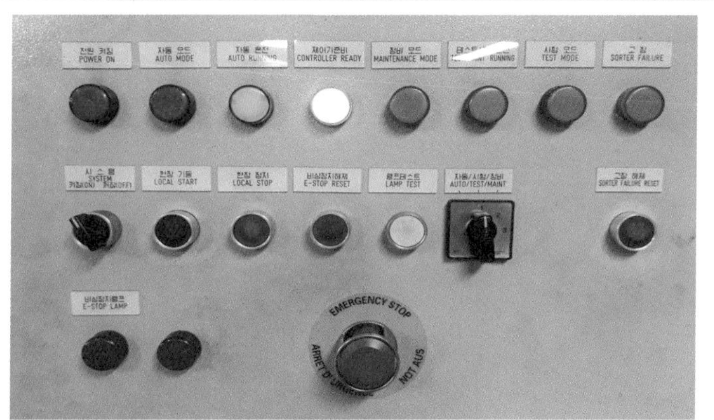


**정답**

1. 용도 : 전등이나 소형 전기기구 등의 전류의 흐름을 개폐하는 옥내배선 기구에 사용

2. 용도별 종류

| 텀블러 스위치 | 누름버튼 스위치 | 코드 스위치 |
|---|---|---|

팬던트 스위치
조광형 스위치
타임 스위치
HAN SEUNG
풀 스위치
캐노피 스위치
로터리 스위치
셀렉터 스위치
3로 스위치, 4로 스위치

## 09 콘센트의 사용 원리를 쓰고, 형태 및 용도에 따른 종류를 각각 2가지만 쓰시오.

**정답**

1. 사용 원리 : 전기기구의 플러그를 꽂아 사용하는 배선기구
2. 형태에 따른 분류

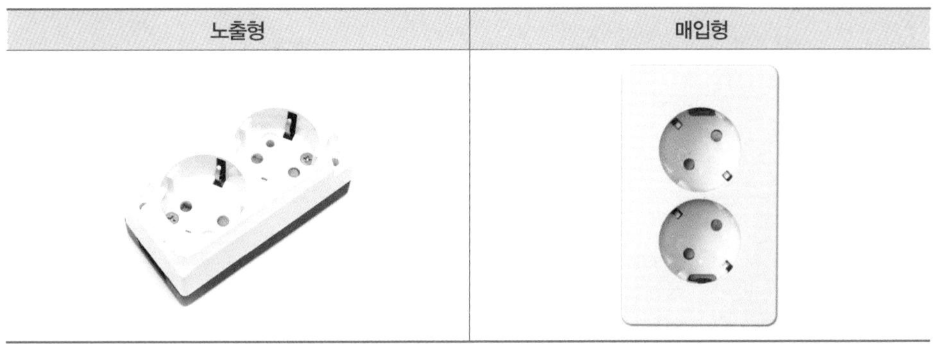


3. 용도에 따른 종류

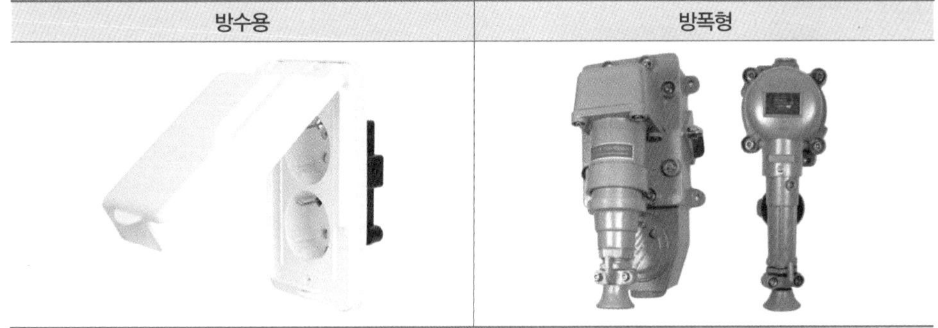


## 10 플러그의 사용 원리와 2가지 분류, 용도에 따른 종류 2가지를 쓰시오.

**정답**

1. 사용 원리 : 전기기구의 코드 끝에 접속하여 콘센트에 꽂아서 사용하는 배선기구이다.
2. 분류 2가지

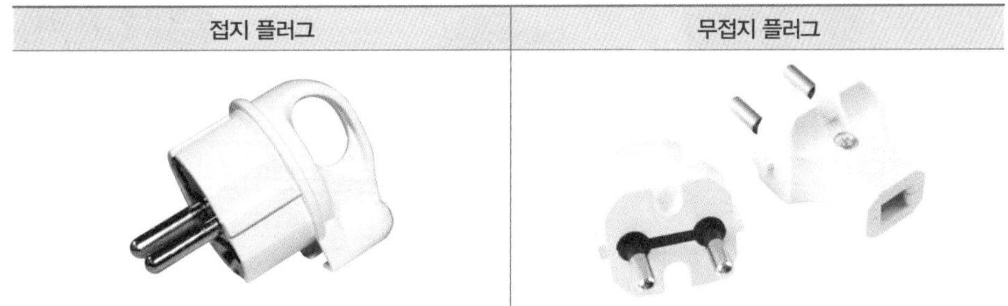

3. 종류

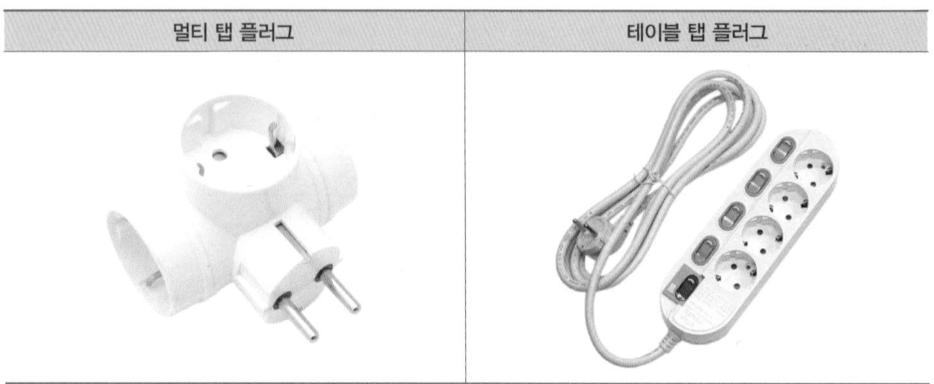


## 11 소켓의 사용 원리와 종류를 4가지만 쓰시오.

정답

1. 사용 원리 : 전선의 끝에 접속하여 백열전구나 형광등 전구를 끼워 사용하는 기구이다.

2. 종류

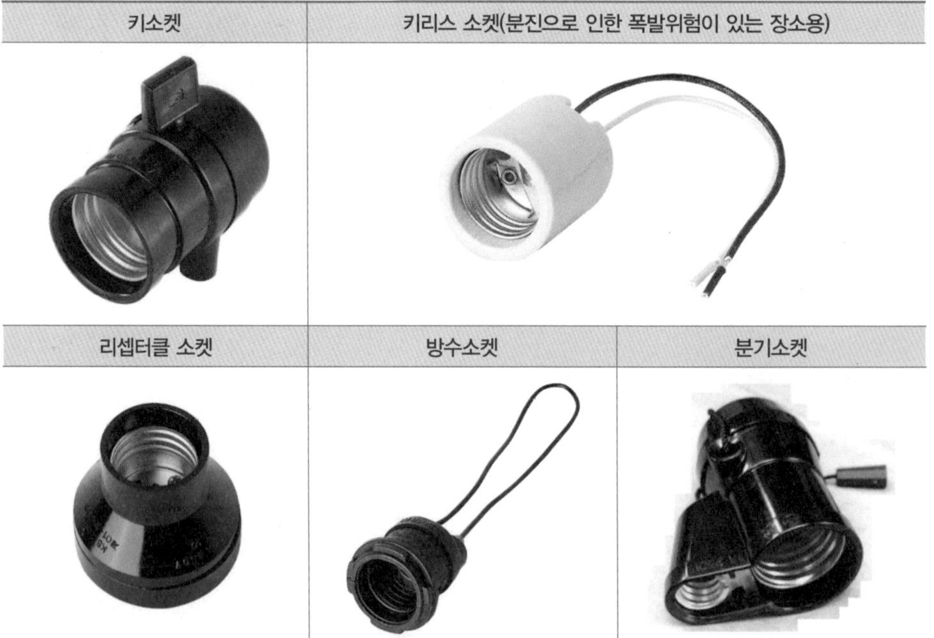

**12** 전기기기에서 사용하는 과전류 보호장치를 3가지만 쓰시오.

**정답**

1. 퓨즈(A종, B종)

(A종)

(B종)

2. 배선용 차단기(MCCB)

3. 누전차단기(ELB－ELCB)

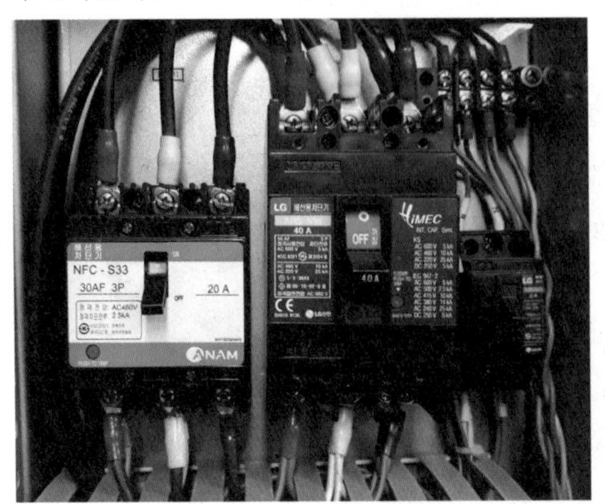


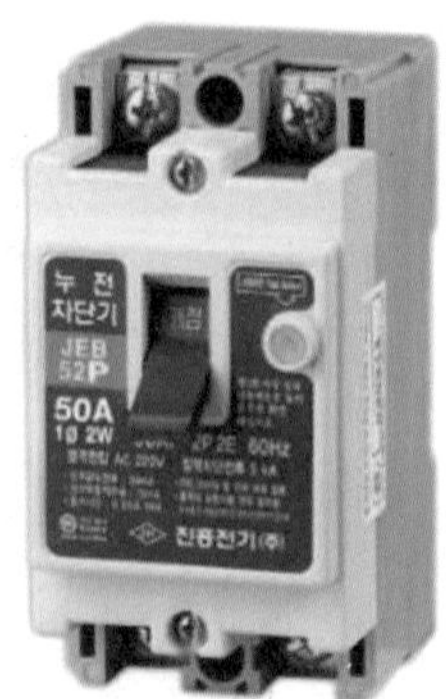


**13** **전기설비에 필요한 측정게이지를 3가지만 쓰시오.**

1. 마이크로미터
2. 와이어 게이지
3. 버니어캘리퍼스

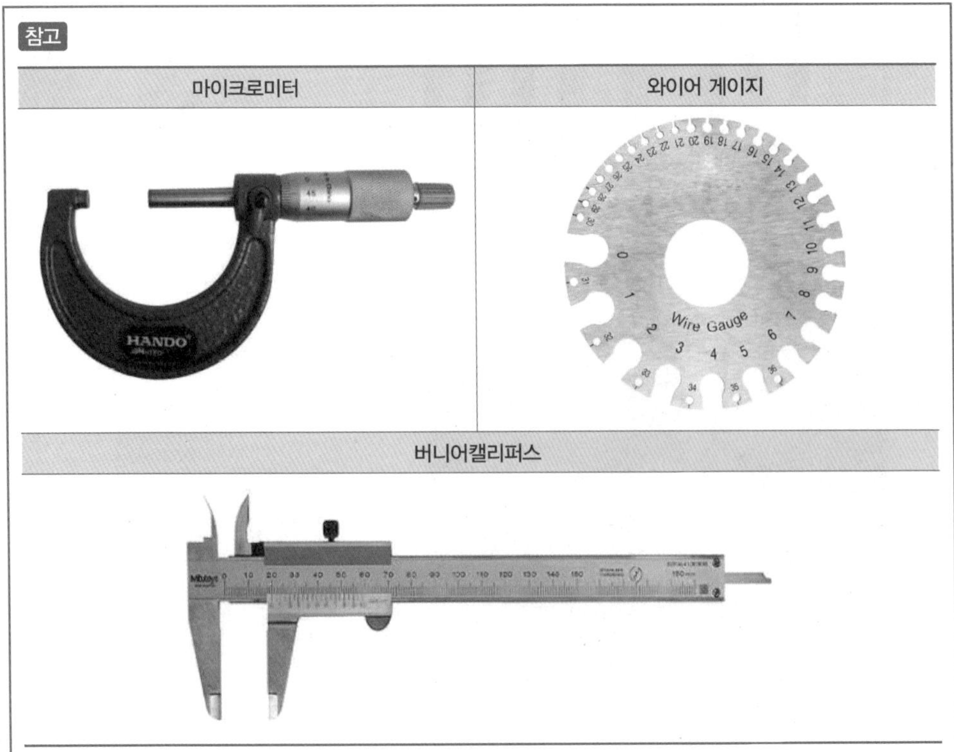

**14** 전기설비에서 사용하는 공구를 5가지만 쓰시오.

정답

1. 펜치
2. 와이어스트리퍼
3. 인두기
4. 프레서툴(압착기)
5. 파이프바이스
6. 오스터
7. 파이프커터
8. 파이프렌치
9. 녹아웃 펀치
10. 리머
11. 클리퍼
12. 홀소
13. 피시테이프
14. 철망 그립
15. 이지스트리퍼
16. 전동 드릴
17. 이블커터
18. 롱노즈플라이어
19. 니퍼
20. 냉동라쳇(서비스렌치)

참고

| 펜치 | 와이어 스트리퍼 |
|---|---|
| 전선의 절단 및 접속용 | 절연전선 피복의 절연물을 벗기는 공구 |
| **인두기** | **프레서툴(압착기)** |
| 전선의 납땜 접속 | 커넥터 또는 터미널 접속시 사용 |
| **파이프바이스** | **오스터** |
| 금속관 절단 시 파이프를 고정시킴 | 금속관에 나사를 만듦 |

| 파이프커터 | 파이프렌치 |
| --- | --- |
| 금속관 절단 | 금속관과 커플링을 물고 죄어서 서로 접속이나 분해 때 사용 |

| 녹아웃 펀치 |
| --- |
| 분전반, 배전반 등의 배관을 변경하가나 이미 설치된 캐비닛에 구멍을 뚫을 때 사용<br> |

| 리머 | 클리퍼 |
| --- | --- |
| 거스러미나 관구의 가공에 사용 | 금속관을 쇠톱이나 커터로 절단한 후에 생기는 굵은 전선의 절단 시 사용 |

| 홀소 | 피시테이프 |
| --- | --- |
| 캐비닛 등과 같은 강철판에 구멍을 원형으로 뚫을 때 사용 | 전선관에 전선을 넣을 때 사용하는 평각 강철선 |

| 이지스트리퍼 | 전동드릴 |
|---|---|
| 전기배선 절단, 피복 제거, 압착기능 | 전기기구 및 배선이나 나사 결속 |
| 케이블커터 | 롱노우즈플라이어 |
| 케이블전선 절단 시 사용하는 공구 | 조립 및 수리 시 작은 부품을 잡는 데 용이하며 전선 절단 기능도 있다. |
| 니퍼 | 냉동라쳇(서비스렌치) |
| 전선 절단 및 피복 제거 공구 | 손이 닿지 않는 부속품을 라쳇스핀을 통해 쉽게 풀고 조일 수 있는 공구 |

## 15 다음 화면에 나타난 측정계기는 절연저항을 측정한다. 그 명칭을 쓰시오.

정답

메거(Megger)

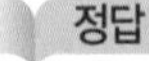

- 옥내배선, 전기기기의 절연저항을 측정하고 누전검사 시 사용한다.
- 저항측정 시 눈금은 오른쪽에서 왼쪽으로 흐른다.
- 측정계기의 바늘이 왼쪽으로 갈수록 절연이 잘된 것이고, 오른쪽에 가까울수록 절연이 나쁜 상태이다.

## 16 접지저항을 측정하는 측정계기를 2가지만 쓰시오.

정답

1. 어스테스터기
2. 콜라우시 브리지

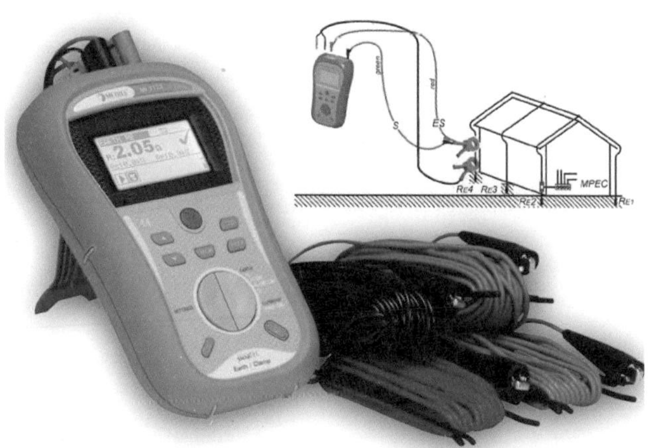

**17** 화면에 보이는 멀티테스터기의 기능을 4가지만 쓰시오.

**정답**

1. 회로시험
2. 전압측정
3. 저항측정
4. 전류측정
5. 도통시험

**18** 네온검전기의 기능을 간단히 기술하시오.

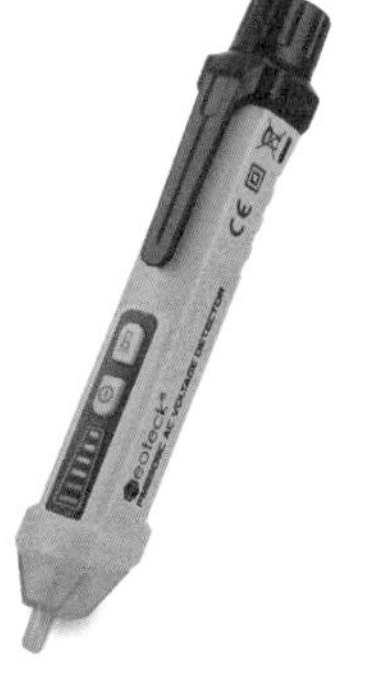

**정답**

충전 유무 조사 또는 전압 유무 조사

## 19 훅온미터(훅온클램프미터)의 기능을 간단히 쓰시오.

정답

통전 중인 전선의 전류 및 전압 등 측정

## 20 배선설비에서 저압, 고압, 특고압 등을 [V]로 설명하시오.

정답

(1) 저압
1. 교류=600(V) 이하
2. 직류=750(V) 이하

(2) 고압
1. 교류=600(V) 초과~7000(V) 이하
2. 직류=750(V) 초과~7000(V) 이하

(3) 특별고압 : 7000(V) 초과

**참고**

- 공칭전압 : 전선로를 대표하는 선간 전압
- 정격전압 : 실제로 사용하는 전압 또는 전기기구 등에 사용하는 전압
- 대지전압 : 측정점과 대지 사이의 전압

**21** 전력을 적절하게 전송하기 위한 전기방식 4가지와 그 특징을 각각 3가지 이상씩 쓰시오.

**정답**

(1) 단상 2선식

1. 구성이 간단하다.
2. 부하의 불평형이 없다.
3. 소요동력이 크다.
4. 전력 손실이 크다.
5. 대용량 부하에는 부적합하다.
6. 소규모 주택 등에 적합하다.
7. 일반적으로 220(V)에 사용한다.

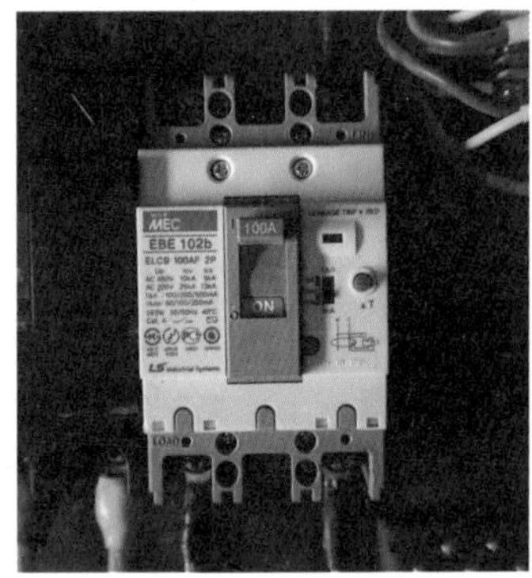


(2) 단상 3선식

1. 110(V), 220(V) 동시 사용이 가능하다.
2. 부하의 불평형이 있다.
3. 소요동력이 2선식의 37.5% 정도이다.
4. 중성선 단선 시 이상전압이 발생한다.
5. 공장의 전등, 전열용으로 사용한다.

(3) 3상 3선식

1. 2선식에 비해 용량이 적고 전압강하 등이 개선된다.
2. 동력부하에 적합하다.
3. 소요동력이 2선식의 75% 정도이다.
4. 주로 공장에서 동력용으로 사용한다.

(4) 3상 4선식

1. 경제적인 방식이다.
2. 중성선 단선 시 이상전압이 발생한다.
3. 단상과 3상 부하의 동시 사용이 가능하다.
4. 부하의 불평형이 발생한다.
5. 소요동력이 2선식의 33.3%이다.
6. 빌딩, 대규모 상가, 공장 등에서 가장 많이 채택하는 방식이다.

# 제3장 자동제어 특성

## 01 시퀀스 제어에 대하여 간단하게 설명하시오.

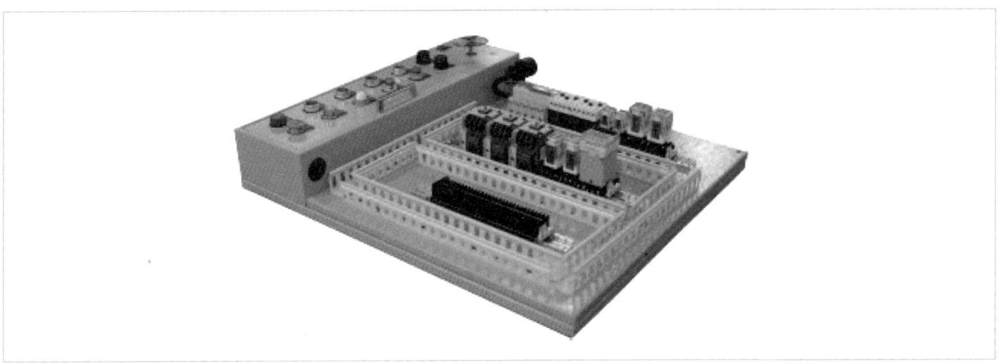

**정답**

시퀀스란 현상이 일어나는 순서를 말하며 시퀀스 제어란 미리 정해진 순서 또는 일정한 논리에 의해 정해지는 순서에 따라 제어의 각 단계를 진행해 나가는 것을 말한다. 즉 명령이나 지령에 의하여 그 결과를 미리 알고 있고 충실히 실행되기만 하는 제어로서 명령이나 지령에 대한 피드백이 없는 정성적 제어이다.

## 02 시퀀스 제어에 사용하는 검출스위치의 종류를 5가지만 기술하시오.

**정답**

1. 온도 스위치
2. 압력 스위치
3. 광전자 스위치
4. 근접 스위치
5. 리밋 스위치
6. 속도 스위치
7. 레벨 스위치
8. 플로트 스위치

참고
온도 스위치
압력 스위치
광전자 스위치
AUTO RESET
CE
근접 스위치
리밋 스위치
속도 스위치
Z4GIL03B
KH-9015-HR(L) 97 06
레벨 스위치
플로트 스위치

## 03 시퀀스 제어에 사용되는 조작스위치 종류를 5가지만 쓰시오.

**정답**

1. 변환 스위치(셀렉터 스위치)
2. 돌림형 스위치
3. 캠 스위치
4. 다이얼 스위치
5. 토글 스위치
6. 텀블러 스위치

**참고**

| 변환 스위치(셀렉터 스위치) | 돌림형 스위치 | 캠 스위치 |
|---|---|---|
|  |  |  |
| **다이얼 스위치** | **토글 스위치** | **텀블러 스위치** |
|  |  |  |
| **발판 스위치** | **로터리 스위치** | |
|  |  | |

## 04 제어기기의 기계적 요소를 5가지 이상 쓰시오.

**정답**

1. 스프링
2. 노즐 플래퍼
3. 파이프
4. 피스톤
5. 벨로스
6. 파일럿 밸브(유압식, 공기식)
7. 다이어프램
8. 분사관
9. 대지포트
10. 열전대
11. 다이어프램 밸브
12. 전자밸브

## 05 자동제어의 전기적 요소를 5가지만 기술하시오.

**정답**

1. 증폭기(횡폭기, 자기증폭기, 전자증폭기)
2. DC 서보전동기
3. AC 서보전동기
4. 셀신모터
5. 차동변압기

## 06 자동제어 조절기기 종류를 2가지만 쓰시오.

**정답**

1. 전기식
2. 공기식

## 07 자동제어 조절 조작기기의 종류를 3가지만 쓰시오.

**정답**

1. 전기식
2. 공기식
3. 유압식

## 08 전기식 조작기기 특성을 3가지만 쓰시오.

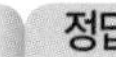


1. 적응성이 매우 넓고 특성 변경이 용이하다.
2. 속응성이 늦다.
3. 장거리 전송이 수 km까지 가능하다.
4. 출력의 감속장치가 필요하고 출력은 같다.
5. 방폭형의 안전장치가 필요하다.

## 09 공기식 조작기기의 특성을 4가지만 쓰시오.

1. PID 동작을 만들기가 용이하다.
2. 속응성이 장거리에서는 어렵다.
3. 장거리에서 150(m) 이상이 되면 전송이 어렵다.
4. 출력이 크지 않다.
5. 안전하게 사용이 가능하다.

## 10 유압식 조작기기의 특징을 5가지만 쓰시오.

1. 관성이 적고 큰 출력을 얻기가 쉽다.
2. 속응성이 빠르다.
3. 전송시간은 어느 정도 빠르나 300(m) 이상 장거리 배관에는 전송이 어렵다.
4. 출력이 저속이나 큰 출력을 얻을 수가 있다.
5. 인화성이 있어서 안전관리 대책이 필요하다.

## 11 피드백 자동제어를 간단히 설명하시오.

피드백 제어는 어떤 조작에 의한 결과를 그 원인 측에 되돌려서 비교하여 수정 동작을 행하는 제어로서 입력과 출력을 비교하는 장치가 반드시 있어야 하는 정량적 자동제어이다.

## 12 자동제어의 제어요소를 2가지만 쓰시오.

**정답**

1. 조절부
2. 조작부

## 13 프로세스 제어에 해당하는 것들 중 5가지만 쓰시오.

**정답**

1. 온도
2. 유량
3. 압력
4. 액위
5. 농도
6. 밀도

## 14 전기적 요소를 4가지만 쓰시오.

**정답**

1. 회전증폭기
2. 직류 서보전동기
3. 교류 서보전동기
4. 셀신 모터
5. 차동변압기

## 15 전기식 조작기기 종류를 5가지만 쓰시오.

**정답**

1. 전자밸브
2. 전동밸브
3. 2상 서보모터
4. 직류 서보모터
5. 펄스 모터

**16** 기계식 조작기기의 종류를 5가지만 쓰시오.

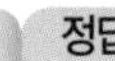


1. 클러치
2. 다이어프램 밸브
3. 밸브 포지셔너
4. 유압식 조작기
5. 안내 밸브
6. 조작 실린더
7. 조작피스톤 분사관

**17** 자동조정용 검출기기를 2가지만 쓰시오.

1. 전압 검출기
2. 속도 검출기

**18** 서보기구용 검출기기 종류를 4가지만 쓰시오.

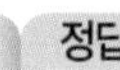


1. 전위차계
2. 차동변압기
3. 싱크로
4. 마이크로신

**19** 공정제어용 검출기기 종류를 5가지만 쓰시오.

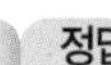


1. 압력계
2. 유량계
3. 액면계
4. 온도계
5. 가스성분계
6. 습도계
7. 액체성분계

## 20 우측의 변환요소를 2가지씩 써넣으시오.

| 번호 | 변환량 | 변환요소 |
|---|---|---|
| 01 | 압력－변위 | (1) |
| 02 | 변위－압력 | (2) |
| 03 | 변위＝－임피던스 | (3) |
| 04 | 변위－전압 | (4) |
| 05 | 전압－변위 | (5) |
| 06 | 광－임피던스 | (6) |
| 07 | 광－전압 | (7) |
| 08 | 방사선－임피던스 | (8) |
| 09 | 온도－임피던스 | (9) |
| 10 | 온도－전압 | (10) |

정답

(1) 벨로즈, 다이어프램, 스프링
(2) 노즐플래퍼, 유압분사관, 스프링
(3) 가변저항기, 용량형 변압기, 가변저항스프링
(4) 포지션미터, 차동변압기, 전위차계
(5) 전자석, 전자코일
(6) 광전관, 광전도셀, 광전트랜지스터
(7) 광전지, 광전다이오드
(8) GM관, 전리함
(9) 열전대, 서미스터, 백금, 니켈 등 측온저항계
(10) 열전대온도계

※ 임피던스(impedance) : 전기회로에 교류를 흘렸을 때 전류의 흐름을 방해하는 정도를 나타내는 값이다.

## 21 자기유지회로(래치회로, latch circuit)에 대하여 설명하시오.

정답

특정한 조건일 때 디지털 신호를 받아 유지하는 회로이다.

## 22 피드백 제어장치의 특징을 5가지만 쓰시오.

**정답**

1. 정확성의 증가
2. 계의 특성 변화에 대한 입력 대 출력비의 감도가 감소한다.
3. 비선형성과 왜형에 대한 효과의 감소
4. 감대폭의 증가(대역폭이 증가한다.)
5. 발진(불규칙)을 일으키고 불안정한 상태로 되어 가는 경향성이 있다.
6. 구조가 복잡하고 설비가 고가이다.

(피드백 제어 : 설정부, 조작부, 조절부, 검출부로 이루어짐)

## 23 자동제어 제어량의 성질에 의한 분류 3가지만 쓰시오.

**정답**

1. 프로세스 제어(공정제어)
2. 서보기구(물체의 위치, 자세, 방향, 각도, 거리)
3. 자동조정(전압, 주파수, 장력, 속도)

## 24 자동제어 목푯값에 따른 제어분류 2가지만 쓰시오.

**정답**

1. 정치제어
2. 추치제어
3. 프로그램 제어
4. 추종제어
5. 비율제어

## 25 자동제어 연속동작에 대하여 다음에서 설명하시오.

**정답**

(1) P동작(비례동작)

1. 정상오차를 수반한다.
2. 잔류편차가 발생한다.
3. 사이클링을 방지한다.

(잔류편차가 발생하는 제어 – 비례제어 비례미분제어)

(2) I동작(적분동작) : 잔류편차가 제거된다.
(3) D동작(미분동작) : 단독으로 사용하지 않는다.

(4) PI동작(비례 적분동작)
1. 잔류편차를 제거한다.
2. 잔류편차 제거로 제어계의 정상 특성을 개선하기 위한 제어이다.
3. 제어 결과가 진동적으로 될 수가 있다.

(5) PD동작(비례 미분동작) : 응답 속응성이 개선된다.

(6) PID동작(비례 적분미분동작)
1. 잔류편차가 제거된다.
2. 제어계의 안정성이 향상된다.
3. 응답의 사이클링과 오버슈트가 감소한다.
4. 정상특성 및 응답의 속응성이 개선된다.
5. 연속선형 제어로서 최적 제어이다.
6. 정정시간이 단축되고 오버슈트가 감소한다.

**26** **불연속동작을 3가지만 쓰시오.**

1. 온-오프 동작(2위치 동작이며 사이클링이 있다.)
2. 다위치동작
3. 간헐동작

**27** **비례 미분(PD) 요소는 과도특성 개선에 사용되는데, 이것에 대응하는 보상요소는 무엇인가?**

진상요소에 대응(응답 속응성의 개선)

**28** 다음 [1]~[6]은 연속동작에서 각각 어느 동작을 의미하는가?

(1) $y = K_p \cdot \varepsilon$

(단 $K_p$는 비례감도이다.)

(2) $y = K_p\left(\varepsilon + \frac{1}{T_1}\int \varepsilon\, dt\right)$

(단 $T_1$은 적분시간이다.)

(3) $y = K_p\left(\varepsilon + T_d \frac{d\varepsilon}{dt}\right)$

(단, $T_d$는 미분시간이다.)

(4) $y = K_1 \int \varepsilon\, dt$

(5) $y = K_D \frac{d\varepsilon}{dt}$

(6) $y = K_p\left(\varepsilon + \frac{1}{T_1}\int \varepsilon\, dt + T_d \frac{d\varepsilon}{dt}\right)$

**정답**

(1) 비례동작
(2) 비례적분동작
(3) 비례미분동작
(4) 적분동작
(5) 미분동작
(6) 비례미분적분 PID 동작

※ $y$ : 조작량, $\varepsilon$ : 편차, $\frac{1}{T_1}$ : 리셋률, $T_d$ : 미분시간

# 제4장 시퀀스 제어

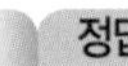

## 01 시퀀스 제어의 특징을 4가지만 쓰시오.

**정답**

1. 입력신호에서 출력신호까지 정해진 순서에 따라 일방적으로 제어명령이 떨어진다.
2. 어떠한 조건을 만족하여도 제어신호가 전달되어 간다.
3. 제어 결과에 따라 자동적으로 조작이 이행된다.
4. 일반적으로 조작이나 동작의 각 단계를 따라서 시동, 정지 또는 운전상태를 변경하여 조업을 하게 된다.

## 02 일상에서 사용하는 제품 중 시퀀스 제어를 이용하는 제품을 5가지만 쓰시오.

**정답**

전기세탁기, 자동판매기, 승강기, 교통신호, 전기밥솥

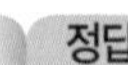

## 03 시퀀스 제어에 사용되는 스위치의 종류를 3가지만 쓰시오.

**정답**

1. 리밋 스위치
2. 광전 스위치
3. 압력 스위치(차압 스위치)

**참고**

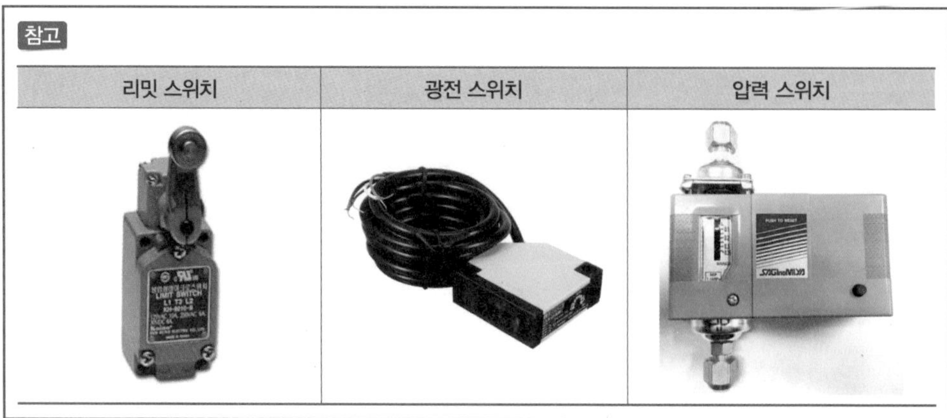

| 리밋 스위치 | 광전 스위치 | 압력 스위치 |
|---|---|---|

**04** 시퀀스 자동제어의 구성요소를 3가지만 쓰시오.

정답

1. 계전기회로
2. 타이머
3. 무접점회로

**05** 시퀀스 제어에서 사용하는 제어요소 스위치 종류를 5가지만 쓰시오.

정답

1. 복귀형 수동스위치
2. 유지형 수동스위치
3. 검출스위치
4. 전자 계전기
5. 유지형 계전기
6. 전자 접촉기

참고

| 전자 계전기 | 유지형 계전기 | 전자 접촉기 |
|---|---|---|
|  |  |  |

• a접점 : 조작 시에만 닫히는 접점[메이크 접점]
• b접점 : 조작 시에만 열리는 접점[브레이크 접점]

**06** 시퀀스 제어에서 계전기의 기본회로를 5가지만 쓰시오.

정답

1. 논리적 회로
2. 논리합 회로
3. 논리부정 회로
4. 기억회로
5. 시간지연 회로

## 07 다음 (01)~(05)에 해당하는 회로의 명칭을 써넣으시오.

| 회로 명칭 | | 특징 및 의미 |
|---|---|---|
| (01) | 논리적 | 입력신호(A, B)가 동시에 가해졌을 때만 출력신호를 낸다. |
| (02) | 논리합 | 입력신호(A, B)의 어느 한 편 또는 양편이 가해졌을 때만 출력신호를 낸다. |
| (03) | 논리부정 | 입력신호가 가해져 있지 않을 때만 출력신호를 낸다. |
| (04) | MEMORY | 입력신호(A)가 가해진 것을 기억한다.<br>다른 입력신호(B)를 가해줌으로써 그 기억을 지운다. |
| (05) | DELAY | 입력신호(A)가 가해지고부터 어떤 시간 지연을 경과해서 출력신호를 낸다. |

**정답**

(1) AND gate

(2) OR gate

(3) NOT gate

(4) 기억회로

(5) 지연회로

**참고**

(1) AND gate(논리곱회로) : 2개의 입력[A, B]가 모두 1일 때만 출력이 1이 되는 회로이다.
* 논리식[$X=A \cdot B$]

(2) OR gate(논리합회로) : 입력[A, B]의 어느 한 쪽 또는 양자가 1일 때 출력이 1이 되는 회로이다.
* 논리식[$X=A+B$]

(3) NOT gate(논리부정회로) : 입력이 0일 때 출력이 1, 입력이 1일 때 출력은 0이 되는 회로이다. 즉 입력신호에 대해서 부정[NOT]의 출력이 나오는 것이다.
* 논리식[$X=\overline{A}$]

(4) NAND gate회로(논리부정의 곱회로) : AND 회로에 NOT 회로를 접속한 AND+NOT 회로이다.
* 논리식[$X=\overline{A \cdot B}$]

(5) NOR gate(논리부정의 합회로) : OR 회로에 NOT 회로를 접속한 OR-NOT 회로이다.
* 논리식[$X=\overline{A+B}$]

(6) exclusive-ORgate(배타적 논리합회로) : 입력 [A, B]가 서로 같지 않을 때만 출력이 1이 되는 회로이다. 입력 [A, B]가 모두 1이어서는 안 된다는 의미가 있다.
* 논리식[$X=\overline{A} \cdot B+A \cdot \overline{B}$]

**08** 다음 (01)~(05)까지의 회로 명칭을 써 넣으시오.

| 회로 명칭 | | 유접점 회로 | 무접점 회로 | 논리기호 | 진리값 표 |
|---|---|---|---|---|---|
| (01) | AND 회로 | | | $X=A \cdot B$ | A B X′: 0 0 0 / 0 1 0 / 1 0 0 / 1 1 1 |
| (02) | OR 회로 | | | $X=A+B$ | A B X′: 0 0 0 / 0 1 1 / 1 0 1 / 1 1 1 |
| (03) | NOT 회로 | | | $X=\overline{A}$ | A X′: 0 1 / 1 0 |
| (04) | NAND 회로 | | | $X=\overline{A \cdot B}$<br>$=\overline{A}+\overline{B}$ | A B X′: 0 0 1 / 0 1 1 / 1 0 1 / 1 1 0 |
| (05) | NOR 회로 | | | $X=\overline{A+B}$<br>$=\overline{A} \cdot \overline{B}$ | A B X′: 0 0 1 / 0 1 0 / 1 0 0 / 1 1 0 |
| 배타적 논리합 회로 | exclusive −OR 회로 | | $X=\overline{A} \cdot B+A \cdot \overline{B}$<br>$=A \oplus B$ | A B X′: 0 0 0 / 0 1 1 / 1 0 1 / 1 1 0 | |

**정답**

(1) 논리적 회로
(2) 논리합 회로
(3) 논리부정 회로
(4) AND－NOT 회로
(5) OR－NOT 회로

**참고**

(1) 유접점 계전기 : 기본적인 회로로서 논리적, 논리합, 논리부정, 기억, 시간지연 5가지가 있다.
기억을 나타내는 접점회로에서 접점 [A]가 닫히면 릴레이, 즉 계전기 [R]이 부세되어 그 자신의 [A]접점 [Ra]를 닫아서 자기유지를 한다. 이 릴레이 [R]은 [B]를 열어서 자기 유지를 줄 수가 있다. 다시 말하면 [A]에 가해진 것을 기억하고 [B]의 신호에 의해 기억을 지울 수가 있다.

(2) 무접점 계전기 : 유접점회로는 동작시간 및 복귀시간이 늦고 또한 장시간 사용하는 경우 접점이 마모되어 수명이 단축되는 결점이 많은 계전기이다. 따라서 사용되는 전류의 용량이 작은 범위 내에서 다이오드, 트랜지스터 등과 같이 접점을 갖지 않는 소자를 이용하여 무접점 계전기로 사용이 가능하다

## 09 시퀀스 제어회로 2가지를 쓰시오.

**정답**

1. 조합회로
2. 순서회로

## 10 무접점 릴레이의 장점을 3가지 이상 쓰시오.

**정답**

1. 동작속도가 빠르다.
2. 고빈도 사용에 견디며 수명이 길다.
3. 소형이고 가볍다.
4. 온도변화에 약하다.

**참고**

자기유지회로(self hold circuit)

- 시퀀스 제어를 하는 회로를 구성하는 기본적인 회로 소자의 하나이다.
- 자기유지회로는 시동신호 및 정지신호 등의 제어명령에 의해서 접점이 작동하고 그 상태를 계속 유지하는 기능을 가지고 있다.
- 기본적인 개개의 기능을 조합시켜서 임의의 제어회로를 구성할 수 있다.
- 전동기의 운전 등 널리 이용된다.
- 단일 펄스 입력에 의해서 온(on) 상태로 되고 그 이후 온(on) 상태를 유지하는 일종의 기억성을 가진 회로이다.

# 제5장 시퀀스 회로도 구성 및 부속품 알기

5-1 용어해설 참고

## 01 인터록회로

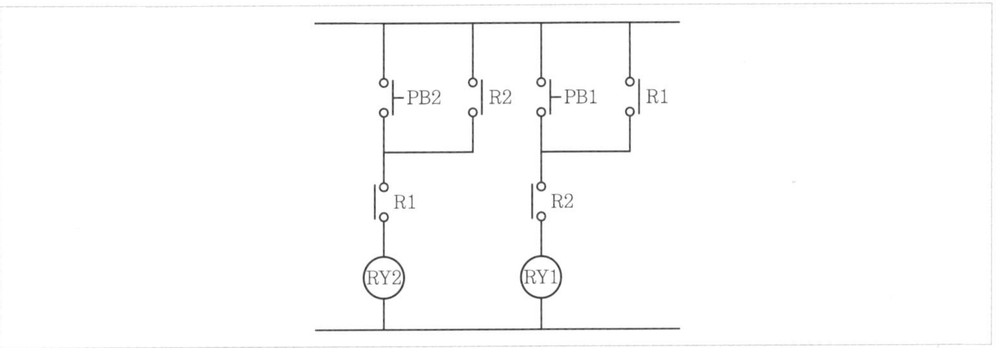


2개 이상의 계전기가 동시에 작동하는 것을 방지하는 회로이다.

**참고**

전자밸브, 전동기모터의 정 · 역전 회로에 이용한다.

## 02 플리커회로

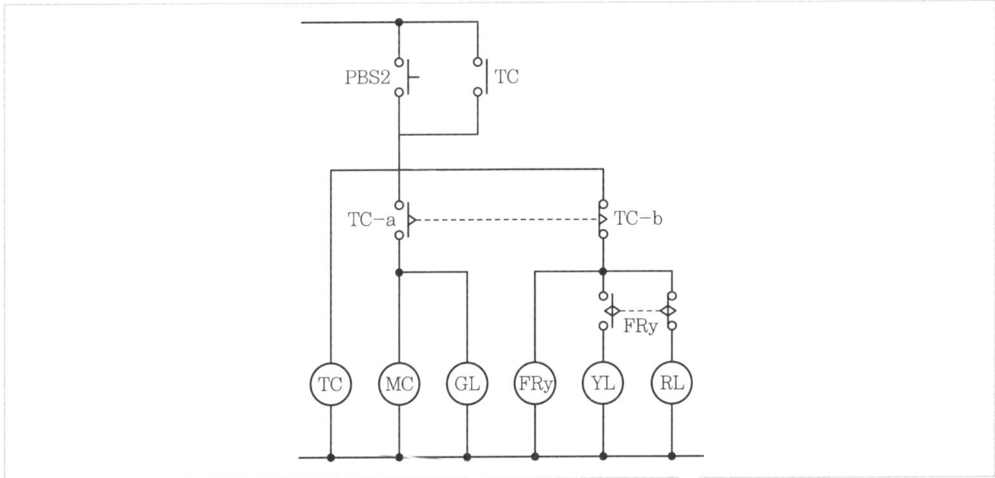


시간적으로 변화하지 않는 일정한 입력신호를 단속신호로 변환하는 회로이다.(일정 시간 간격으로 점멸하는 경보용 부저 신호의 발생 등에 사용한다.)

## 03 접점

| | | |
|---|---|---|
| a접점[NO] | a접점 | 버튼을 누르면 전기가 통하는 접점이다.(메이크 접점이며 상개접점으로 항상 열려 있는 접점이다.) |
| b접점[NC] | b접점 | 버튼을 누르면 전기가 통하지 않는 접점으로 항상 닫혀 있는 접점이다.(브레이크 차단접점으로 상폐접점이다.) |
| c접점[NO+NC] | a, b, c, R−c, c접점, R | 가동 접점부를 공유하는 (a)와 (b)접점을 조합한 접점이다. |

## 04 수동조작 스위치

| 복귀형 수동스위치 | 유지형 수동스위치 |
|---|---|
| | ON<br>OFF |
| 사람이 손으로 누르고 있는 동안만 회로를 유지하고 손을 놓으면 원상태로 되돌아 가는 스위치이다.(푸시버튼 스위치, 전기계전기 키보드 등이 여기에 속한다.) | 일단 수동으로 조작하면 다시 복귀시킬 때까지 그대로 상태를 유지하는 스위치이다.(양쪽 버튼 스위치, 나이프 스위치, 텀블러 스위치, 셀렉터 스위치 등이 여기에 속한다.) |

## 05 푸시버튼 스위치(PBS)

- 손가락으로 버튼을 누름으로써 접점이 개폐된다.
- 손을 버튼에서 떼면 스프링의 힘에 의해 원래상태로 복귀하는 제어용 조작 스위치이다.(수동조작 자동복귀접점이라고 한다.)
- 버튼의 색상은 적색, 녹색으로 되어 있다.
- 녹색 버튼은 [a접점]으로 기동용으로 사용하고 적색 버튼은 [b접점]으로 정지용으로 사용한다.

## 06 토글 스위치(스냅 스위치)

아래위로 젖히게 되는 스위치이다.

## 07 셀렉터 스위치(로터리 스위치)

- 자동이나 수동으로 기기의 조작을 전환하는 스위치이다.
- a접점과 b접점을 동시에 사용함으로써 입력단자를 공통으로 하여야 한다.

## 08 조광형 푸시버튼 스위치

푸시버튼 스위치의 (c)접점과 표시등을 겸하는 스위치이다.(PBS+GL , PBS+Rl 등이다.)

## 09 누전차단기[ELB]

- 저압선로[600V 이하]에 과전류나 단락 외의 감전재해로부터 인명을 보호하는 차단기이다.
- 누전 시 화재로부터 기기를 보호한다. 즉 누전 시 회로를 차단한다.
- 사용할 때 전원을 입력 측에 연결한 후 시험버튼으로 테스트를 한다.

## 10 배선용 차단기[MCCB=NFB]

- 사용목적은 전로의 과부하 및 단락보호를 목적으로 2차회로의 부하나 전로에 이상전류가 흐를 경우 차단기 내부에서 전로를 개방해 1차측으로부터 전원공급을 차단하는 목적이다.
- 소형이며 안전하다.
- 퓨즈를 끼우는 등의 수고가 없다.
- 종래의 나이프 스위치와 퓨즈를 결합한 것에 대신하여 널리 사용한다.

## 11 리셉터클

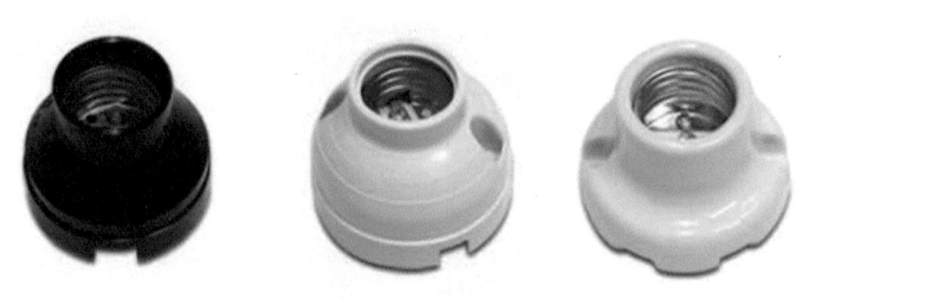

- 소켓의 일종이다.
- 배선기구의 종류 중 하나로 벽이나 천장에 설치하여 전구를 끼워 사용하는 배선기구이다.

## 12 부저

기기나 장치의 고장 시 그 발생을 알려주는 경고용 경보기이다.

## 13 파일럿 램프[표시등 램프]

램프의 점등 또는 소등에 의해서 운전이나 정지, 고장 표시 등 기기회로의 동작상태를 제어반이나 배전반에 표시하는 램프이다.

▼ 파일럿 램프의 종류

| red lamp [RL] | green lamp [GL] | orang lamp [OL] |
|---|---|---|
| | | |
| 적색등으로 회로의 운전상태를 나타낸다. | 녹색등으로 회로의 정지상태를 나타낸다. | 오렌지색 즉 등색으로 회로의 경고상태를 나타낸다. |
| yellow lamp [YL] | white lamp [WL] | |
| | | |
| 황색등으로 회로의 고장상태를 나타낸다. | 백색등으로 전원표시를 나타낸다. | |

## 14 열동형 과부하 계전기[THR = 터미널 릴레이]

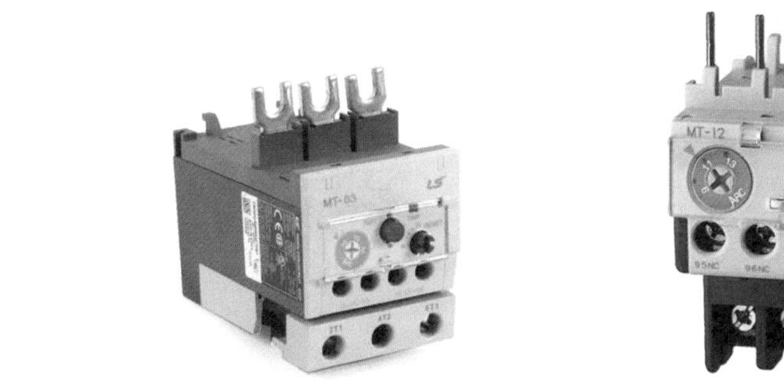

- 전류 흐름에 따른 열의 발생 효과에 의해 동작하는 계전기이다.
- 사용목적은 전동기모터 등에 과전류가 흐르면 내부 히터가 가열되어 바이메탈에 열이 전달되고 바이메탈의 휘어진 변형에 의해 접점이 열려서 수동복귀 [b]접점이 회로를 차단하여 기기에 과부하되는 것을 방지하는 것이다.(전자접촉기[MC]와 조합하여 사용한다.)
- 리셋 설정 선택 : 자동조작 수동복귀와 자동복귀 중 선택이 가능하다.
- 최근에는 전동기회로에 과전류가 흐를 경우 접점을 동작시켜 회로를 보호하는 과전류계전기(EOCR)를 많이 사용한다.

## 15 전자 개폐기[MS = 마그네틱 스위치 = 전자접촉기]

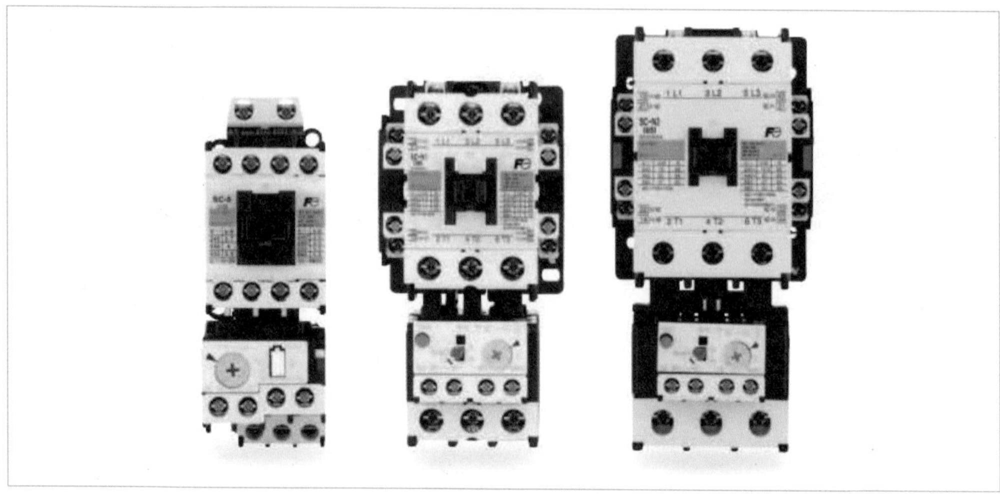

고정철심에 감겨있는 코일에 전원이 가해지면 전자력이 발생하여 가동철심을 흡인한다. 이때 접점은 닫히고, 전원이 차단되면 접점은 스프링에 의해 원위치로 복귀한다.

## 16 전자릴레이(전자계전기 = relay)

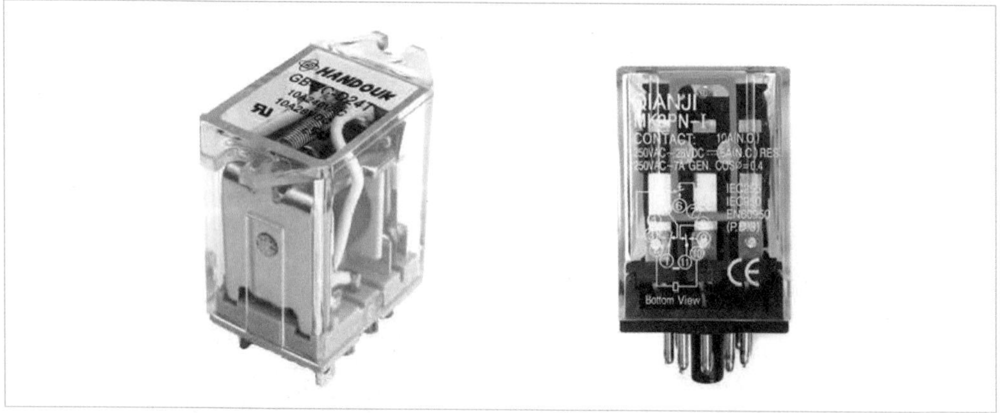


- 릴레이 내부결선을 위하여 8핀, 11핀 등이 사용된다.
- 사용 원리는 전자석의 힘을 이용하여 접점을 개폐하는 것으로 접점에 접속된 회로를 자동적으로 [온 – 오프] 한다.
- 전자릴레이는 전자코일에 전류가 흐르는 경우에만 동작한다.
- 전자릴레이는 전자코일에 전류가 흐르지 않으면 스프링 등에 의해 원래 상태로 복귀한다.

## 17 타이머(한시 계전기)

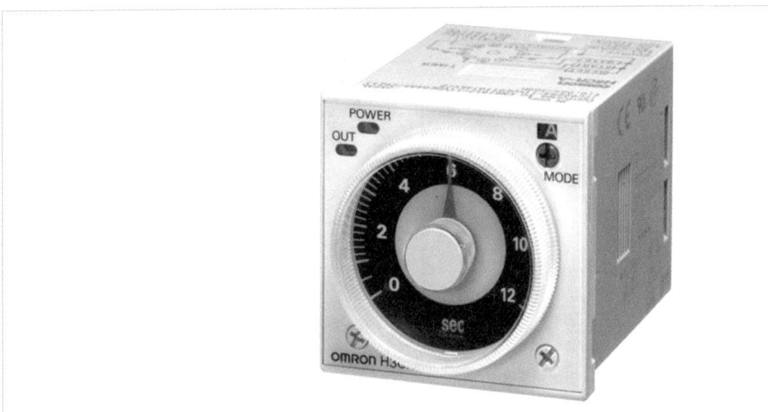


입력신호를 부여하면 전자릴레이와는 달리 미리 정해진 설정시간을 경과한 후에 접점이 한시동작으로 열리거나 또는 한시복귀로 닫히는 계전기이다.

## 18 한시동작 순시복귀 접점

| 접점 명칭 | 유접점 기호 | 무접점 기호 |
|---|---|---|
| 한시동작 순시복귀 a접점 | | |
| 한시동작 순시복귀 b접점 | | |

코일에 전원이 인가되면 접점이 즉시 개폐되지 않고 설정시간이 경과한 후에 개폐되고 전원 공급이 중단되면 즉시 온(on)된다.

## 19 한시동작 한시복귀 계전기

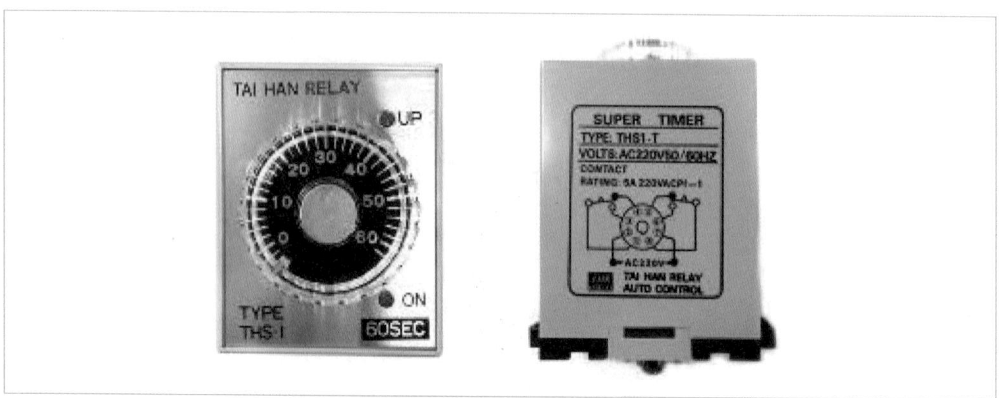


반복식 타이머로서 코일에 전원이 공급되거나 차단될 때 설정시간이 지난 다음에 접점이 온－오프(on－off) 개폐된다.

## 20 순시동작 한시복귀 접점

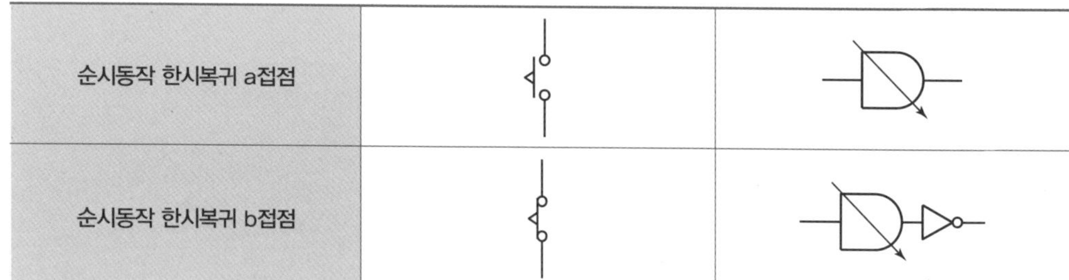

| 순시동작 한시복귀 a접점 | | |
|---|---|---|
| 순시동작 한시복귀 b접점 | | |

코일에 전원이 공급되면 접점이 즉시 개폐되고 전원의 공급이 차단되면 설정시간 경과 후에 오프(off)된다.

## 21 리밋 스위치(위치검출용)

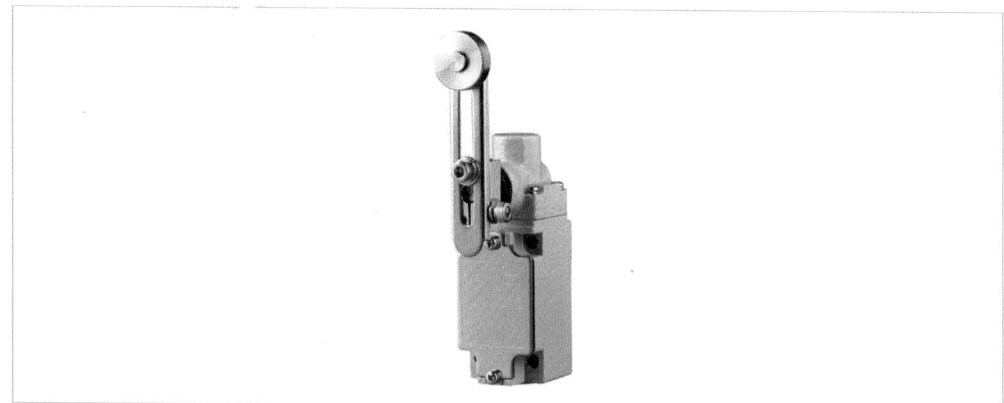

- 물체가 리밋 스위치의 접촉부에 접촉함으로써 내장 스위치를 작동시켜 접점이 온－오프하는 것으로 전기회로의 제어용으로 사용된다.
- 보일러나 냉동기 출입문, 엘리베이터 위치 제어에 사용한다.

## 22 복귀형 수동 스위치

푸시버튼 스위치와 같이 사람이 조작할 경우에만 스위치의 작동이 이루어진다.

## 23 유지형 수동 스위치

- 나이프 스위치와 같이 한 번 수동조작을 하면 반대의 조작을 할 때까지 접점의 개폐장치가 그대로 지속된다.
- 조작점이 한 개인 것 : 토글 스위치, 키 스위치
- 조작점이 두 개인 것 : 양쪽 누름단추 스위치, 텀블러 스위치

## 24 전자 계전기

유접점 시퀀스 제어에 사용되는 기기의 중심 역할을 하는 것으로 전자력에 의해 접점을 개폐하는 장치이다.

## 25 유지형 계전기

동작용, 복귀형 2개의 코일을 가지고 있으며 동작 코일이 여자되어 접점이 동작한 후에 동작 코일이 소자되어도 접점은 동작상태를 유지한다. 그 다음에 복귀형이 코일이 여자되므로 접점이 처음의 상태로 복귀하도록 되어 있는 계전기이다.

## 26 전자 접촉기

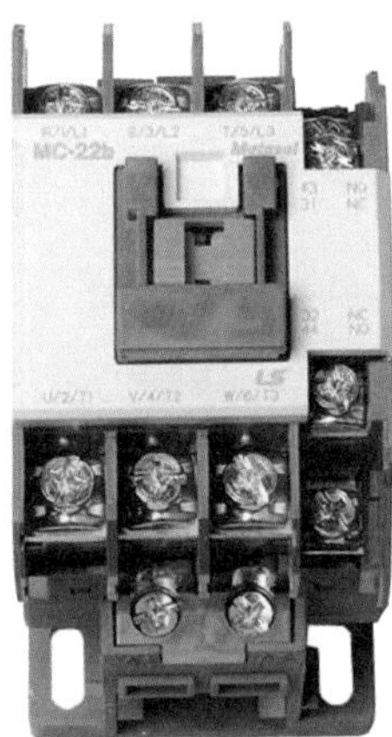


- 큰 전류의 개폐를 할 수 있는 접점을 갖춘 전자계폐기로서 교류용, 직류용이 있다.
- 전기회로의 개폐빈도가 높은 전동기나 기타의 교류, 직류회로의 부하전류의 개폐에 사용된다.
- 은－텅스텐 합금, 은－산화카드뮴 합금 등이 있다.

**| 도시기호 참고 |**

| 기호 | 명칭 | 기호 | 명칭 |
|---|---|---|---|
| PBS [PB] | 푸시버튼 스위치 | F | 퓨즈 |
| PBS＋RL | 조광형 푸시버튼 스위치 | MC(MS) | 전자접촉기 |
| LS | 리밋 스위치 | T | 타이머 |
| SS | 셀렉터 스위치 | RL, GL, YL | 파일럿 램프 |
| PS | 압력 스위치 | BZ | 부저 |
| S/B | 스위치 박스 | IM | 유도전동기 |
| KS | 나이프 스위치 | MCB(MCCB) | 배선용 차단기 |
| RY | 릴레이 | | |
| FR | 플리커 릴레이 | | |
| TB | 단자대 | | |

PART

# 05

# 참고자료
## (작업형 동영상 실기시험 이전 유형)

Air-Conditioning and Refrigerating Machinery

# 01 동관 배관작업 실기(40점)

## 1. 실기시험 수검자 유의사항

(1) 실기시험은 동관작업(50점) 및 제어회로 구성작업(50점)으로 구분 시행된다.

(2) 수검자는 시험위원으로부터 각 작업의 연장시간 사용에 따른 채점방법을 듣는다.

① 0~5분까지 : 5점 감점

② 5분 초과~10분까지 : 10점 감점

③ 10분 초과~15분까지 : 15점 감점

④ 15분 초과 시 미완성 작품으로 처리된다.

(3) 수검자는 시험위원의 지시에 따라야 하며, 안전수칙을 준수해야 한다.

(4) 가스 용접 시에는 보안경, 용접치마, 용접장갑을 반드시 착용하여야 한다.

(5) 작업이 완료된 수검자는 문제지와 작품을 시험위원에게 제출한다.

(6) 수검자는 시험 시작 전에 지급된 재료의 이상 유무를 확인한다.

(7) 다음에 해당하는 경우에는 오작 및 미완성 작품으로 처리되어 불합격 처리된다.

• 미완성 작품

제한시간 내에 작품을 제출하지 못했을 경우

• 오작품

㉮ 치수 오차가 한 부분이라도 ±10mm 초과한 경우

㉯ 각 용접부에 용접 이외의 작업을 했을 경우

㉰ 지급된 재료 이외의 다른 재료를 사용했을 경우

㉱ 도면과 상이한 경우

㉲ 기밀시험에서 기밀이 유지되지 않은 경우

## 2. 채점기준표 예시

| 주요항목 | 세부항목 | 항목별 채점방법 | 배점 |
|---|---|---|---|
| 동관작업<br>(50점) | 치수측정<br>(1, 2, 3, 4, 5, 6, 7, 8, 9, 10, 11, 12) | 치수오차 ±3mm 이내는 각 1점, 기타 0점<br>12개소×1 = 12점 | 12 |
| | 용접상태 | 용접상태는 은납, 황동, 철용접으로 구분하여 채점한다.<br>1) 은납 용접상태<br>상 : 용접상태가 양호하고 용접결함이 전혀 없으면 5점<br>중 : 용접상태가 보통이고 용접결함이 2개소 이하이면 2점<br>하 : 기타 1점 | 5 |

<table>
<tr><th>주요항목</th><th>세부항목</th><th>항목별 채점방법</th><th>배점</th></tr>
<tr><td rowspan="6">동관작업<br>(50점)</td><td rowspan="2">용접상태</td><td>2) 황동 용접상태<br>상 : 비드가 균일 양호하고 용접결함이 없으면 2점<br>중 : 비드 상태가 보통이고 용접결함이 없으면 2점<br>하 : 기타 1점</td><td>4</td></tr>
<tr><td>3) 철 용접상태<br>상 : 비드가 균일 양호하고 용접결함이 없으면 4점<br>중 : 비드 상태가 보통이고 용접결함이 1개소 있으면 2점<br>하 : 기타 1점</td><td>4</td></tr>
<tr><td rowspan="2">스웨이징<br>(I 부분)</td><td>스웨이징 상태(10mm)가 정상이며 4점, 비정상이면 0점</td><td>4</td></tr>
<tr><td>동관의 외관을 보아 상, 중, 하로 구분하여 채점한다.<br>상 : 동관 밴딩 상태가 양호하고 동관의 찌그러짐 등의 흠자국이 없으면 4점<br>중 : 동관 밴딩 불량상태가 2개소 이하이고 동관의 찌그러짐 등의 흠자국이 2개소 이하이면 2점<br>하 : 기타 1점</td><td>4</td></tr>
<tr><td>기밀시험</td><td>Z부분의 너트를 풀어 기밀시험(3kg/cm$^2$)을 하여 용접부나 플레어 접속부 등에서 기포가 발생하면 오작처리, 이상이 없으면 12점</td><td>12</td></tr>
<tr><td>모세관 유통시험</td><td>Z부분의 너트를 풀어 모세관 유통시험을 하여 공기가 통과하지 않으면 해당 항목 0점, 이상이 없으면 5점</td><td>5</td></tr>
</table>

# 국가기술자격실기시험

| 자격종목 및 등급 | 공조냉동기계 산업기사 | 작품명 | 동관작업 | 척도 | N.S |
|---|---|---|---|---|---|

[도면 1]

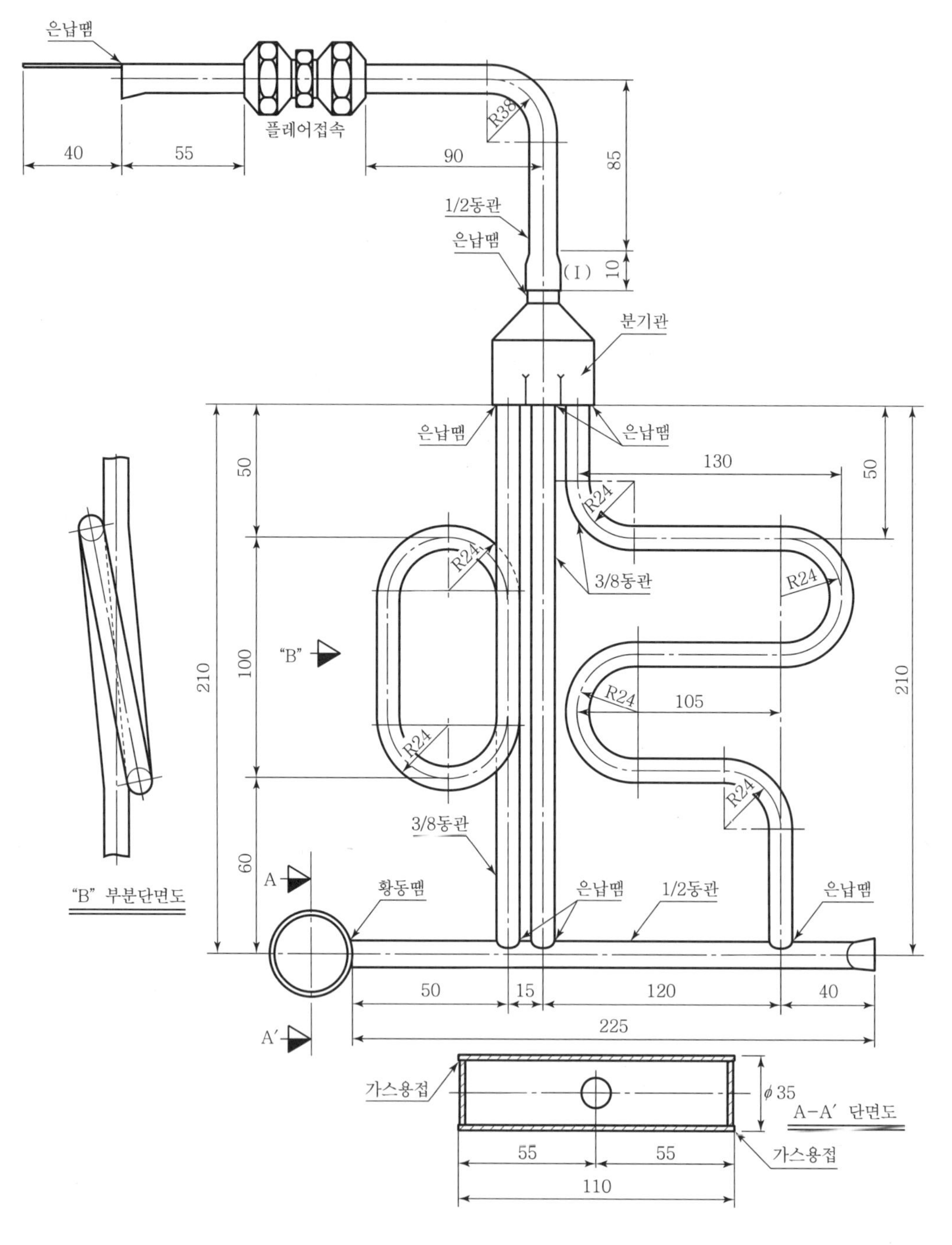

| 자격종목 및 등급 | 공조냉동기계 산업기사 | 작품명 | 동관작업 | 척도 | N.S |
|---|---|---|---|---|---|

## [도면 1 치수계산]

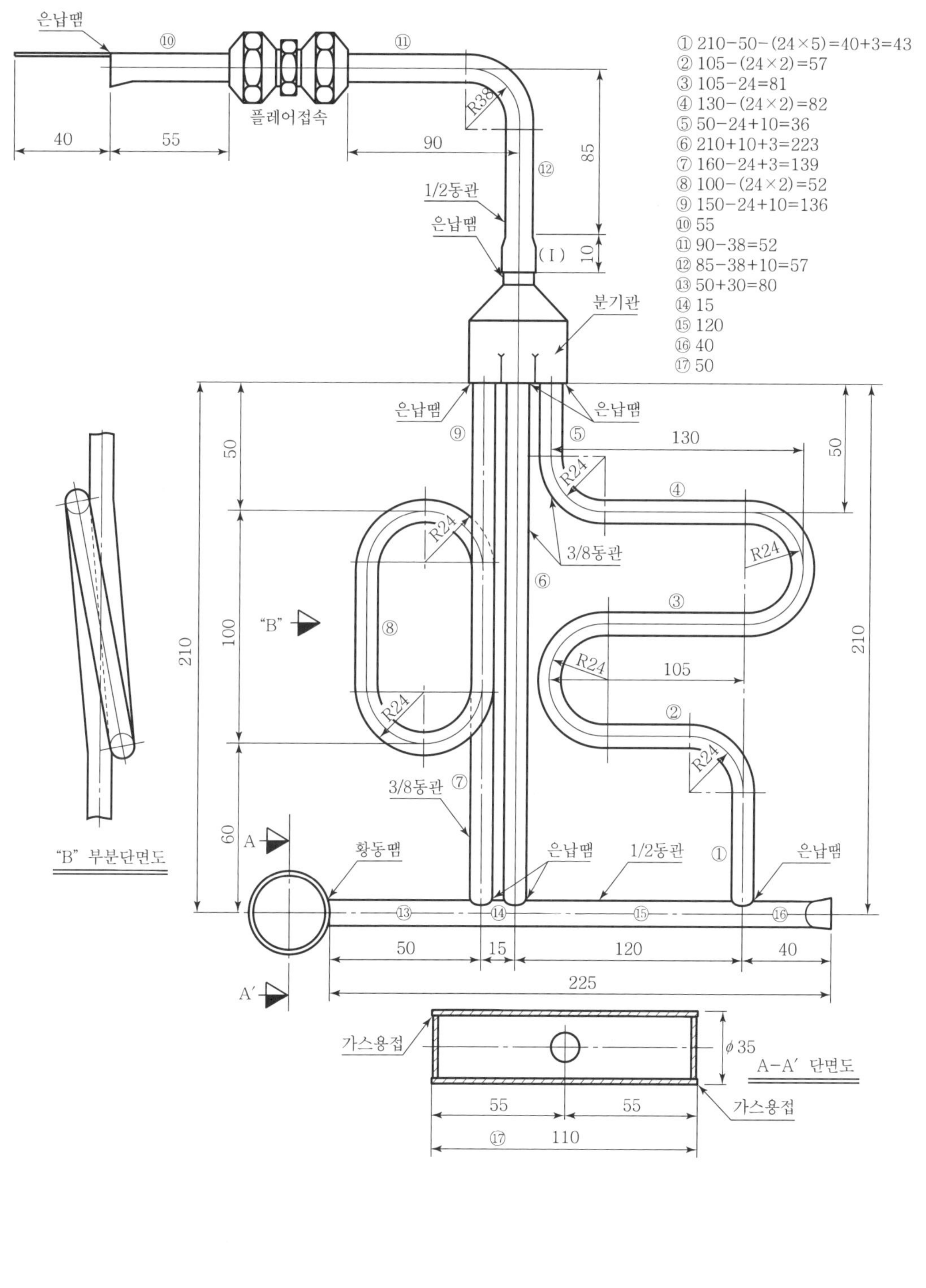

| 자격종목 및 등급 | 공조냉동기계 산업기사 | 작품명 | 동관작업 | 척도 | N.S |
|---|---|---|---|---|---|

[도면 2]

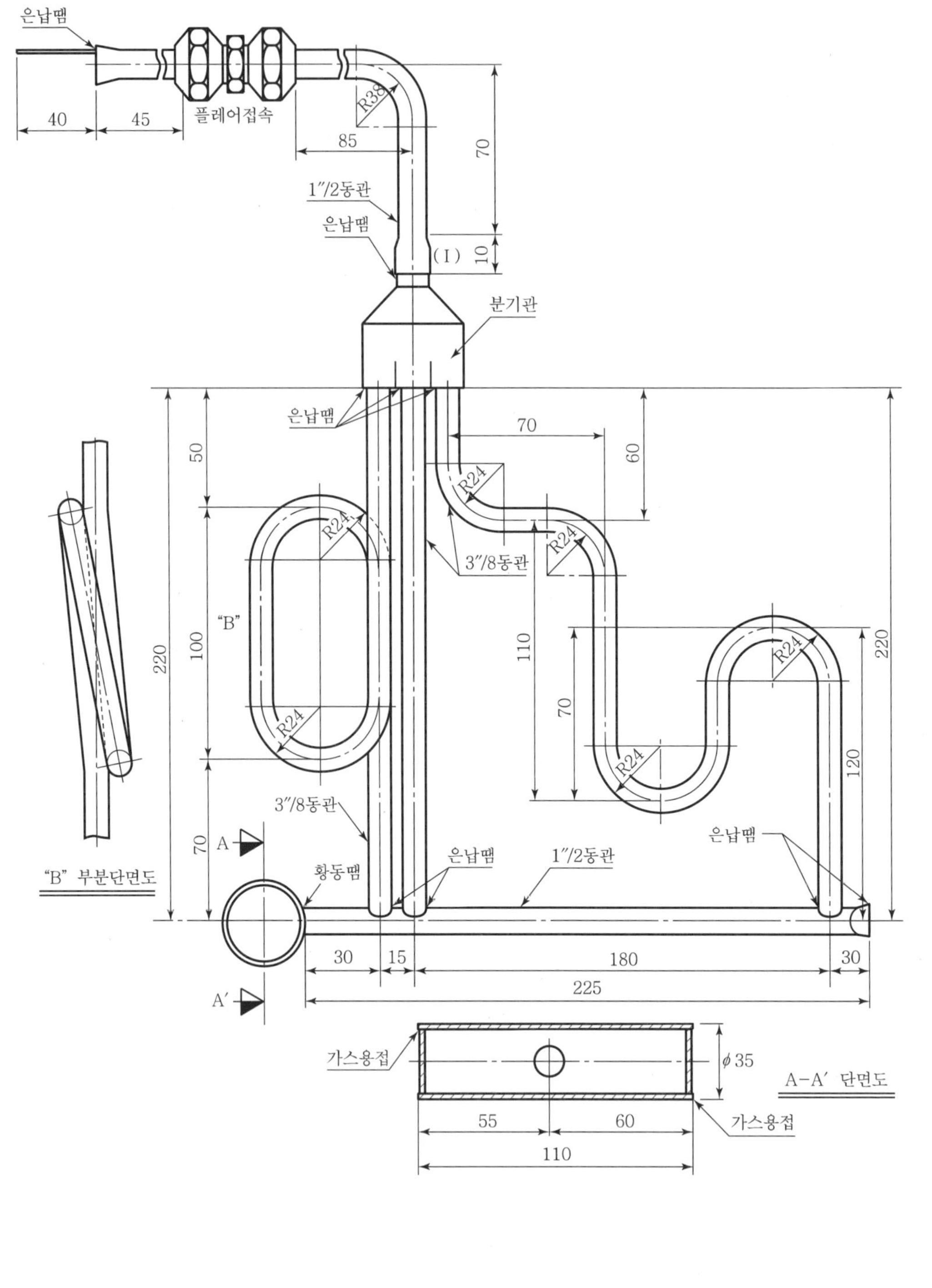

| 자격종목 및 등급 | 공조냉동기계 산업기사 | 작품명 | 동관작업 | 척도 | N.S |
|---|---|---|---|---|---|

## [도면 2 치수계산]

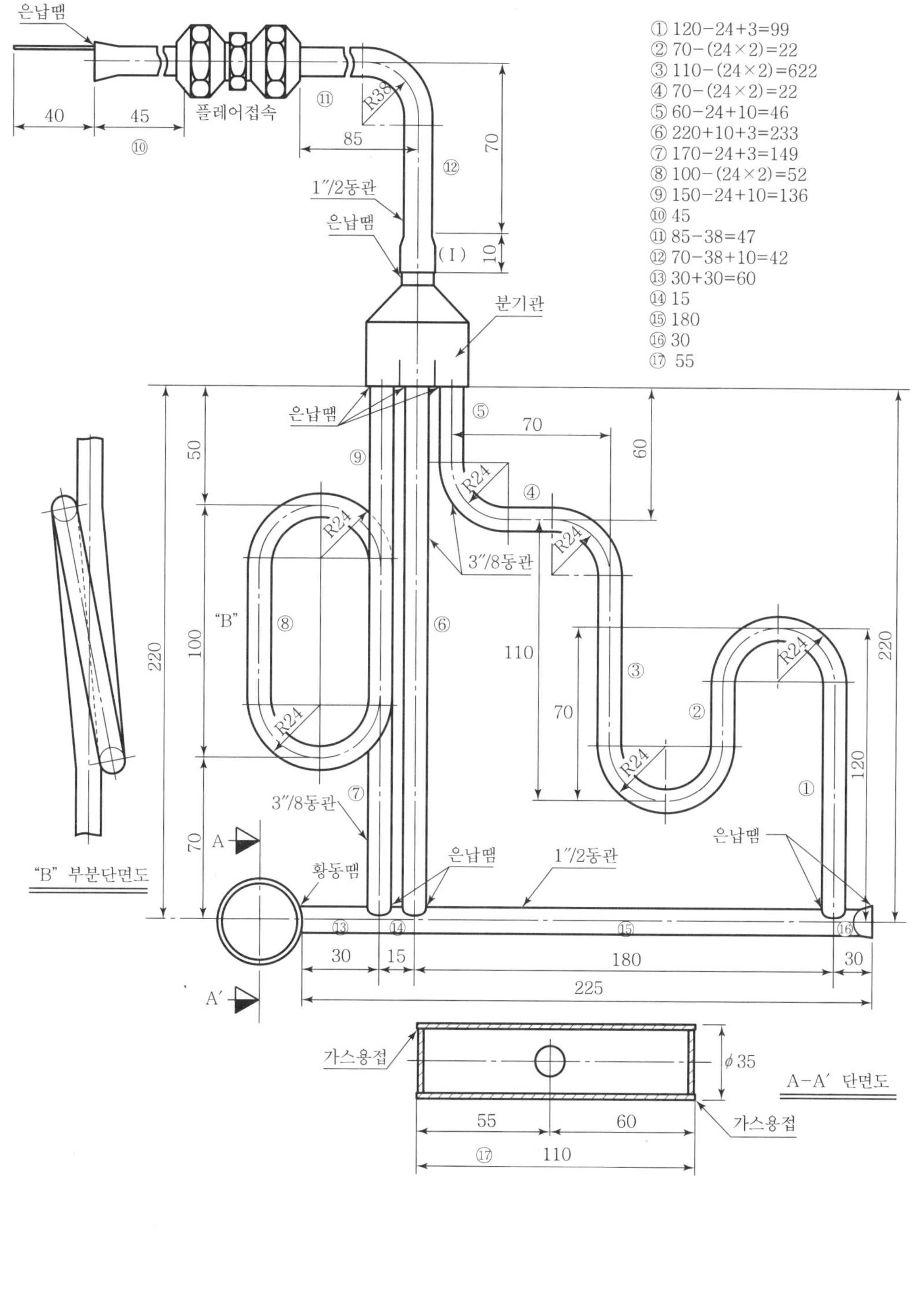

PART

06

# 부록 - 기출문제

2018년 11월 24일부터 동영상 실기시험으로 시험방법이 변경되었음



Air-Conditioning and Refrigerating Machinery

# 부록 01 동영상 필답형 기출문제

## 2018년 11월 10일 동영상

**[문제 1] 다음 동영상에서 보이는 부속품의 명칭을 쓰고 이 부품에서 화살표로 가리키는 부분의 이름 및 이 장치의 기능을 간단하게 쓰시오.**

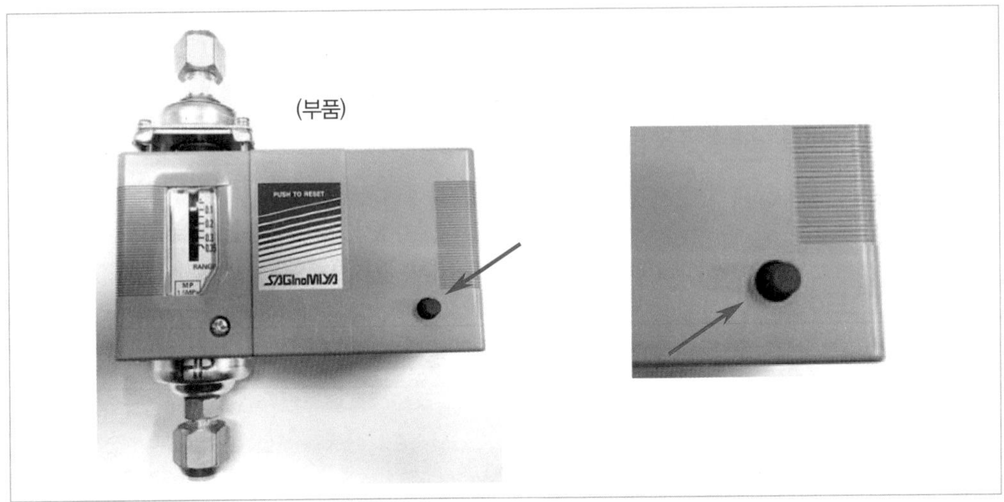


정답

1. 명칭 : 고저압 차단스위치
2. 화살표에서 가리키는 명칭 : 리셋버튼[수동복귀형 버튼]
3. 기능 : 냉동기 운전 중 설정된 압력을 초과할 경우 자동제어 회로에 컷-아웃이 되며 냉동장치 안전을 도모하지만 똑같은 반복작용의 위험을 방지하기 위하여 컷-아웃 후에 냉동기 이상현상을 점검한 후에 다시 수동복귀버튼을 눌러서 고저압차단스위치를 다시 리셋시켜 사용하기 위한 기능이다.

[문제 2] 다음 동영상에서 작업자가 하는 작업에서 계측장치 명칭 및 무엇을 측정하기 위한 작업을 하는지 기술하시오.

**정답**

1. 계측장치의 명칭 : 클램프 미터[훅미터기]
2. 측정기능 : 교류전압 측정
   (일반적으로 계측장치에서 220 전후로 보이면 전압측정으로 보고 십단위 이하로 보이면 전류측정으로 감을 잡아야 한다.)

[문제 3] 다음 동영상에서 보이는 이음쇠의 명칭, 그리고 그 사용목적[기능]을 2가지만 쓰시오.

**정답**

1. 이음쇠 명칭 : 플레어 이음[압축이음]
2. 사용목적 : ㉠ 20mm 이하의 압축이음, ㉡ 관의 분해 및 수리점검

## [문제 4] 다음 동영상에서 보이는 보일러용 송기장치의 명칭을 쓰시오.

**정답**

1. 명칭 : 디스크식 증기트랩
   (유체역학이나 열역학을 이용한 스팀트랩)
2. 사용용도 : 보일러에서 발생된 증기가 응축수로 변화 시 배관 내에서 수격작용, 부식 등의 발생을 우려하여 응축수를 신속하게 배출하여 응축수탱크로 되돌려 재사용이 가능하게 한다.

※ 보일러 및 부속장치 등의 사진은 [네이버카페 가냉보열 자료실 사진 참고]

## [문제 5] 다음 영상에서 나오는 부품의 명칭을 (1)~(4) 차례대로 쓰시오.

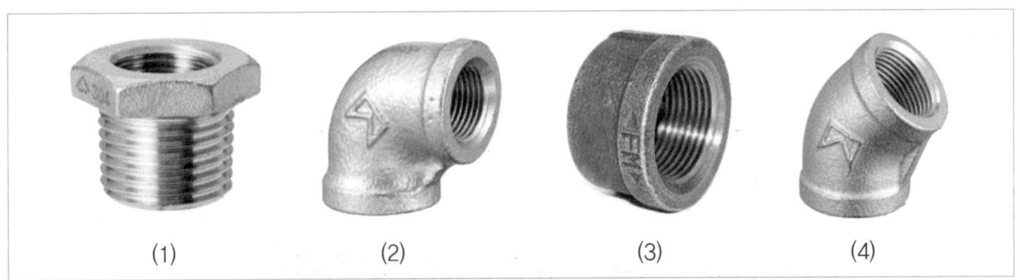

(1) (2) (3) (4)

**정답**

(1) 부싱　　(2) 90° 엘보

(3) 캡　　(4) 45° 엘보

**참고**

- 부싱 : 관의 지름이 다른 경우 직선이음에 사용한다.
- 캡 : 관의 끝부분을 외부에서 마감처리하여 폐쇄시킨다.
- 45° 엘보 : 관의 45° 방향전환용
- 리듀서 : 관의 지름이 다른 경우 암나사로서 직선이음에 사용한다.

[문제 6] 다음 동영상에서 영상화면을 보고서 다음 질문사항에 알맞은 답안을 쓰시오.

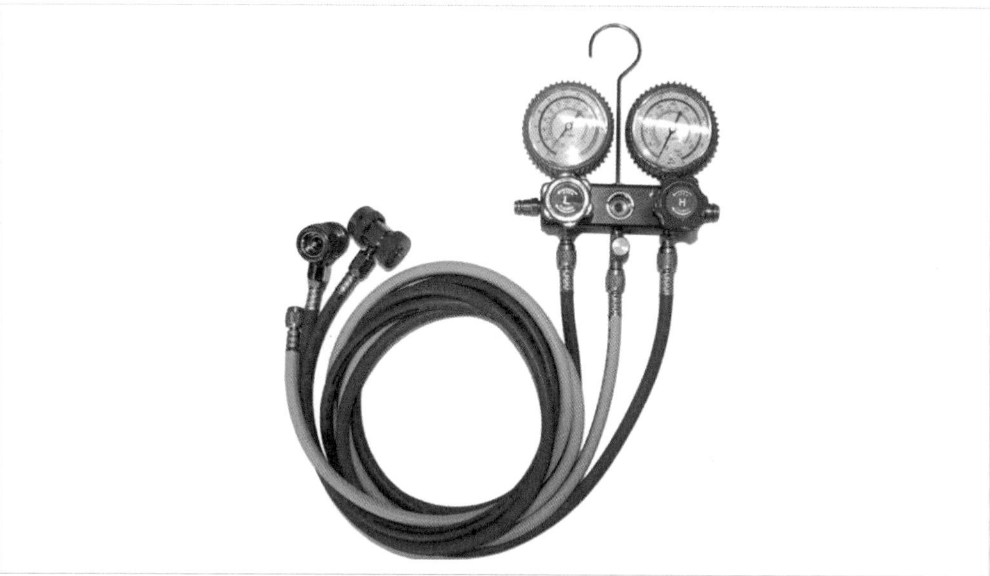

(1) 영상에서 보이는 장치의 명칭을 쓰시오.
(2) 청색 호스가 고압 측인지 저압 측인지 구별하여 쓰시오.

**정답**

(1) 매니폴드 게이지
(2) 저압 측
※ 황색 : 진공펌프, 용기 적색 : 고압 측

[문제 7] 다음 화면에 나타난 취출구[토출구] 종류의 명칭과 설치장소 2군데를 쓰시오.

**정답**

1. 명칭 : 노즐형 취출구(축류형 취출구)
2. 설치장소 : 천장, 벽면

참고

노즐형 취출구 특징

- 노즐을 덕트에 접속시켜 취출한다.
- 도달거리가 길기 때문에 실내공간이 넓은 경우에 벽면에 부착하여 횡방향으로 취출하는 예가 많다.
- 천장이 높은 경우에는 천장에 설치하여 하향취출하는 경우도 있다.
- 소음이 적기 때문에 취출풍속을 속도 5(m/s) 이상으로도 사용이 가능하다.
- 소음규제가 심한 방송국 스튜디오, 음악감상실 등에 설치의 경우 저속취출을 원칙으로 한다.

참고

(1) 취출공기 흐름형식에 의한 취출구 종류
- 확산형 취출구
- 축류형 취출구

(2) 설치위치에 따른 취출구
- 천장형 취출구
- 벽면 취출구(축류형 취출구)
- 라인형 취출구(창틀 및 창측 위쪽형 설치형)

## [문제 8] 다음 동영상에 보이는 냉동기의 종류 명칭을 쓰시오.

정답

터보형 냉동기(원심식 냉동기)

[문제 9] 다음 영상에 나타난 장치에서 원으로 표시된 부품의 명칭을 쓰시오.

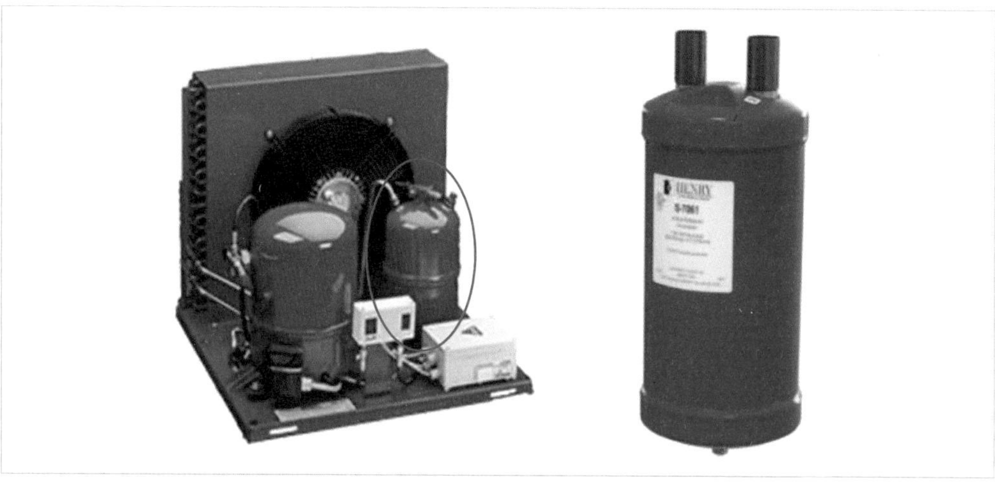

정답

냉매액 분리기

참고

- 설치위치는 압축기와 증발기 사이에 설치한다.
- 설치 이유는 압축기에서 액압축[리퀴드해머] 방지용이다.
- 유분리기와 혼동하지 말아야 한다.
- 압축기 후에 설치한 경우는 오일 유분리기이다.

[문제 10] 다음 화면에서 보이는 배관의 입체도를 보고서 평면도를 제대로 그린 것은 (1)~(4) 중 어느 것인지 그 번호를 쓰시오.

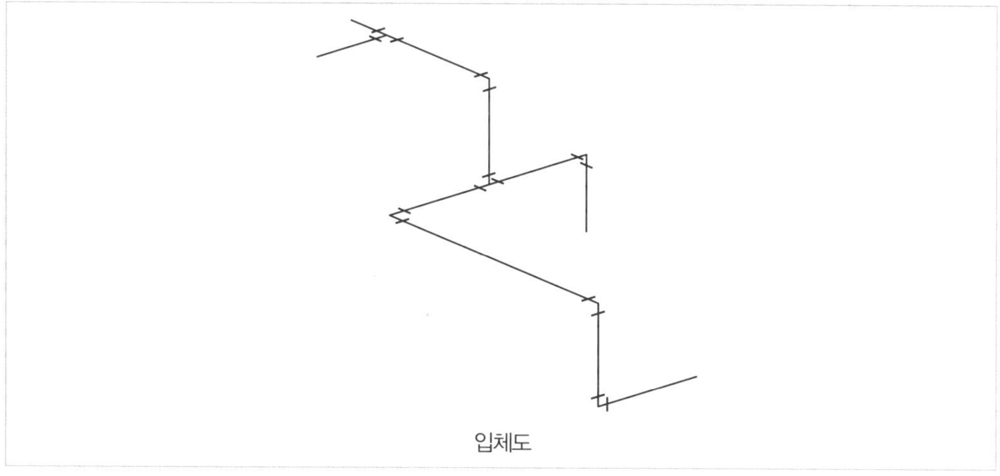

입체도

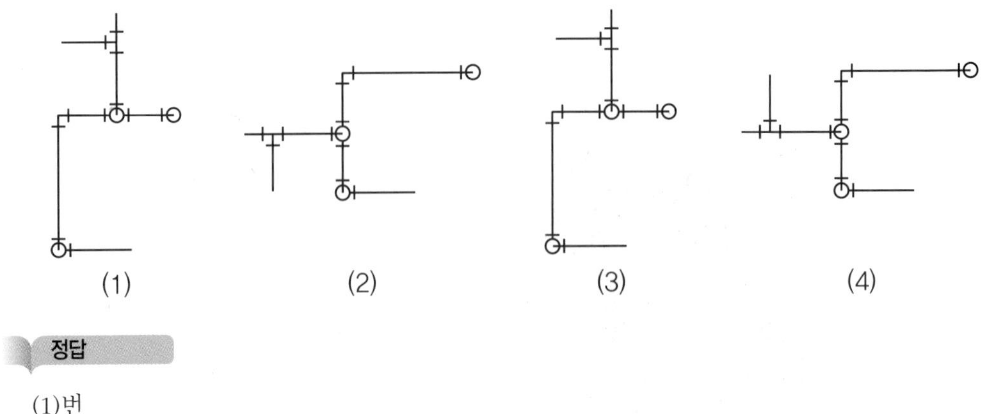


정답

(1)번

## [문제 11] 다음 화면에 보이는 회로는 무엇을 하기 위한 회로인가?

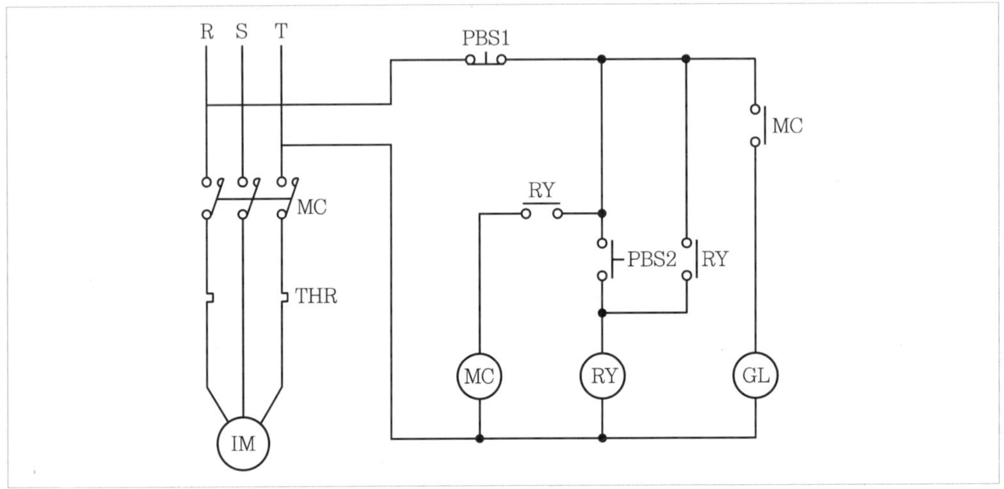


정답

자기유지회로

참고

(1) PBS2 버튼을 누르면 릴레이(RY)가 여자하여 자기유지가 형성되고 MC작동과 GL이 점등한다. 이 경우에는 PBS2을 다시 눌러도 자기유지가 형성되어 모터작동과 램프가 꺼지지 않는다.
(2) PB1 버튼을 눌리면 릴레이 회로에 전류가 차단되므로 자기유지 접점이 떨어져 MC작동이 정지되며 GL이 소등된다.

[문제 12] 다음 회로도 3개 중에서 올바른 회로를 찾으시오.

[영상작동내용]
- 전기회로에 전원을 투입 시 RL이 점등상태가 된다.
- PBS2 버튼을 누르면 RY가 여자하여 자기유지가 되고 MC가 자동운전된다. 동시에 YL이 점등하고 RL이 소등한다.
- PBS1 버튼을 누르면 전원이 차단되어 모든 기기가 멈추고 소등한다.

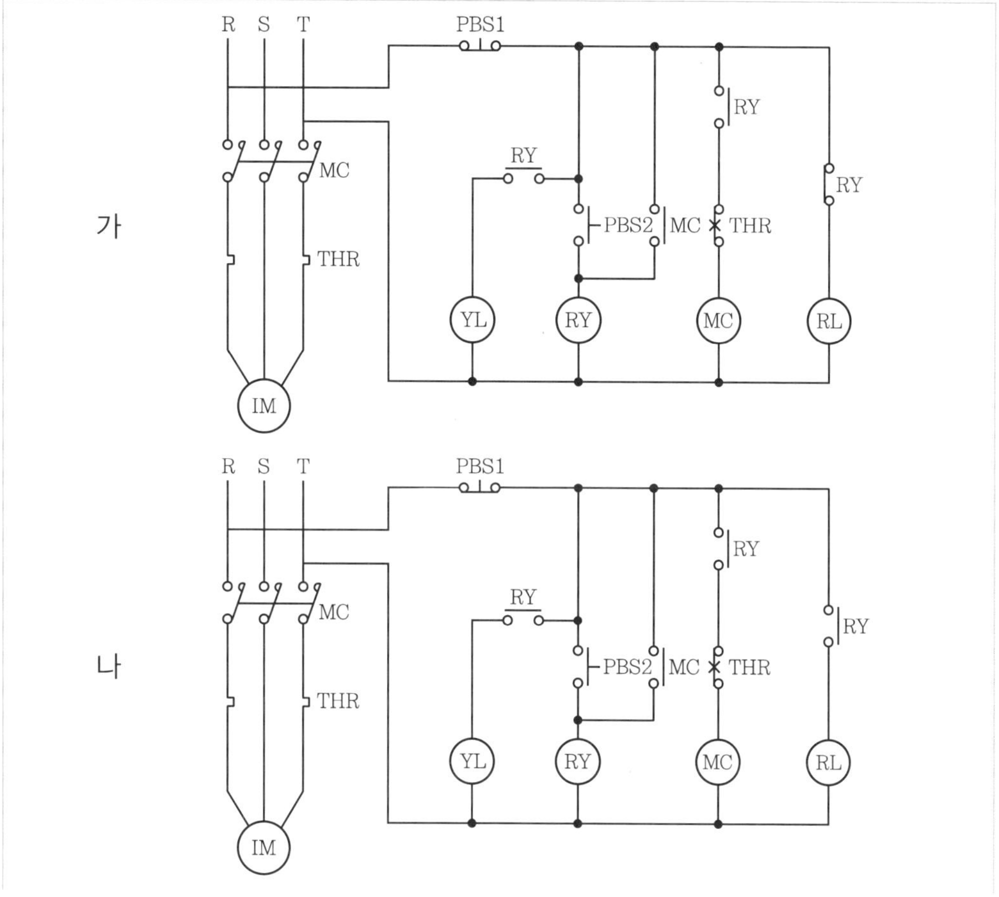

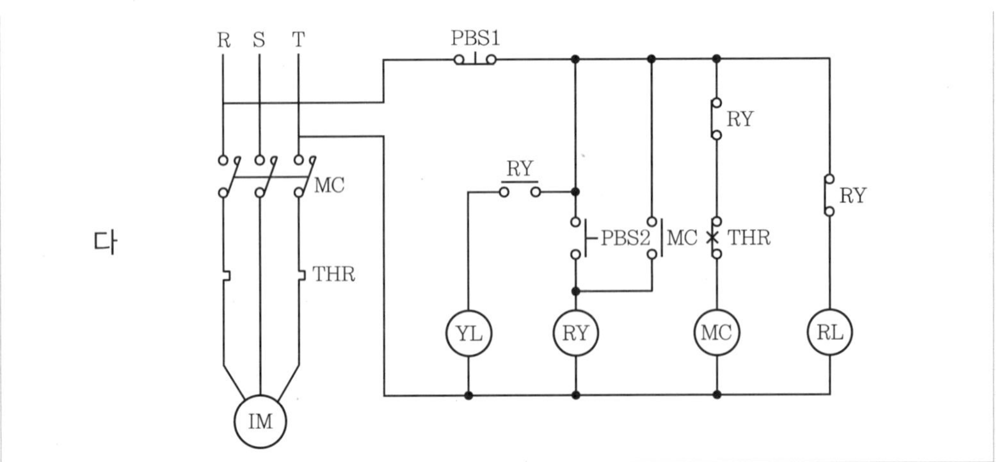


정답

가

"나" 경우 RL이 RY－a 접점에 결속되어 전원 투입 시 점등이 되지 않는다. "다" 경우 MC가 RY－b 접점에 결속되어 전원 투입과 동시에 작동이 된다.

# 2019년 4월 13일 동영상

[문제 1] 다음 화면에서 보이는 배관의 입체도를 보고서 평면도를 제대로 그린 것을 (1)~(4)번 중 번호를 적으시오.

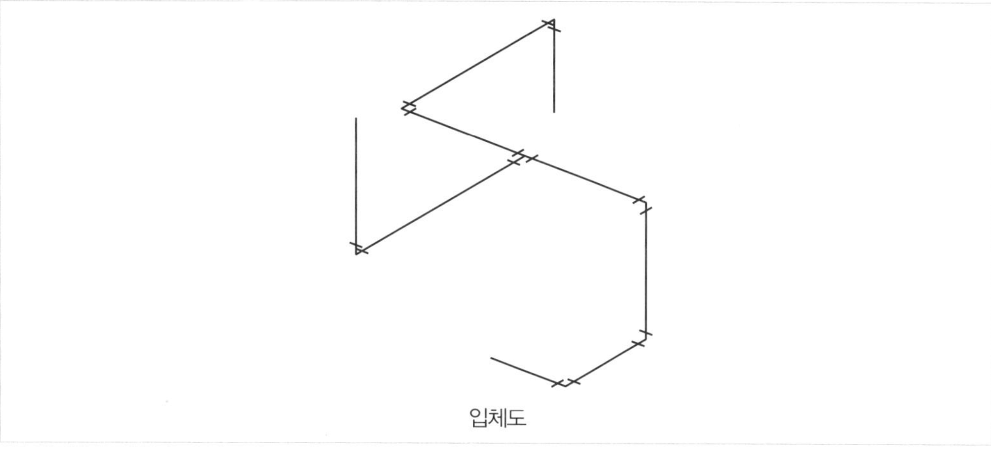

입체도

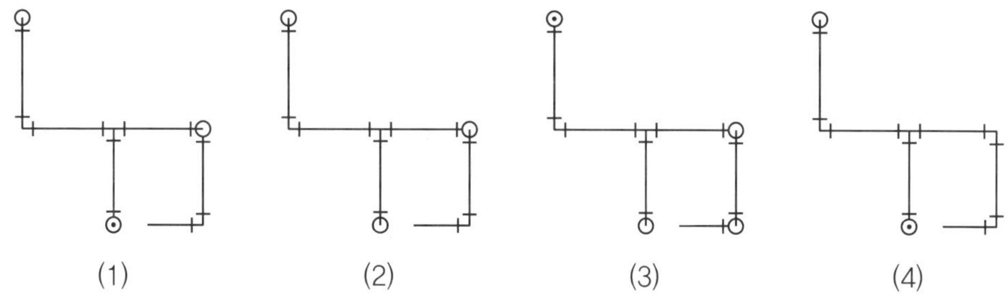


정답

(1)번

### [문제 2] 다음 화면에서 보이는 기기의 명칭과 기능을 쓰시오.

정답

1. 명칭 : 변류기
2. 기능 : 전류의 크기를 바꾸는 변압기를 말하며, 1차측의 전류를 2차측의 필요한 전류로 변환하는 기능

### [문제 3] 다음 회로도 가~다 중에서 올바른 회로도를 찾으시오.

[영상작동내용]
- 전기회로에 전원을 투입 시 RL이 점등상태로 유지된다.
- PBS 버튼을 누르면 RL이 소등된다.

가

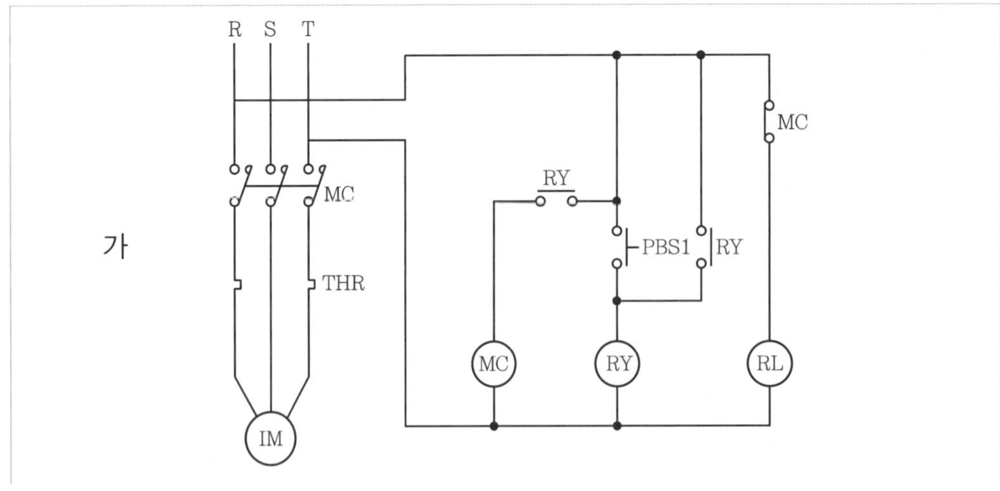

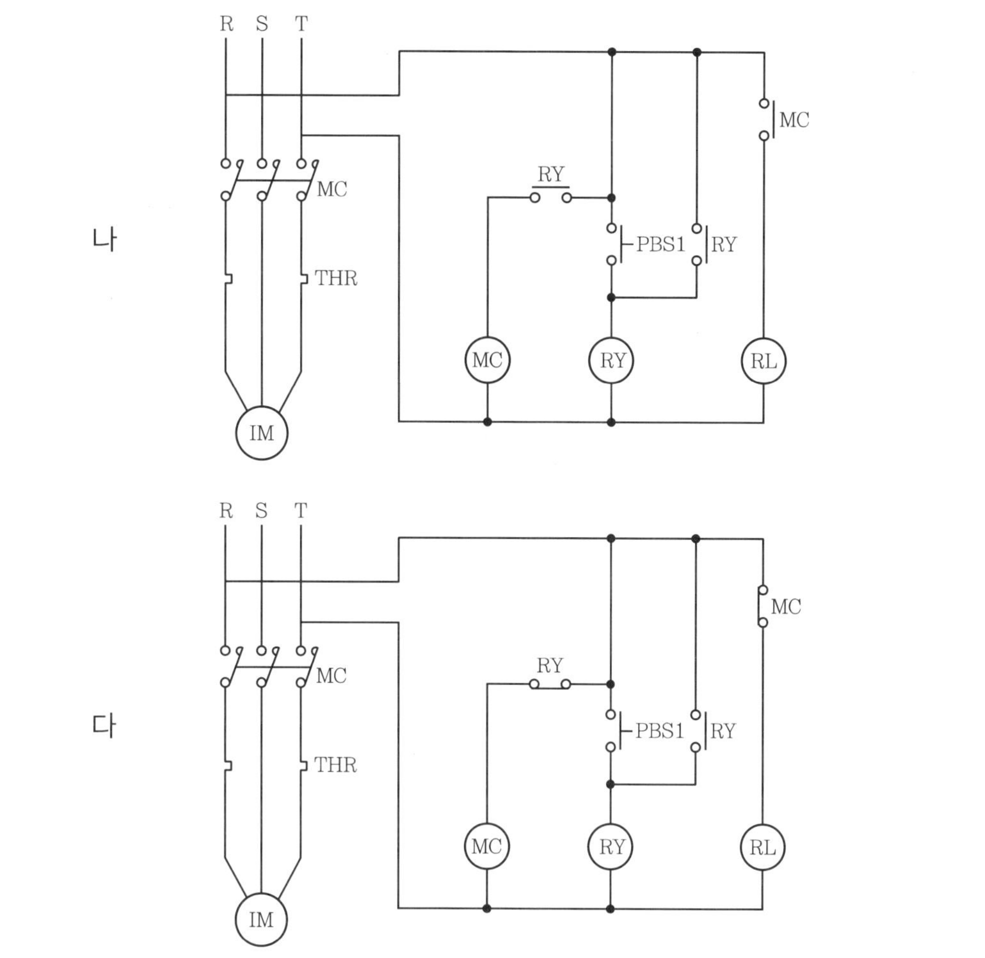


**정답**

가

"나" 경우 RL이 MC－a 접점에 결속되어 전원 투입 시 점등이 되지 않는다.
"다" 경우 전원 투입 시 MC가 RY－b 접점에 결속되어 동시에 MC－b 접점이 －a접점으로 바뀌어 점등이 되지 않는다.

[문제 4] 다음 화면에서 보이는 기기의 명칭과 기능을 쓰시오.

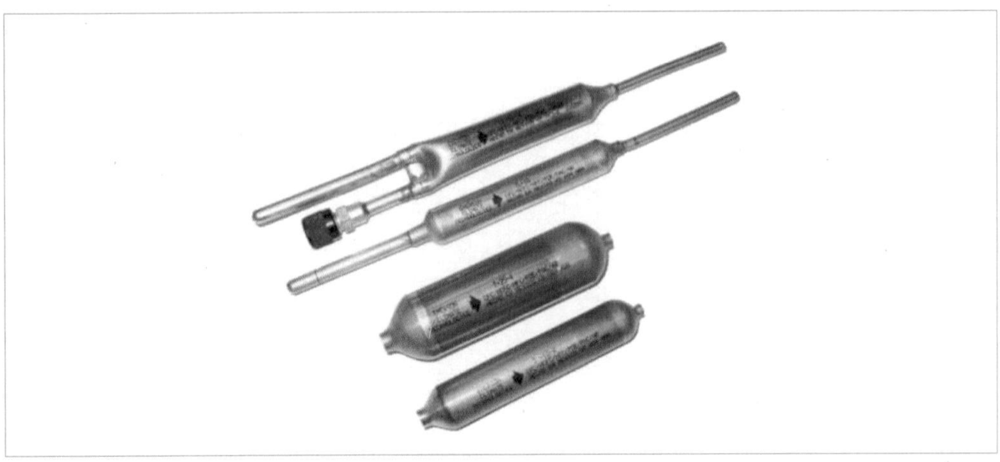

정답

1. 명칭 : 필터 드라이어
2. 기능 : 냉매작용을 저해하는 이물질과 수분을 흡수하여 팽창 밸브나 모세관 등의 동결을 막고 냉매 흐름을 원활하게 유지한다.

[문제 5] 다음 화면에서 보이는 기기의 명칭을 쓰시오.

정답

라인형 디퓨저

[문제 6] 다음 화면에서 보이는 기기의 명칭을 쓰시오.

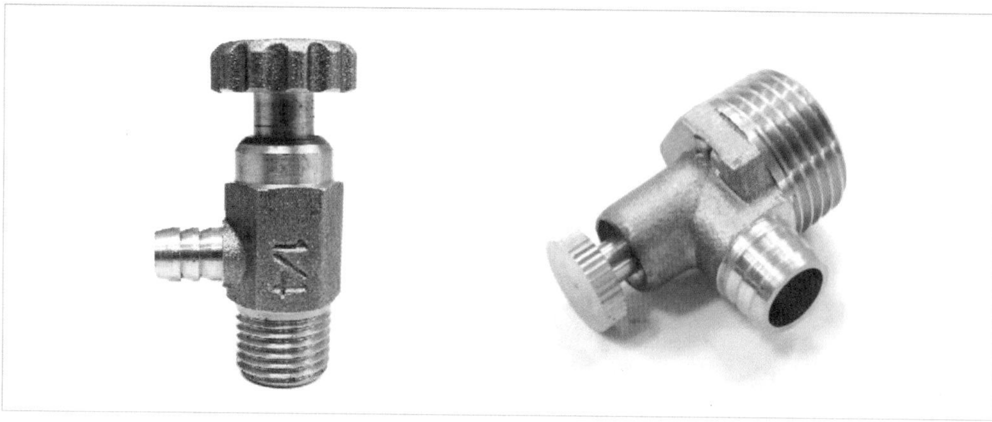

정답

공기빼기밸브

[문제 7] 다음 화면에서 보이는 기기의 명칭과 설치위치 및 기능을 쓰시오.

정답

1. 명칭 : 수액기
2. 설치위치 : 응축기 와 팽창밸브 사이
3. 기능 : 응축기에서 액화된 고온 · 고압의 냉매액을 일시 저장하고 냉동장치를 휴지할 때, 또는 저압 측 수리 시 냉매를 회수하여(펌프 다운) 저장하는 용기

[문제 8] 다음 화면에서 보이는 소켓에 사용하는 기기 명칭과 기능을 쓰시오.

정답

1. 명칭 : 릴레이
2. 기능 : 입력이 어떤 값에 도달하였을 때 작동하여 다른 회로를 개폐하는 장치

[문제 9] 다음 회로도 가~다 중에서 올바른 회로도를 찾으시오.

[영상작동내용]
- 전기회로에 전원을 투입 시 백색과 적색 램프가 점등상태이다.
- 누름버튼스위치를 누르면 적색 램프가 소등하고 녹색 램프가 점등되어 유지된다.
- 다시 한 번 누름버튼스위치를 누르면 녹색 램프가 소등하고 적색 램프가 점등된다.

가

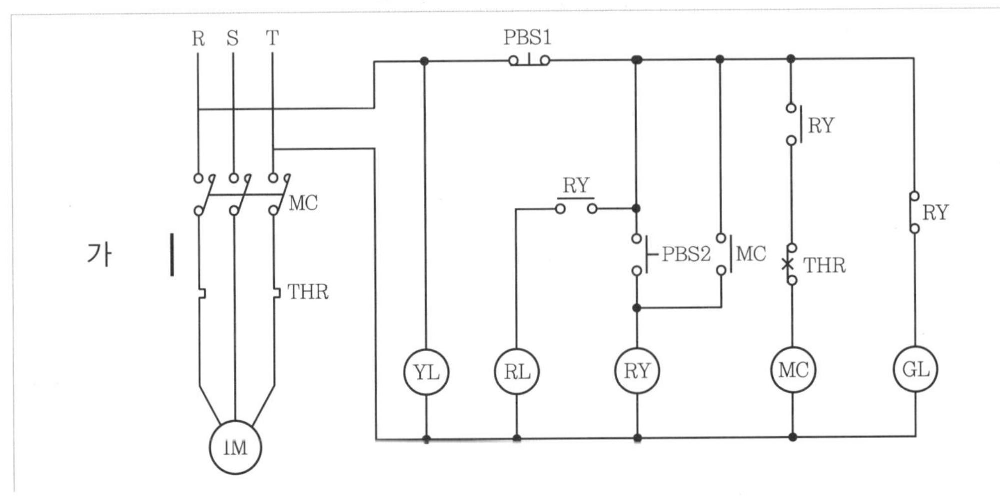

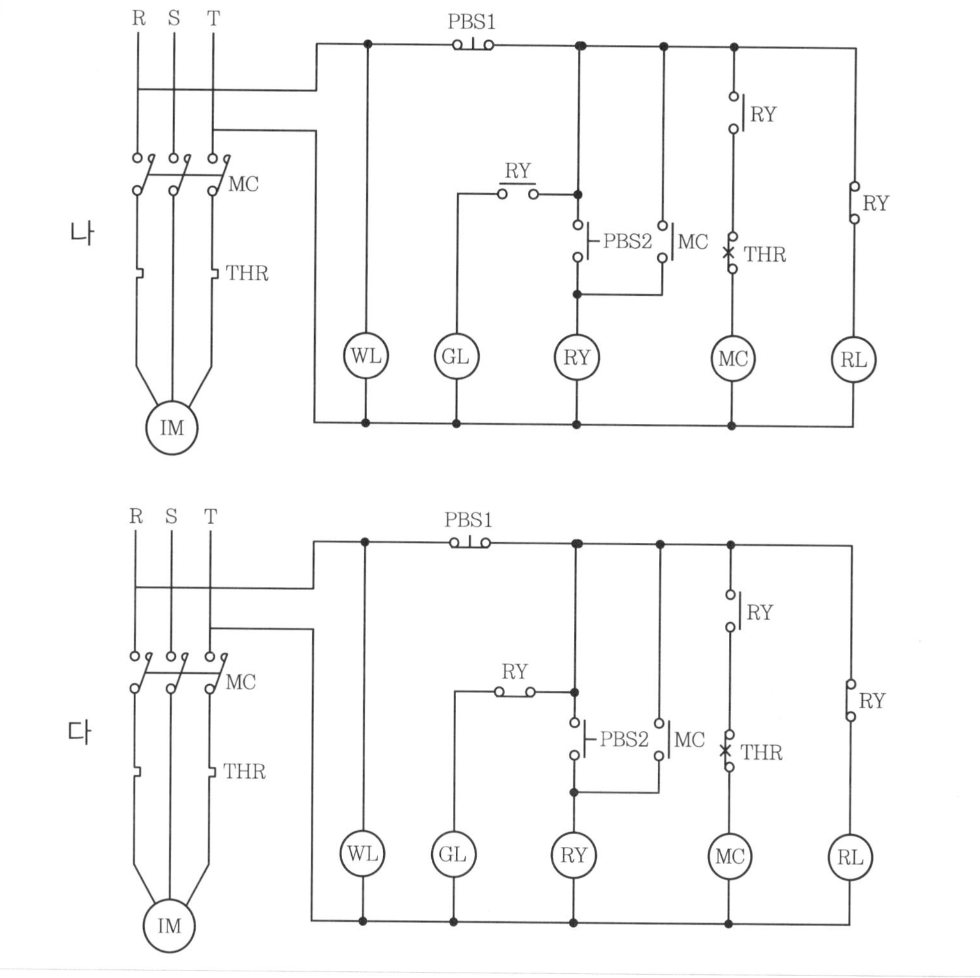


**정답**

나

> "가" 경우 램프의 색상이 다르다.(WL 백색, RL 적색, GL 녹색, OL 오렌지색, YL 황색)
> "다" 경우 전원 투입 시 GL에 RY－b 접점에 결속되어 백색, 녹색, 적색 램프가 모두 점등된다.

[문제 10] 다음 화면에서 보이는 기기에 표시된(사각형 내) 부분의 명칭과 기능을 쓰시오.

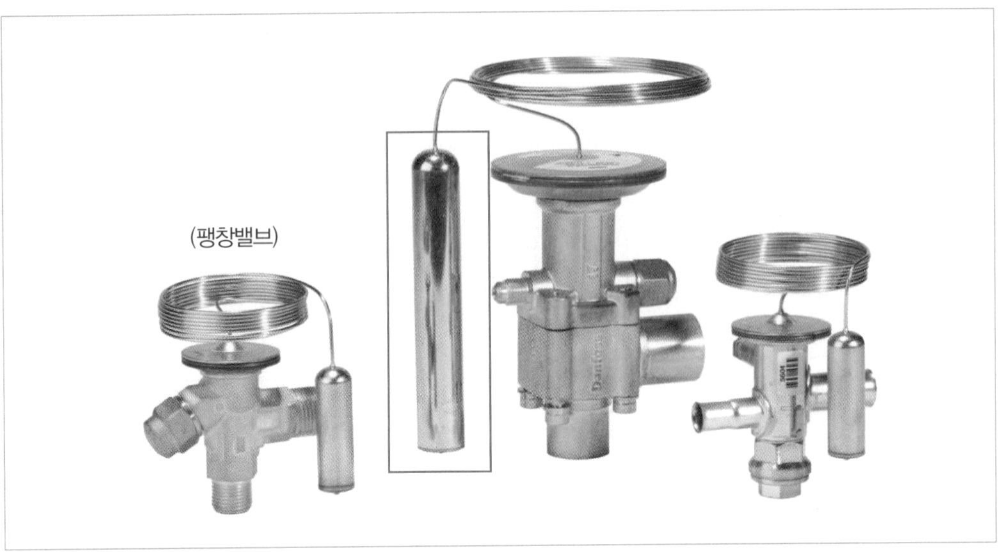


정답

1. 명칭 : 감온통
2. 기능 : 냉매의 온도가 일정 이상 상승하지 않게 감온통을 통해 조절한다.

[문제 11] 다음 화면에서 보이는 기기 및 구성요소 (1)~(4)의 명칭을 쓰시오.

〈기기〉

〈구성요소〉

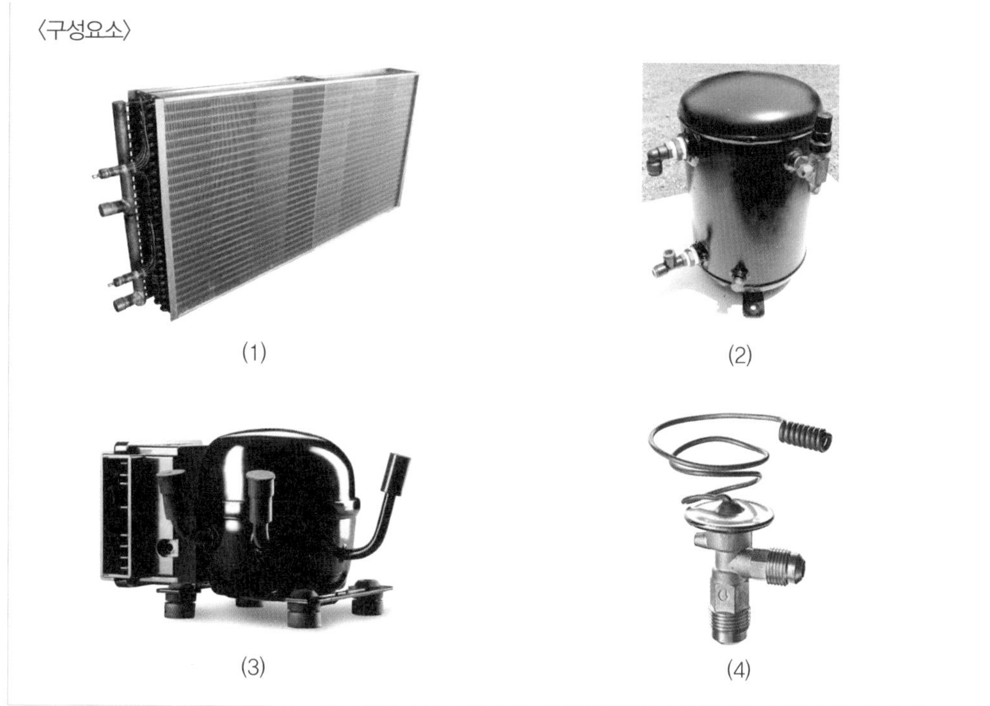
(1) (2)
(3) (4)

**정답**

1. 기기 명칭 : 스크루 냉동기
2. 구성요소 명칭 : (1) 증발기 / (2) 응축기 / (3) 압축기 / (4) 팽창밸브

[문제 12] **다음 화면에서 보이는 설비에서 표시한(사각형 내) 부분의 용도를 쓰시오.**

**정답**

증기헤더의 드레인(응축수빼기)

# 2019년 6월 29일 동영상

[문제 1] 다음 화면의 부속장치 명칭을 쓰고 그 기능을 간단히 쓰시오.

정답

1. 명칭 : 온도식 자동팽창 밸브
2. 기능 : 응축기의 고온 고압의 냉매액을 증발기에서 증발하기 쉽도록 압력과 온도를 내려주고 또한 증발기 출구 냉매의 과열도에 의하여 개폐되면서 부하변동에 따라 적정한 냉매량을 증발기에 공급한다.

[문제 2] 다음 화면에서 보이는 배관계통도의 등각투상도의 평면도를 그리시오.

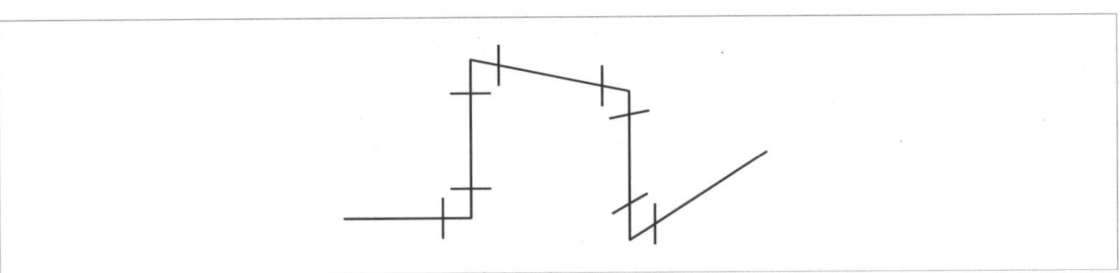

정답

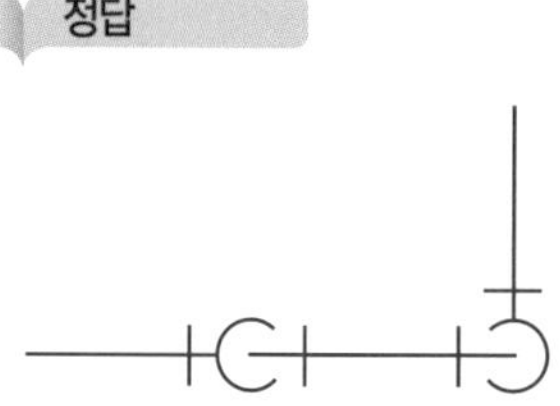

[문제 3] 다음 화면의 부속장치 명칭을 쓰고 그 사용 용도를 쓰시오.

정답

1. 명칭 : 변류기(계기용 변류기)
2. 용도 : 어떤 전류값을 이에 비례하는 전류값으로 변성한다.

## [문제 4] 다음 화면에서 보이는 밸브의 명칭을 쓰고 그 기능을 쓰시오.

**정답**

1. 명칭 : 냉매용 체크밸브
2. 기능 : 냉매의 역류를 방지한다.

## [문제 5] 다음 화면에 나타난 부속장치의 명칭과 기능을 쓰시오.

**정답**

1. 명칭 : 수액기
2. 기능 : 응축기에서 응축한 액을 일시 저장하면서 증발기 내에서 소요되는 만큼의 냉매만을 팽창 밸브로 보내주어 냉동사이클의 위험도를 줄여준다.

[문제 6] 다음 배관라인에 설치된 부품의 명칭과 기능을 쓰시오.

정답

1. 명칭 : 에어벤트(공기빼기밸브)
2. 기능 : 냉 · 난방설비 등에서 발생되는 공기를 장치 외부로 배기시킨다.

[문제 7] 다음 화면에 나타난 부품의 명칭과 용도를 쓰시오.

정답

1. 명칭 : 릴레이(계전기)
2. 용도 : 전기회로에서 회로를 두 개로 나누어 한쪽에서 신호를 만들고 그 신호에 따라 다른 쪽 회로의 작동을 제어하는 일종의 전기 스위치이다.

### [문제 8] 다음 냉동기의 명칭을 쓰고 장치 내 부속품의 명칭을 2가지만 쓰시오.

정답

1. 명칭 : 수랭식 콘덴싱유닛(스크루압축기용)
2. 부속장치 2개 : 압축기, 응축기

> **참고**
> - 압축기 및 응축기가 같이 붙어 있으면 캐스케이드형이다.
> - 부속장치는 압축기, 응축기, 콘덴서, 팽창밸브, 콘덴서 내부에는 브라인 냉매가 순환한다.

[문제 9] 다음 화면에 나타난 부품의 명칭을 쓰시오.

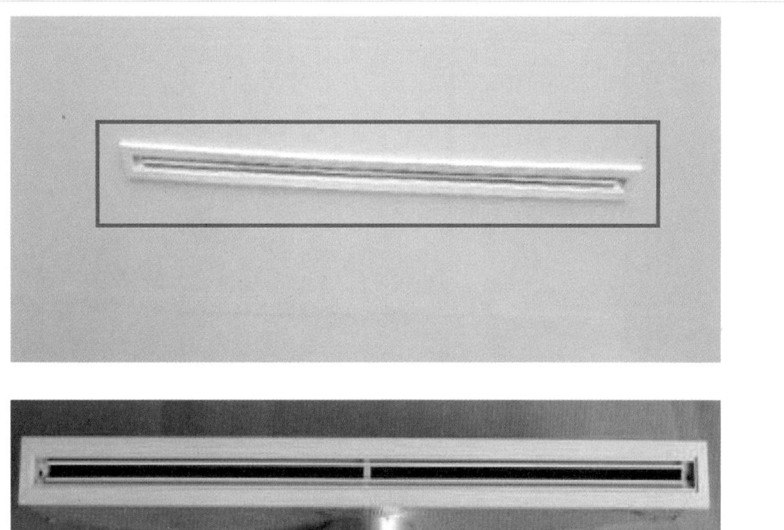

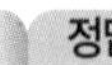

정답

명칭 : 라인형 취출구

참고

- 라인형 취출구에는 캄라인형, 브리즈라인형, T라인형, 슬롯라인형, T바형 등이 있다.
- 취출부분에 홈(slot)이 있으며 설치 위치는 패리미터 쪽의 천장 또는 창틀 위에 설치하여 출입구의 에어 커튼(air – curtain) 역할을 하고 외부 존의 냉난방부하를 처리한다.

[문제 10] 다음 화면의 사각형 내에 보이는 장치의 명칭을 쓰고 그 기능을 쓰시오.

정답

1. 명칭 : 증기헤더
2. 기능 : 증기난방 시 난방 열매의 적정량의 분배기 역할을 한다.

참고

- 난방 시는 증기용, 온수용 헤더가 있다.
- 냉방 시는 냉방용 냉수헤더가 있다.

(시험장에서는 주변기기를 잘 보고 나서 냉방용, 난방용인지를 구별하여 그 기능을 써야 한다.)

**[문제 11] 다음 화면에 나타난 배관작업에서 드릴공작 작업 중 안전관리 미비에 의한 것을 2가지만 쓰시오.**

**정답**

1. 장갑을 끼고 작업하였다.
2. 작업자가 보호구 착용을 하지 않았다.(안전모, 보안경)
3. 고정장치를 설치하지 않았다.

**참고**

드릴링머신(drilling machine) 작업에서 너무 심하게 작업하여 배관에 드릴이 끼여서 작동이 멈춘 경우에는 작업을 정지한 후에 드릴을 배관에서 빼낸다. 드릴링머신에서 사용하는 드릴 중 가장 많이 사용하는 것은 트위스트드릴(twist drill)이다.

**[문제 12] 다음 화면에 보이는 댐퍼의 명칭 및 종류 2가지를 쓰고 그 기능을 간단히 쓰시오.**

정답

1. 명칭 : 방화댐퍼(FD댐퍼)

2. 종류

   ① 루버형 댐퍼 : 대형 4각 덕트에 설치되며 여러 개의 날개는 링게이지 되어 있다. 퓨즈가 녹으면 여러 개의 루버는 동시에 닫힌다.

   ② 피봇형 댐퍼 : 날개는 1장으로 피봇 회전축에 고정되어 스프링의 눌림을 받고 있다. 화재 시 퓨즈가 녹으면 날개는 회전축을 중심으로 회전하여 덕트를 폐쇄한다.

   ③ 슬라이드형 댐퍼 : 화재 시 퓨즈가 녹으면 댐퍼는 자동으로 회전하여 덕트를 차단한다.

3. 기능 : 화재 발생 시 덕트를 통해 다른 곳으로 화재가 번지는 것을 방지하기 위하여 방화구역을 관통하는 덕트 내에 설치한다.

**[문제 13] 다음 화면에 나타난 장치의 명칭을 쓰시오.**

정답

냉매분배기

> **참고**
>
> 브라켓밸브는 실내기 고압액관에 설치하여 고압액관 서비스용으로 사용하며, 고압액관과 저압냉매가스의 연결용으로 사용한다.

## [문제 14] 다음 화면에 보이는 장치의 명칭 및 설치장소를 쓰시오.

**정답**

1. 명칭 : 제습기(드라이어)
2. 설치장소 : 수액기와 팽창밸브 사이에 설치한다.

**참고**

(1) 프레온 냉동장치에서 수분이 존재하면 냉동장치에 악영향을 주기 때문에 이를 해소하기 위하여 설치한다.

(2) 제습제 종류

- 실리카겔
- 알루미나겔
- 소바비드
- 몰레큘러시브

## [문제 15] 다음 화면에 보이는 장치명을 쓰시오.

**정답**

공랭식 응축기

[문제 16] 다음 동영상 (가)의 동작을 보고 회로의 명칭을 쓰시오.

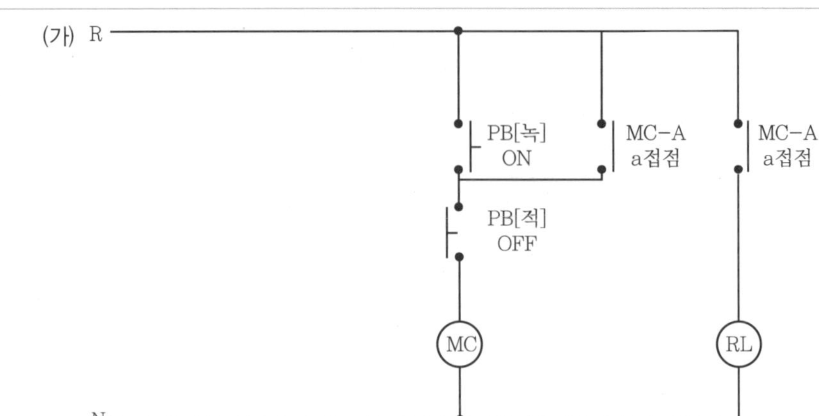


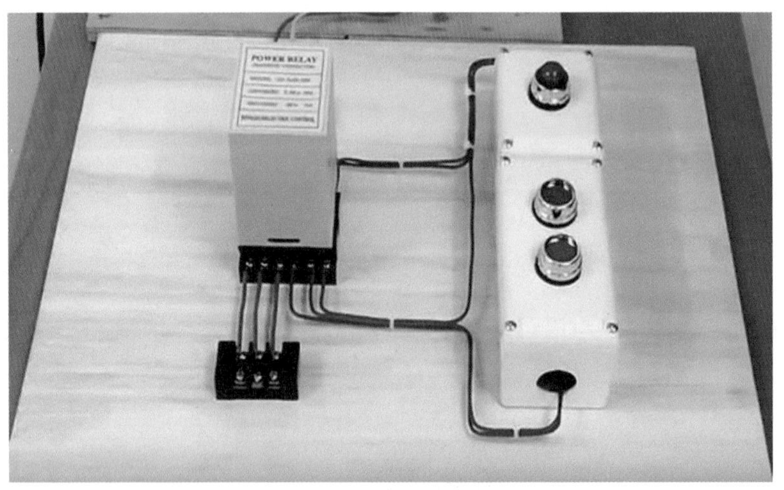


[도면 작품]

정답

자기유지회로

[문제 17] 다음 동영상 (나)의 동작을 보고 회로의 명칭을 쓰시오.

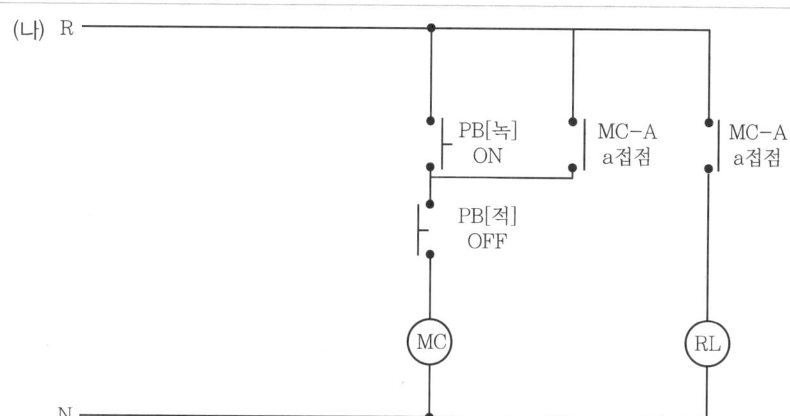


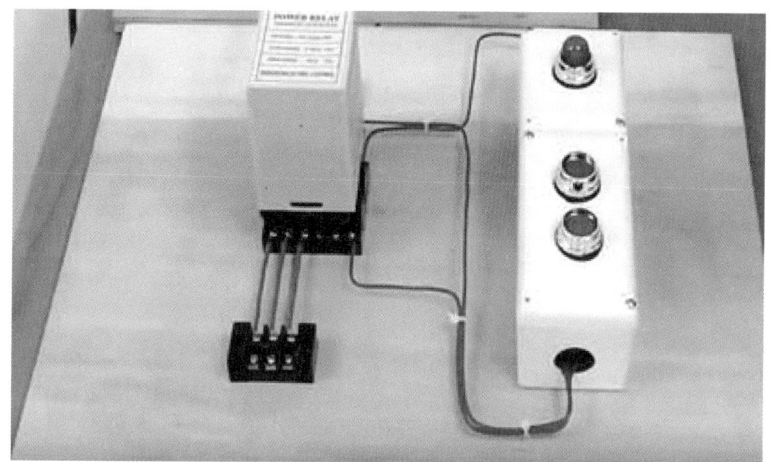

[도면 작품]

정답

인칭회로

## [문제 18] 다음 동영상 (다)의 동작을 보고 회로의 명칭을 쓰시오.

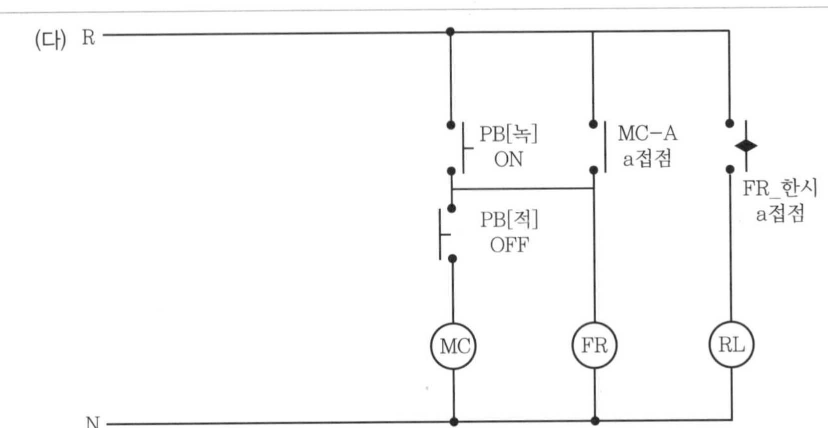


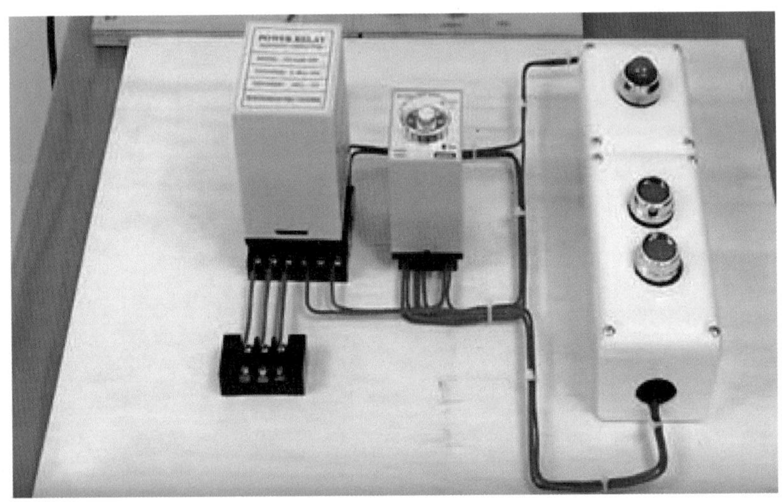

[도면 작품]

정답

플리커 회로

[문제 19] 다음 화면에 보이는 사각형 내의 장치명 및 그 기능을 쓰시오.

정답

1. 장치명 : 진공펌프(기계식 퍼지장치)
2. 기능 : 흡수식 냉온수기 장치에서 발생하는 수소가스, 공기 등 불응축가스를 외부로 배기하여 진공상태를 유지시킨다.

# 2019년 10월 13일 동영상

## [문제 1] 다음 동영상의 부속품의 명칭과 기능을 쓰시오.

**정답**

1. 명칭 : 라인형 취출구
2. 기능 : 취출부분에 홈(slot)이 있으며 페리미터 쪽의 천장 또는 창틀 위에 설치하여 출입구의 에어커튼(air-curtain) 역할을 하고 외부 존의 냉난방부하를 처리한다.

## [문제 2] 다음 동영상의 부속품의 명칭과 기능을 쓰시오.

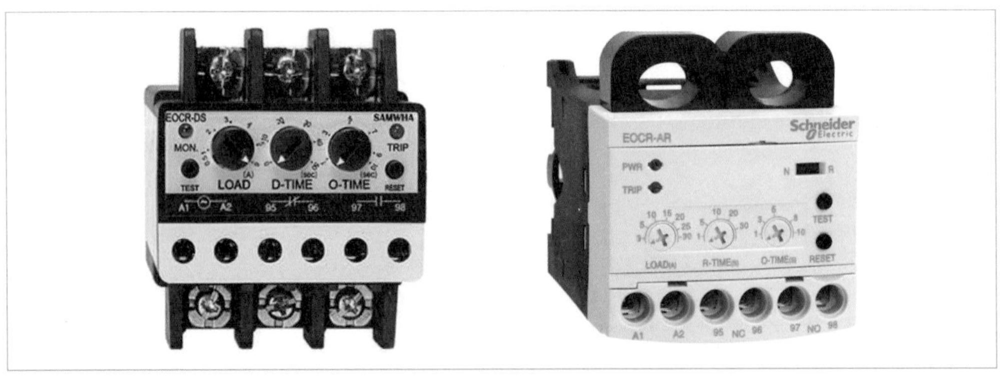


**정답**

1. 명칭 : 전자식 과전류 계전기(EOCR)
2. 기능 : EOCR은 주로 모터 등에서 과전류를 센싱, 차단하여 모터가 과전류에 의하여 소손되는 것을 방지하는 역할을 한다.

[문제 3] 다음 동영상의 사각형 내에 보이는 배관 부속품의 명칭과 기능을 쓰시오.

정답

1. 명칭 : 역화방지기
2. 기능 : 산소−아세틸렌 가스용접기에서 압력조정기 후단이나 절단토치와 호스 사이에 설치하며 저압 측에 설치하여 역류를 방지한다.

[문제 4] 다음 동영상의 공구의 명칭을 각각 쓰시오.

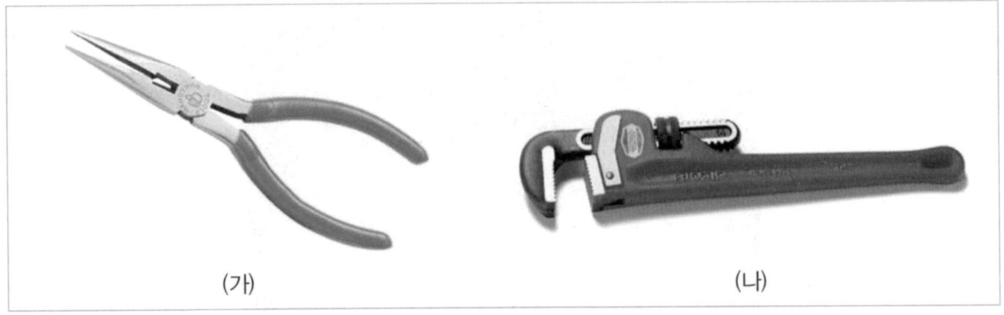

(가) (나)

정답

(가) 롱노즈 플라이어
(나) 파이프렌치

[문제 5] 다음 동영상의 배관 부속품의 명칭과 기능을 쓰시오.

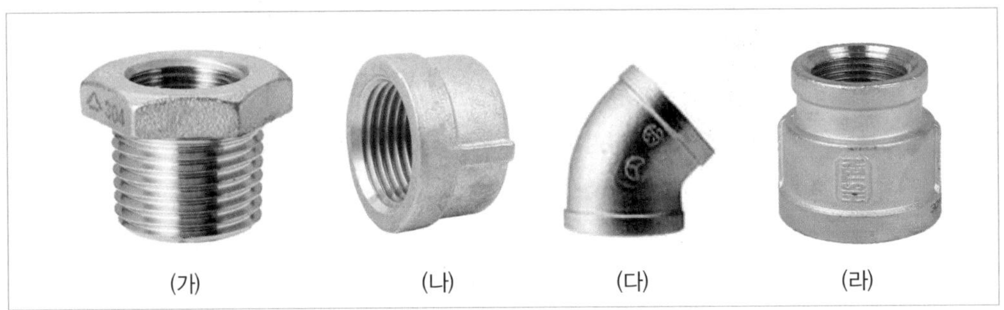

(가) (나) (다) (라)

정답

(가) 부싱 : 관의 지름이 다른 경우 직선이음에 사용한다.
(나) 캡 : 관의 끝부분을 외부에서 마감처리하여 폐쇄시킨다.
(다) 45도 엘보 : 관의 45° 방향전환용
(라) 리듀서 : 관의 지름이 다른 경우 암나사로서 직선이음

[문제 6] 다음 동영상의 설비의 (가), (나)의 명칭과 기능을 설명하시오.

(가) (나)

정답

1. 명칭 : (가) 대향류형 냉각탑 (나) 직교류형 냉각탑
2. 기능 : 냉각탑은 냉동기에서 응축기에 사용하는 냉각용수를 재차 사용하기 위하여 실외 공기와 직접 접속시켜 냉각수의 물을 냉각하는 열교환 장치이다.

[문제 7] 다음 동영상의 부속품의 명칭과 기능을 쓰시오.

정답

1. 명칭 : 사방밸브
2. 기능
   - 냉매가스의 흐름을 바꾸어 주는 역할을 한다.
   - 난방과 냉방의 사이클을 전환시켜 준다.

[문제 8] 다음 동영상의 부속품의 명칭을  쓰시오.

정답

명칭 : 밀폐식 왕복동식 압축기

[문제 9] 다음 동영상의 배관연결을 바탕으로 정면도를 배관기호를 사용하여 그리시오.

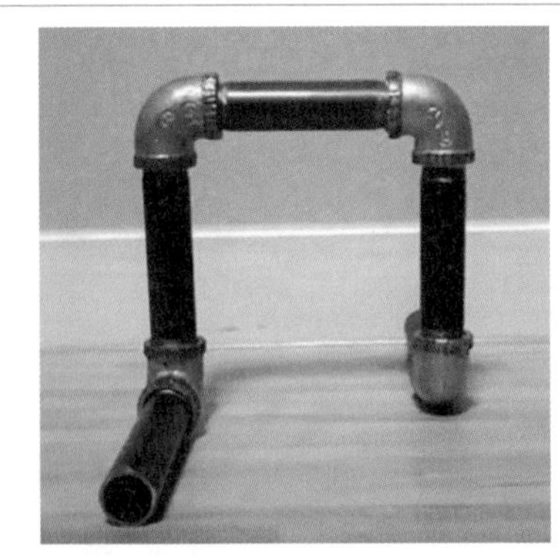

정답

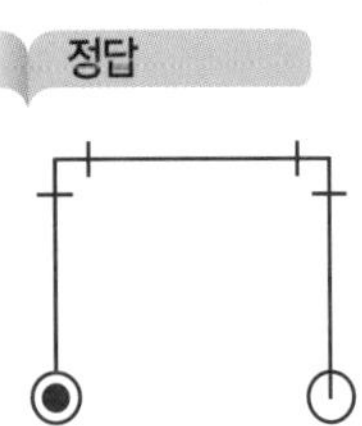

[문제 10] 다음 동영상의 사각형 내에 보이는 부속품의 명칭을 쓰시오.

정답

명칭 : 증기보일러수면계(평형반사식)

## [문제 11] 다음 영상에서 보이는 회로도를 보고 회로의 이름을 쓰시오.

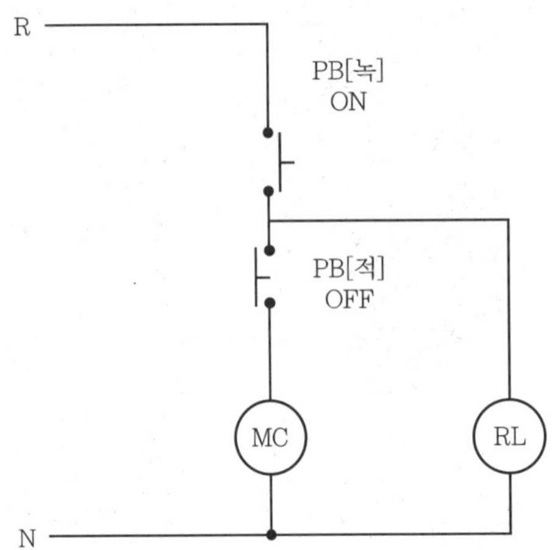


1. 전원을 투입한다.
2. PB[녹]을 누르면 MC가 여자, RL이 점등한다.
3. PB[녹]을 떼면 MC가 소자, RL이 소등한다.
4. 전원을 차단한다.

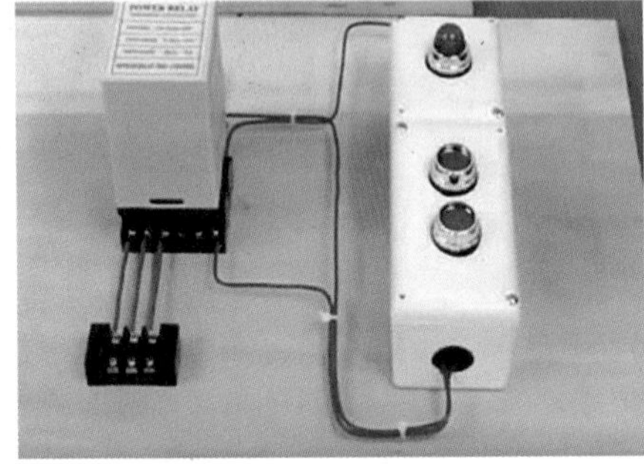

**정답**

인칭회로

[문제 12] 다음 영상에서 보여지는 회로도를 보고 회로의 이름을 쓰시오.

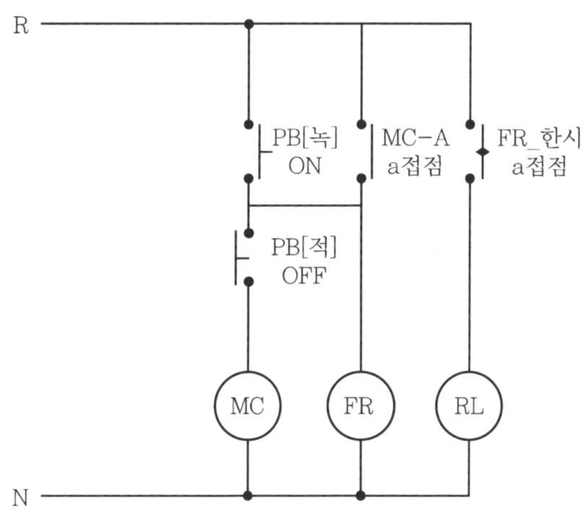


1. 전원을 투입한다.
2. PB[녹]을 누르면 MC, FR이 여자된다.
3. T초 후(설정시간) RL이 점등, 소등을 반복한다.(On Delay)
4. PB[적]을 누르면 MC, FR이 소자, RL이 소등한다.(반복 정지)
5. 전원을 차단한다.

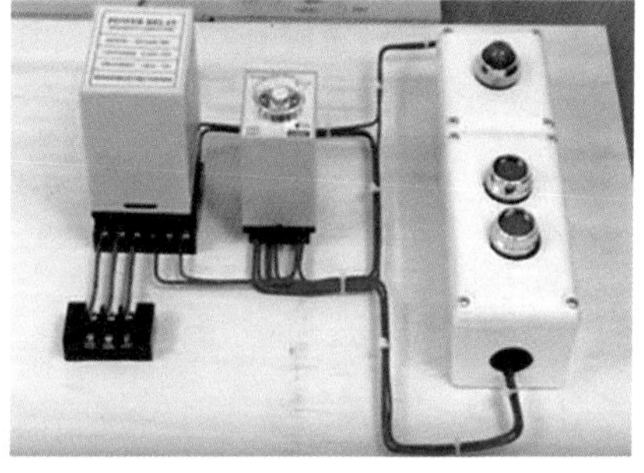

**정답**

플리커 회로

# 부록 02 작업형(동관벤딩) 기출문제

## 국가기술자격 실기시험문제

| 자격종목 | 공조냉동기계산업기사 | 과제명 | 동관작업 |
|---|---|---|---|

시험시간 : 2시간 35분

### 1. 요구사항

지급된 재료를 사용하여 도면과 같은 배관작업을 하시오.(단, 수험자는 작업 중에 구멍을 뚫고 접속시키는 부분이 있을 때에는 구멍을 뚫은 후 반드시 시험위원의 확인을 받아야 합니다.)

1) 용접 시에는 용접봉을 사용하여 용접해야 하나, 필요 시 제살용접도 가능합니다.
2) 시험 종료 후 작품의 기밀여부를 감독위원으로부터 확인받아야 합니다.

### 2. 수험자 유의사항

1) 수험자 인적사항 및 계산식을 포함한 답안작성은 흑색 필기구만 사용해야 하며, 그 외 연필류, 빨간색, 청색 등 필기구 및 수정테이프(액)를 사용해 작성한 답항은 0점 처리되오니 불이익을 당하지 않도록 유의해 주시기 바랍니다.
2) 시험시간 내에 작품을 제출하여야 합니다.
3) 실기시험은 동관작업(40점) 및 동영상(60점)으로 구분 시행합니다.
4) 수험자는 시험위원의 지시에 따라야 합니다.
5) 수험자가 지참한 공구와 지정된 시설만을 사용하며, 안전수칙을 준수하여야 합니다.
6) 수험자는 시험시작 전 지급된 재료의 이상 유무를 확인 후 지급 재료가 불량품일 경우에만 교환이 가능하고, 기타 가공, 소립 잘못으로 인한 파손이나 불량 재료 발생 시 교환할 수 없으며, 지급된 재료만을 사용하여야 합니다.
7) 재료의 재 지급은 허용되지 않으며, 잔여재료와 도면은 작업이 완료된 후 작품과 함께 동시에 제출하고 작업대 주위를 깨끗하게 청소하여야 합니다.
8) 수험자 지참공구목록에 명시되어 있지 않은 공구 및 도구는 사용이 불가합니다.
   특히, 용접용 지그(턴 테이블(회전형)형, 강관부 압연강판(엽전)의 내 · 외접용 등) 사용 불가
9) 작업형 시험(동관작업 및 동영상) 전 과정에 응시하지 아니하거나, 응시하더라도 동관작업 점수가 0점 또는 채점 대상 제외 사항에 해당되는 경우 불합격 처리됩니다.
10) 시험 중 수험자는 반드시 안전수칙을 준수해야 하며, 작업 복장상태, 공구 정리 정돈, 안전 보호구 착용 등이 채점 대상이 됩니다.

11) 다음 사항에 대해서는 채점 대상에서 제외하니 특히 유의하시기 바랍니다.

가) 기권

(1) 수험자 본인이 수험 도중 시험에 대한 포기의사를 표하는 경우

(2) 실기시험 과정 중 1개 과정이라도 불참한 경우

나) 미완성

(1) 시험시간 내 작품을 제출하지 못했을 경우

다) 오작품

(1) 치수오차가 한 부분이라도 ±10mm를 초과한 경우

(2) 각 용접부에 용접 이외의 작업을 했을 경우(각 용접부 이외의 개소에 용접한 경우 포함)

(3) 기밀시험(3kg/cm$^2$)에서 기밀이 유지되지 않은 경우

(4) 지급된 재료 이외의 다른 재료를 사용했을 경우

(5) 도면과 상이한 작품인 경우

## 3. 도면

| 자격종목 및 등급 | 공조냉동기계 산업기사 | 작품명 | 동관작업 | 척도 | N·S |
|---|---|---|---|---|---|

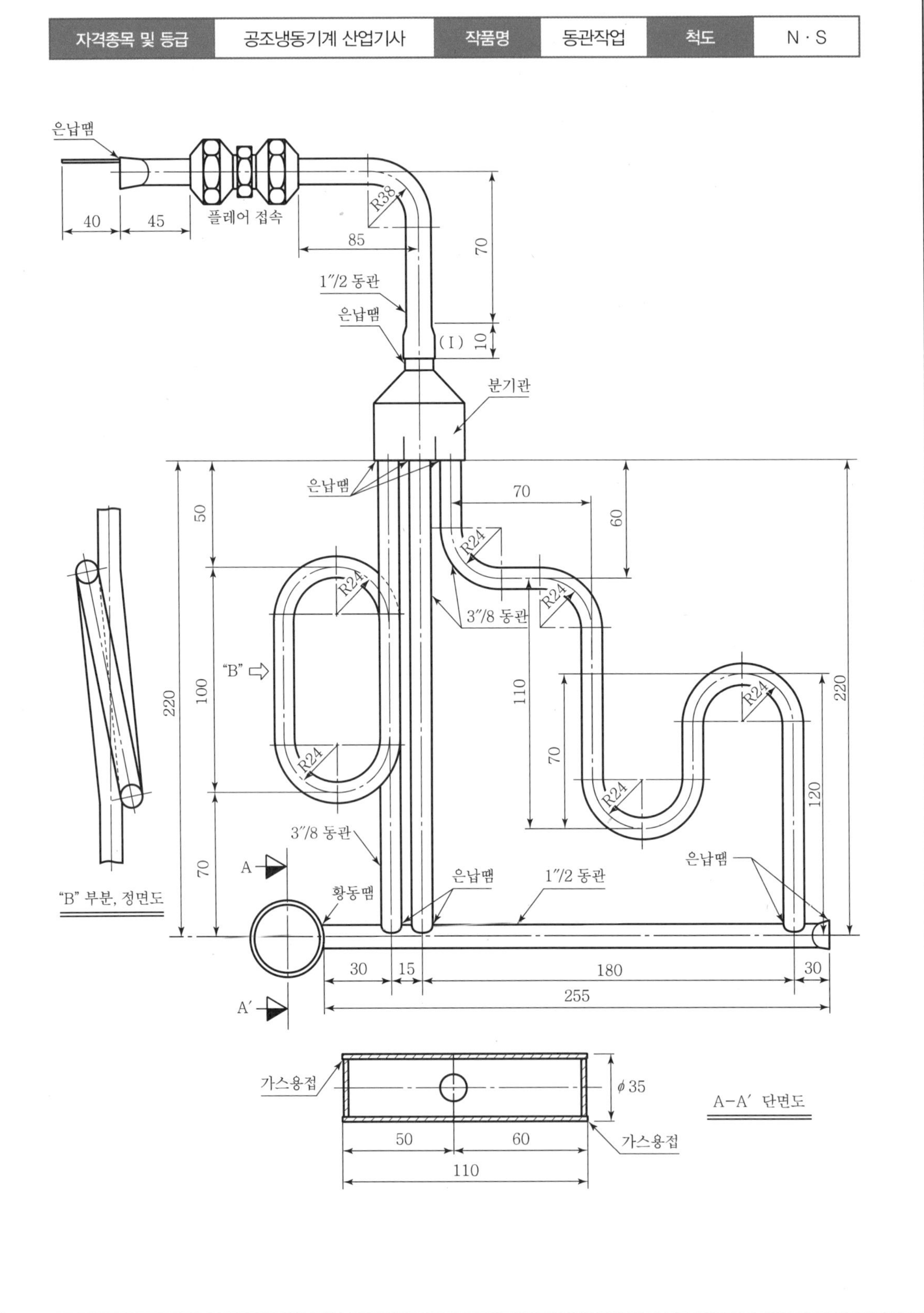

| 자격종목 및 등급 | 공조냉동기계 산업기사 | 작품명 | 동관작업 | 척도 | N · S |
|---|---|---|---|---|---|

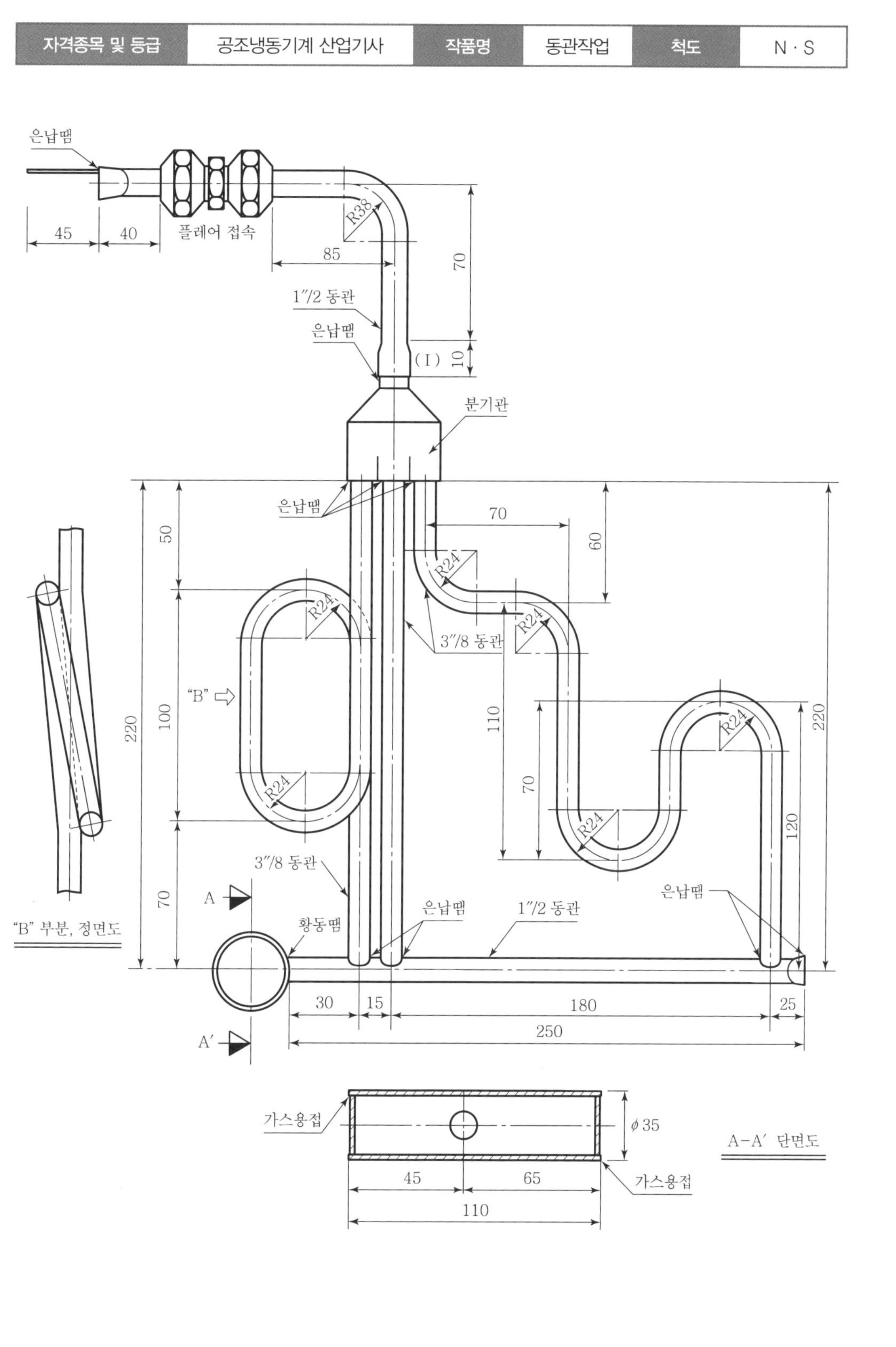

| 자격종목 및 등급 | 공조냉동기계 산업기사 | 작품명 | 동관작업 | 척도 | N·S |
|---|---|---|---|---|---|

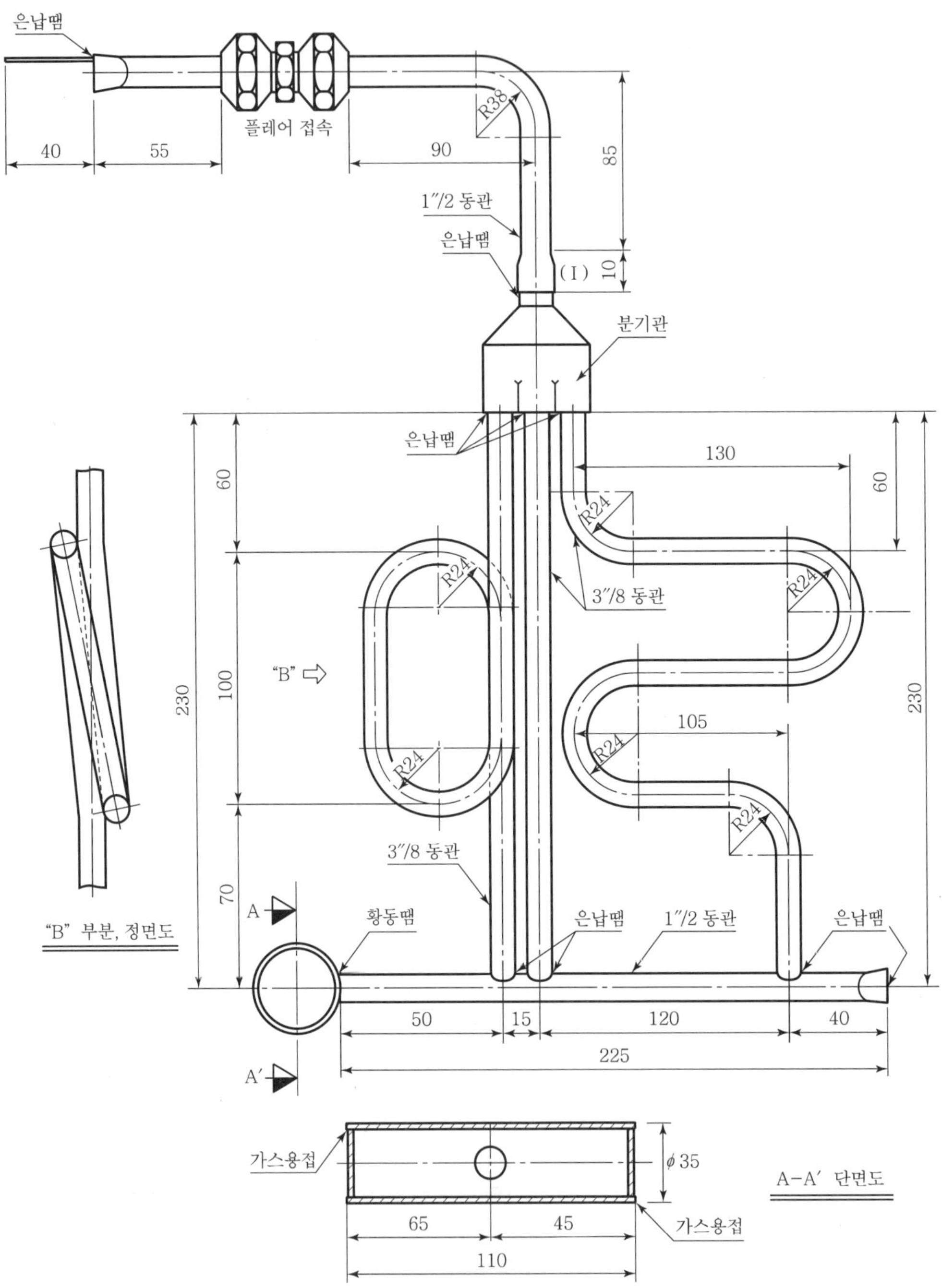

## 4. 지급재료목록

| 일련번호 | 재료명 | 규격 | 단위 | 수량 | 비고 |
|---|---|---|---|---|---|
| 1 | 일반배관용 탄소강관(흑파이프) | 25A×110 | 개 | 1 | |
| 2 | 일반구조용 압연강판 | ϕ26×t2.0 | 장 | 1 | |
| 3 | 일반구조용 압연강판 | ϕ34×t2.0 | 장 | 1 | |
| 4 | 동관(연질) | 3/8″(인치)×1400 | 개 | 1 | |
| 5 | 동관(연질) | 1/2″(인치)×550 | 개 | 1 | |
| 6 | 플레어 너트 | 1/2″(인치) 동관용 | 개 | 2 | |
| 7 | 니플(플레어볼트) | 1/2″(인치) 동관용 | 개 | 1 | |
| 8 | 모세관 | ϕ2.0×60 | 개 | 1 | |
| 9 | 가스 용접봉 | ϕ2.6×500 | 개 | 1 | |
| 10 | 은납 용접봉 | ϕ2.4×500 | 개 | 1 | |
| 11 | 3구멍 분배관 | | 개 | 1 | |
| 12 | 붕사 | 황동용접용 | g | | |
| 13 | 황동 용접봉 | ϕ2.4×450 | 개 | 1 | |

※ 국가기술자격 실기시험 지급재료는 시험종료 후 (기권, 결시자 포함) 수험자에게 지급하지 않습니다.

각종 실기시험 도면 정보는 네이버 카페 "가냉보열"을 참고하시기 바랍니다.

MEMO

MEMO

MEMO

MEMO

MEMO